Grundriß

der

geographischen Ortsbestimmung

aus astronomischen Beobachtungen

von

Dr. K. Graff
Observator der Hamburger Sternwarte

Mit 64 Figuren

Berlin und Leipzig
G. J. Göschen'sche Verlagshandlung G. m. b. H.
1914

Druck
der Spamerschen
Buchdruckerei in Leipzig.

Vorwort.

Bei dem Abfassen des vorliegenden Grundrisses der geographischen Ortsbestimmung habe ich mir die scharf begrenzte Aufgabe gestellt, ein Lehrbuch zu liefern, das wohl in erster Linie auf die praktische Verwendung seines Inhalts Rücksicht nimmt, den Benutzer jedoch nirgends, wo ihm ein tieferes Eindringen in die Sätze und Regeln der sphärischen Astronomie erwünscht erscheint, im Stiche läßt. Gegenüber allen ähnlichen Werken desselben Inhalts finden sich daher in dem vorliegenden Bändchen fast sämtliche verwendete Formeln und mathematische Ausdrücke elementar abgeleitet vor. Durch eine vorausgeschickte übersichtliche Zusammenstellung der in der Ortsbestimmung gebräuchlichen trigonometrischen Sätze ist es trotzdem möglich geworden, das mathematische Gerüst des Buches auf ein Minimum zu reduzieren, das auch diejenigen, die ihr Interesse ausschließlich der praktischen Ortsbestimmung zuwenden — ich denke hier insbesondere an Geographen und Forschungsreisende —, nicht abschrecken wird. Manche Vereinfachung ist dadurch erzielt worden, daß nur kleine Instrumente, die günstigstenfalls etwa Winkel von 0,1 Bogenminuten abzulesen gestatten, in den Kreis der Betrachtungen gezogen worden sind. Aus diesem Grunde dürfte der engbegrenzte und doch ziemlich vollständige Inhalt des Buches auch allen denjenigen, die sich später in die Aufgaben der Ortsbestimmung erheblich weiter vertiefen wollen, als erster Handweiser eine gute Grundlage bieten.

Auf die Einfügung übersichtlicher und lehrreicher Figuren ist ein besonderes Augenmerk gerichtet worden. Alle Darstellungen der Himmelskugel sind z. B. streng in orthographischer Projektion ausgeführt und zum Zwecke des besseren Verständnisses reichlich beschriftet worden, wie ich überhaupt bestrebt gewesen bin, der geometrischen Anschauung des Lesers nach Möglichkeit entgegenzukommen.

Bei der Lesung der Korrekturen des Manuskriptes und des Satzes hat mich Herr Eisenbahnobersekretär W. Voß in Altona sehr wesentlich unterstützt. Ihm verdanke ich auch eine vollständige Durchsicht aller Formeln sowie die Ausführung einer Kontrollrechnung zu den im Anhang I und II mitgeteilten Beispielen und Tafeln, so daß für die Zuverlässigkeit des Zahlenmaterials eine gewisse Bürgschaft übernommen werden kann.

Sternwarte Bergedorf, Dezember 1913. **K. Graff.**

Literatur.

Lehrbücher der geographischen Ortsbestimmung:

Bohnenberger, J. G. F., Anleitung zur geographischen Ortsbestimmung, vorzüglich mittels des Spiegelsextanten, neu bearbeitet von G. A. Jahn. Letzte Auflage Göttingen 1852.

Gelcich, E., Die astronomische Bestimmung der geographischen Koordinaten. Leipzig und Wien 1904.

Güßfeldt, P., Grundzüge der geographisch-astronomischen Ortsbestimmung auf Forschungsreisen. Braunschweig 1902.

Jordan, W., Grundzüge der astronomischen Zeit- und Ortsbestimmung. Berlin 1885

Marcuse, A., Handbuch der geographischen Ortsbestimmung für Geographen und Forschungsreisende. Braunschweig 1905.

Wislicenus, W., Handbuch der geographischen Ortsbestimmungen auf Reisen. Leipzig 1891.

Lehrbuch der Navigation, herausgegeb. v. Reichsmarineamt. T. II, Berlin 1906.

Ein klarer Überblick über die wichtigsten Ortsbestimmungsmethoden nebst ausführlichen Literaturnachweisen findet sich bei:

C. W. **Wirtz**, Geographische Ortsbestimmung, Enzyklopädie der mathem. Wissenschaften VI, 2, Heft 1.

Inhaltsverzeichnis.

Seite

Fünfter Abschnitt.

Methoden zur Bestimmung von geographischen Längen und Azimuten.

Sechster Abschnitt.

Besondere Methoden der nautischen Ortsbestimmung.

Anhang I.

Beispiele zur Zeit-, Breiten- und Längenbestimmung.

Anhang II.

Tafeln zur geographischen Ortsbestimmung.

Seite

Häufiger vorkommende Bezeichnungen.

a Azimut eines Gestirns (S. 9).
α Rektaszension eines Gestirns (S. 9).
c Kollimationsfehler (S. 64 u. 77).
C Koeffizient der Kollimation beim Durchgangsinstrument (S. 77).
δ Deklination eines Gestirns (S. 9).
h Höhenwinkel eines Gestirns (S. 9).
i Achsenneigung (S. 42 u. 77).
I Koeffizient der Achsenneigung beim Durchgangsinstrument (S. 77).
k Azimutfehler (S. 78).
K Koeffizient des Azimutfehlers beim Durchgangsinstrument (77).
$\varkappa$ Mondhalbmesser in Einh. des Erdhalbmessers (S. 131).
λ Geographische Länge (S. 5 u. 11).
$\left.\begin{matrix} m \\ M \\ n \\ N \end{matrix}\right\}$ usw. Hilfsgrößen (S. 13).
p Höhenparallaxe (S. 27).
p_0 Äquatorialhorizontalparallaxe (S. 28).
π Poldistanz eines Gestirns (S. 10).
φ Geographische Breite (S. 5 u. 10).
φ' Geozentrische Breite (S. 130).
q Parallaktischer Winkel (S. 10).
ϱ Geozentrischer Erdhalbmesser (S. 130).
s Geozentrischer Mondhalbmesser (S. 131).
s' Mondhalbmesser, gültig für den Beobachtungsort (S. 131).
τ Stundenwinkel eines Gestirns (S. 11).
ϑ Sternzeit (S. 11).
$\Delta\vartheta$ Korrektion (Stand) der Sternzeituhr.
U Mittlere Sonnen-(Orts-)Zeit (S. 17).
ΔU Stand der nach mittlerer Zeit gehenden Uhr.
z Zenitdistanz eines Gestirns (S. 9).

Erster Abschnitt.

Grundlagen für die Ausführung von Ortsbestimmungsaufgaben.

§ 1. Definitionen und allgemeine Orientierung an der Himmelskugel.

Die geographischen Ortsbestimmungen, d. h. die Aufgaben, die eine Ermittelung der Lage eines Ortes auf der Erdoberfläche nach bestimmten geometrischen Grundsätzen bezwecken, stellen den wichtigsten Zweig der sogenannten mathematischen Geographie dar. Sie ermöglichen überhaupt erst eine Orientierung auf der Erdkugel nach mathematischen Gesichtspunkten und geben die Grundlagen für eine weitere Vermessung der ganzen Erdoberfläche oder einzelner Gebiete derselben auf rein geometrischer Basis durch Bestimmung von Winkeln und Entfernungen. Soweit derartige sich an die eigentlichen Ortsbestimmungen anschließende Vermessungen darauf hinzielen, die Dimensionen und die genauere Gestalt des Erdkörpers zu bestimmen und seine Oberfläche unter Beachtung der günstigsten Projektionsmethoden auf eine ebene Karte zu übertragen, gelten sie als Aufgaben der höheren Geodäsie, während mit den meist elementar-geometrischen Feld- und Geländevermessungen, bei denen die Krümmung des Erdkörpers noch nicht in Frage kommt, sich in erster Linie die niedere Geodäsie beschäftigt.

Obwohl eigentlich eine jede praktisch-kartographische Arbeit zahlreiche Ortsbestimmungen verschiedener Punkte der Erdoberfläche, des Geländes usw. in sich schließt, so wollen wir uns hier doch nur mit solchen Aufgaben beschäftigen, die als Resultat direkt die geographischen Koordinaten des Beobachtungsortes, d. h. seine Breite und Länge auf der Erdkugel ergeben, wozu noch als eine wichtige sich von selbst ergebende Nebenaufgabe die Bestimmung der jeweiligen Drehungsphase der Erde, oder mit anderen Worten der Zeit, hinzukommen wird.

Eine derartige unmittelbare Bestimmung der geographischen Koordinaten eines Ortes ist, wie hier gleich betont sein möge, nur durch Beobachtung der Lage von Gestirnen zu gedachten, aber eindeutig bestimmten Punkten und Kreisen des Himmels und des Horizontes zu erzielen.

Dementsprechend ist zur Lösung der hier in Frage kommenden Aufgaben neben geeigneten instrumentellen Hilfsmitteln auch noch einige Kenntnis der täglich bzw. jährlich sich wiederholenden Vorgänge an der Himmelskugel unbedingt erforderlich, so daß die Ausführung brauchbarer Ortsbestimmungen beim Beobachter nicht nur eine Vertrautheit mit seinen Instrumenten, sondern auch eine Reihe astronomischer Vorkenntnisse voraussetzt. Bei den absoluten Methoden der Breiten- und Längenbestimmung eines Ortes handelt es sich jedenfalls um eine geographisch-astronomische Aufgabe, während alle weiteren darauf beruhenden relativen Vermessungen der Erde geographisch-geodätische Probleme darstellen.

Sämtliche Aufgaben der astronomischen Beobachtungskunst, die eine Bestimmung der Lage eines Ortes auf der Erdoberfläche sowie eine Ermittelung der Zeit zum Zweck haben, beruhen einzig und allein auf Winkelmessungen an der scheinbaren Himmelssphäre. Bei der Erörterung dieser Aufgaben ist es somit völlig belanglos, ob man nach den alten, dem direkten Anblick entsprechenden Anschauungen die Erde als ruhend und den Himmel mit Sonne, Mond, Planeten und Fixsternen als bewegt betrachtet oder umgekehrt. Ja, das Verständnis für verschiedene Vorgänge am Himmel gestaltet sich sogar in mancher Beziehung einfacher, wenn wir von der alten, dem direkten Anblick unmittelbar entsprechenden Anschauung ausgehen, und uns somit vorstellen, daß die für unsere Zwecke erforderlichen Messungen von einer unbeweglichen, im Weltraum feststehenden Erde aus angestellt werden, um die sich die ganze unendlich weit entfernte Himmelskugel mit Sonne, Mond, Planeten und Fixsternen in der Zeit von 24 Stunden einmal um eine feste Achse herumdreht. Durch die Lage dieser Weltachse ist, wie bald gezeigt werden soll, für den Beobachter bereits eine Orientierungsmöglichkeit am Firmament und weiterhin auch auf der Erdoberfläche gegeben.

In Fig. 1 ist der allgemeine äußere Anblick der Himmelskugel mit der in ihrer Mitte schwebenden Erde dargestellt. Die Lage der Rotationsachse der Himmelskugel ist am Firmament durch zwei feste Punkte, den Nordpol P und den Südpol P_1 bestimmt, Bezeichnungen, die bekanntlich auch auf die beiden, den Punkten P und P_1 entsprechenden Schnittpunkte der Weltachse mit der Erdoberfläche übertragen worden sind. Ist nun B die Stellung eines Beobachters auf der Erdkugel, so trifft die Verbindungslinie des Erdmittelpunktes E mit dem Beobachtungsorte B die Himmelskugel im Scheitelpunkte oder im Zenit Z von B und auf der Antipodenseite im Nadir Z_1. Die Endpunkte der Weltachse P und P_1, sowie die Endpunkte Z und Z_1 der Vertikallinie im Beobachtungsorte, können nun als Pole von zwei wichtigen Orientierungskreisen angesehen werden.

Durch den gemeinsamen Mittelpunkt E der Erd- und Himmelskugel läßt sich eine Ebene legen, die senkrecht auf PP_1 steht. Die Begrenzung AQ dieser Äquatorialebene am Himmel nennt man den Himmelsäquator, ihre kreisförmige Schnittlinie mit der Erdkugel den Erdäquator. Legt man in gleicher Weise durch E eine Ebene senkrecht zu ZZ_1, so begrenzt diese Ebene am Himmel den wahren Horizont NS des Beobachtungsortes B. Die Schnittpunkte des Himmelsäquators mit dem Horizont bestimmen auf dem letzteren zwei gegenüberliegende Punkte, den Ostpunkt O und den Westpunkt W.

Als Horizont im gewöhnlichen Sprachgebrauch, genauer als scheinbaren Horizont, bezeichnet man allerdings zunächst diejenige Begrenzungslinie der Himmelskugel, die durch eine im Punkte B an die Erde gelegte Tangentialebene definiert ist, und die das Himmelsgewölbe in einem oberhalb von N und S gelegenen Kreise $N'S'$ treffen würde. Die von den beiden horizontalen Ebenen, dem wahren und dem scheinbaren Horizonte, an der Himmelskugel eingeschlossene Zone von der Breite eines Erdhalbmessers ($NN' = SS'$) liegt jedoch in einer Entfernung, in der sogar viel tausendmal größere Körper als die Erde, die Fixsterne, selbst bei stärkster Fernrohrvergrößerung absolut punktförmig erscheinen. Die Ebenen NS und $N'S'$ führen somit praktisch zu demselben Begrenzungskreis der unendlich weit entfernten Sphäre; die Punkte N und N', S und S' fallen daher für die Beobachtungen von B aus auch bei den genauesten Messungen vollkommen zusammen, und man braucht dementsprechend, soweit es sich um Fixsterne handelt, den scheinbaren Horizont, dessen Ebene durch den Beobachtungsort B geht, von dem durch den Erdmittelpunkt E definierten wahren Horizont nicht zu unterscheiden.

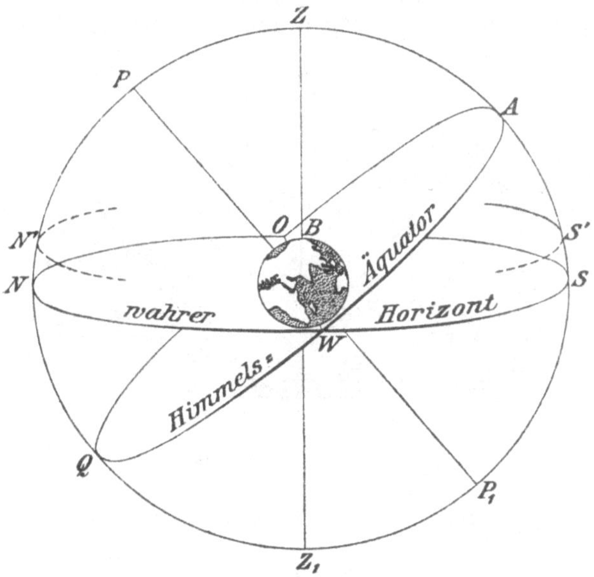

Fig. 1.

Der in Fig. 1 als Begrenzung der Himmelskugel in der Blattebene erscheinende Kreis *NPZAS* heißt der **Meridian** des Ortes *B*. Er verbindet die beiden Pole *P* und P_1 miteinander und geht gleichzeitig durch das Zenit *Z* und das Nadir Z_1 von *B*. Den Horizont schneidet er im Nordpunkte *N* und im Südpunkte *S*, den Himmelsäquator dagegen in *A* und *Q*, der höchsten Erhebung über und der tiefsten Lage dieses Kreises unter dem Horizont. Jedem Beobachtungsort auf der Erdoberfläche kommt in einem gegebenen Moment ein bestimmter Meridian an der Himmelskugel zu. Da hier besonders die Stellung der Sphäre zu der Lage des Beobachtungsortes *B* auf der Erde in Beziehung gebracht werden soll, so mögen zur Unterscheidung alle anderen Himmelsmeridiane, die nach jeder Richtung hin als größte Kreise der Kugel die Pole *P* und P_1 miteinander verbinden (Fig. 2) und zu verschiedenen Stunden auch eine verschiedene Stellung zum Ortsmeridian einnehmen, als Stundenkreise bezeichnet werden. Diejenigen größten Kreise, die in entsprechender Weise das Zenit *Z* mit dem Nadir Z_1 verbinden und auf der Begrenzung des Horizontes senkrecht stehen, heißen Höhen- oder Vertikalkreise. Hieraus ist ersichtlich, daß der Ortsmeridian die Eigenschaften der Stunden- und Höhenkreise in sich vereinigt; insbesondere steht er senkrecht auf dem Horizont und auf dem Himmelsäquator und halbiert die zwischen Ost- und Westpunkt gelegenen Bögen dieser beiden Hauptkreise.

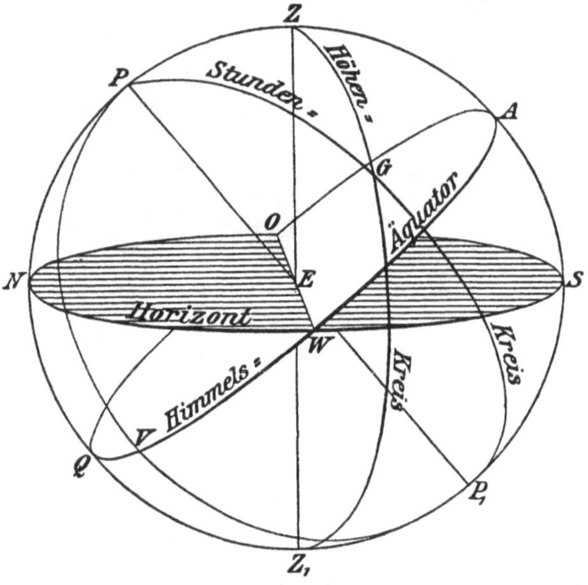

Fig. 2.

Parallel zum Himmelsäquator kann man sich noch durch jeden beliebigen Punkt der Weltachse eine Ebene gelegt denken. Diese Ebenen schneiden aus der Himmelskugel kleine Kreise, die sog. Parallelkreise heraus, die in ihrem ganzen Verlauf vom Himmelsäquator und vom benachbarten Pol einen unveränderlichen Abstand haben. Je größer die Entfernung vom Himmelsäquator, desto kleiner ist der Durchmesser dieser Parallelkreise; der Pol ist der kleinste, der Äquator der größte Parallelkreis.

Wie die Pole und der Äquator, so haben auch die Meridiane und Parallelkreise auf der Erdoberfläche genau dieselbe Bedeutung wie die gleichnamigen Kreise an der Himmelssphäre. Jedem Stundenkreis entspricht also ein in derselben Ebene gelegener Erdmeridian, jedem Parallelkreise am Himmel ein durch zentrale Projektion vom Erdmittelpunkte aus erhaltener Parallelkreis auf der Erdoberfläche.

Das System dieser sich rechtwinklig schneidenden Meridiane und Parallelkreise auf der Erde stellt ein eindeutiges Orientierungsnetz dar, insofern, als es ermöglicht, die Lage eines Punktes B durch zwei geographische Koordinaten zu bestimmen, durch seine Länge λ und seine Breite φ, d. h. durch zwei Winkelabstände, die von einem beliebig gewählten Nullmeridian, z. B. Greenwich, einerseits und vom Erdäquator andererseits gezählt werden (Fig. 3). Da diese geographischen Koordinaten eines Punktes der Erdoberfläche naturgemäß nicht direkt meßbar sind, so wird im folgenden zunächst die Aufgabe zu verfolgen sein, Winkel an der sichtbaren Sphäre aufzusuchen, die mit der geographischen Länge und Breite des Beobachtungsortes auf der Erde in mittelbarer oder unmittelbarer Beziehung stehen. Hierzu sind jedoch noch einige weitere Definitionen notwendig.

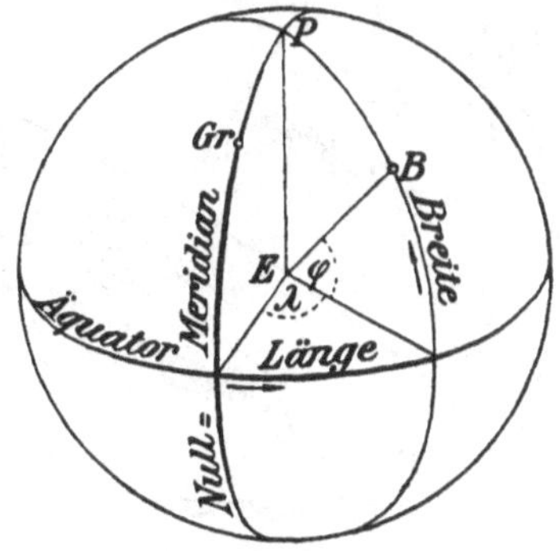

Fig. 3.

Auch an der rotierenden Himmelshohlkugel wird eine Orientierung erst dadurch ermöglicht, daß das Firmament von einer großen Anzahl von Sternen bedeckt ist. Von diesen sind alle helleren, mit dem bloßen Auge oder in kleinen Fernrohren sichtbaren Objekte im Laufe der letzten beiden Jahrhunderte auf Sternwarten systematisch vermessen, d. h. in bezug auf ihre gegenseitige Lage und Stellung zu gewissen ideellen Punkten und Kreisen der Himmelskugel so genau bestimmt worden, daß alle Daten, die sich auf die Lage der Gestirne am Himmel beziehen, für die Zwecke der geographischen Ortsbestimmung stets als gegeben gelten können.

Ganz ähnlich wie bei einem Punkte der Erdoberfläche wird hierbei in den Sternkatalogen, astronomischen Jahrbüchern und Tafelwerken die Lage eines Gestirns am Himmel durch zwei rechtwinklige Koordinaten ausgedrückt, und zwar (Fig. 4) durch seine nördliche oder südliche Abweichung oder Deklination δ (entsprechend der geographischen Breite) und seine gerade Aufsteigung oder Rektaszension α (entsprechend der geographischen Länge). Die Deklination eines Himmelsobjekts *G* ist durch seinen Winkelabstand vom Himmelsäquator bestimmt und wird von 0° bis 90° nördlich positiv, südlich negativ gezählt. Für die Bestimmung der Rektaszensionen ist noch die Festsetzung eines Nullmeridians oder Normalstundenkreises am Himmel notwendig. Wie bei den geographischen Längen auf der Erdoberfläche ist die Wahl eines derartigen Ausgangsmeridians auch an der Himmelssphäre lediglich Sache einer Vereinbarung. Die seit etwa 150 Jahren auf Sternwarten gebräuchlichen Methoden der Bestimmung der Gestirnskoordinaten haben es als zweckmäßig erscheinen lassen, die Rektaszensionen von demjenigen Stundenkreis an zu zählen, der durch den Frühlingspunkt des Himmels geht, d. h. durch denjenigen Punkt des Himmelsäquators, den der Sonnenmittelpunkt alljährlich um den 21. März beim Übergang von der südlichen nach der nördlichen Hemisphäre der Himmelskugel überschreitet. Entgegen der Gepflogenheit beim Zählen der Längen auf der Erdoberfläche, die gewöhnlich von Greenwich aus ost- und westwärts von 0° bis 180° gezählt werden, rechnet man die Rektaszensionen von dem Stundenkreise Null (dem sog. Äquinoktialkolur) aus nur nach einer, und zwar nach der der täglichen Bewegung der Sphäre entgegengesetzten Richtung, d. h. von Westen über Süden nach Osten von 0° bis 360°. Da die Bewegung des gestirnten Himmels für den Beobachter gewissermaßen ein natürliches Uhrwerk darstellt, das ihm in Verbindung mit einem künstlichen Zeitwerk, also mit einem Chronometer oder dgl., jederzeit eine Kontrolle des letzteren ermöglicht, so erscheint es zweckmäßig, die 360 Rektaszensionsgrade gleich in Teile der 24stündigen Himmelsumdrehung umzuwandeln. Demgemäß spricht man von Rektaszensionen der Gestirne, die 1^h, 2^h, 10^h, 23^h usw. betragen, wobei entsprechend der Definition $1^h = 15°$, $1^m = 15'$ und $1^s = 15''$ beträgt. Es ist zu beachten, daß bei der Rotation der Himmelskugel alle Stundenkreise mit den in ihrer Nähe gelegenen Gestirnen nacheinander den Meridian eines jeden Ortes auf der Erdoberfläche täglich zweimal überschreiten, und zwar (Fig. 1) bei der oberen Kulmination längs des Meridianbogens

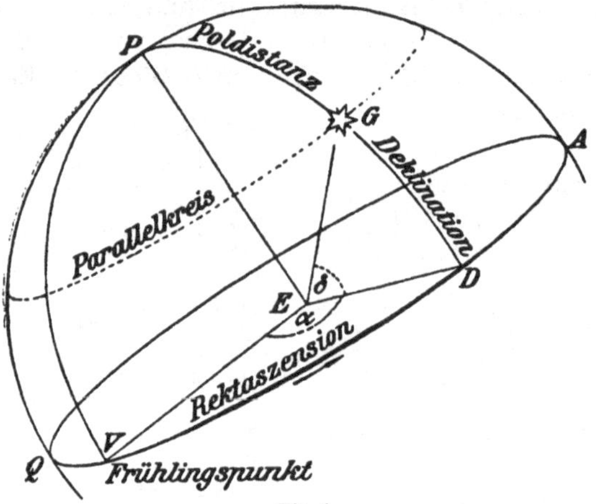

Fig. 4.

PAP_1, und bei der unteren Kulmination längs des Bogens PQP_1.

Abgesehen von kleinen, später noch näher zu besprechenden Änderungen sind die durch Rektaszension und Deklination festgelegten Örter der Fixsterne ein für allemal gegeben, genau so, wie es bei der geographischen Länge und Breite auf der Erdoberfläche der Fall ist. Nur beim Monde, bei der Sonne und bei den Planeten, die in bestimmten Zeitabschnitten innerhalb einer eng begrenzten Zone den ganzen Himmel mit geringerer oder größerer Geschwindigkeit durchwandern, sind Rektaszensionen und Deklinationen zum Teil rasch veränderlich, doch ist die Ortsveränderung dieser Gestirne so genau bekannt, daß — abgesehen von geringen, nur bei gewissen Aufgaben der Längenbestimmung in Betracht kommenden Unsicherheiten der Mondstellung am Himmel — auch für sie die äquatorialen Koordinaten nach Rektaszension und Deklination mit jeder gewünschten Genauigkeit im voraus berechnet und in astronomischen Tafelsammlungen und Jahrbüchern verzeichnet werden können.

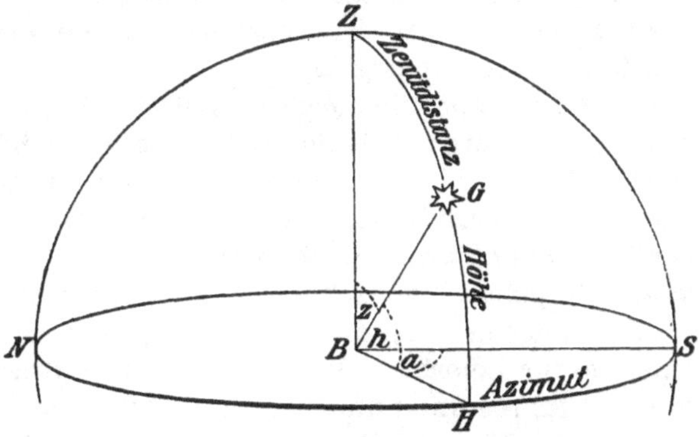

Fig. 5.

Für den Beobachter, der nicht imstande ist, beim bloßen Anblick des gestirnten Himmels die Lage des Himmelsäquators und des Äquinoktialkolurs genauer anzugeben, hat das äquatoriale System zunächst noch untergeordnete Bedeutung. Als natürlichstes Orientierungssystem kann bei Messungen, die nicht rein astronomischen Zwecken dienen sollen, in erster Linie nur das horizontale System in Betracht kommen, wobei der Horizont die Stelle des Grundkreises und die Mittagslinie die Stelle des Nullmeridians einnimmt. Auch hier kann die Lage eines Gestirns (Fig. 5) durch zwei rechtwinklige Koordinaten festgelegt werden, und zwar tritt jetzt als das eine Bestimmungsstück der senkrechte Winkelabstand des Gestirns vom Horizont oder die Höhe auf, während die zweite Koordinate durch seine horizontale Abweichung vom Meridian des Ortes oder durch sein Azimut gegeben ist. Die Höhe wird vom Horizont an aufwärts bis zum Zenit, und zwar längs eines Höhenkreises von 0° bis 90° gezählt, während man das Azimut in der astronomischen Praxis vom Südpunkte des Horizonts an stets westwärts, also über Westen, Norden, Osten bis Süden von 0° bis 360° zu rechnen pflegt[1]).

Der natürliche, von der Beschaffenheit der Erdoberfläche in der Umgebung sowie von der Erhebung des Beobachters abhängige Horizont ist nun als Ausgangsbasis für die Höhenmessungen gänzlich ungeeignet; daher pflegt man bei Landbeobachtungen fast stets vom Zenit auszugehen und anstatt der Höhe eines Sterns ihr Komplement, die Zenitdistanz, zu messen. Die Höhe eines Sterns ergibt sich dann sofort durch Subtraktion der Zenitdistanz von 90° und umgekehrt.

Es ist klar, daß bei der Drehung der Himmelskugel Azimut und Höhe eines Sterns sich fortwährend ändern. Diese horizontalen Koordinaten sind somit von der jeweiligen Drehungsphase der Himmelskugel abhängig und haben als Bestimmungsstücke nur einen momentanen Wert gegenüber den — wenigstens bei den Fixsternen — ein für allemal festgelegten äquatorialen Koordinaten. Die Bedeutung der horizontalen Koordinaten für die geographische Ortsbestimmung beruht darin, daß sie sich durch einfache instrumentelle Hilfsmittel leicht mit jeder gewünschten Genauigkeit ermitteln lassen, die Bedeutung der äquatorialen Gestirnskoordinaten dagegen darin, daß sie dem Beobachter bei der Berechnung von Ortsbestimmungsaufgaben als vermittelnde Daten stets mit jeder gewünschten Genauigkeit zur Verfügung stehen.

Die trigonometrische Verbindung der sphärischen Koordinaten eines Sterns innerhalb des horizontalen und äquatorialen Systems am Himmel führt nun unmittelbar zur Lösung der uns hier interessierenden Aufgaben. Wie bei allen sonstigen praktisch-astronomischen Arbeiten setzt sich die Erledigung dieser Aufgaben somit aus zwei getrennten Verfahren zusammen: aus der Ausführung einer Reihe von Messungen am Himmel, der Beobachtung, und aus ihrer weiteren rechnerischen Verarbeitung, der Reduktion.

§ 2. Das Poldreieck.

Die gegenseitige Abhängigkeit der äquatorialen und horizontalen Koordinaten eines Gestirns läßt sich unter Voraussetzung der trigonometrischen Grundformeln direkt aus einem sphärischen Dreieck entnehmen, dessen Ecken von dem Gestirn, dem Zenit des Beobachtungsortes und dem Himmelspol gebildet werden. Fig. 6, die dieses sog. **Poldreieck** veranschaulicht, ist im wesentlichen eine Kopie der Fig. 2, nur ist hier entsprechend der vorhin vom wahren und scheinbaren Horizont gegebenen

[1]) In der Geodäsie werden die Azimute aus rein praktischen Gründen meist vom Nordpunkte ostwärts von 0° bis 360°, in der Nautik vom Süd- und vom Nordpunkte nach Osten und Westen von 0° bis 90° gerechnet.

Definition die Erde gegenüber der Sphäre als unendlich klein angenommen, d. h. die Stellung des Beobachters *B* direkt mit dem gemeinsamen Mittelpunkte *E* der Himmelskugel und der Erde identifiziert. Die Sphäre selbst wird durch den Horizont mit dem Südpunkte *S*, dem Westpunkte *W*, dem Nordpunkte *N* und dem Ostpunkte *O* einerseits und durch den durch *O* und *W* hindurchgehenden Himmelsäquator *AQ* andererseits in je zwei gleiche Halbkugeln geteilt, deren sichtbare, durch die Erde nicht verdeckte Pole in *Z* bzw. in *P* zu suchen sind.

Es sei nun *G* die Stellung eines Gestirns an der Himmelssphäre, so ist seine Lage im **äquatorialen System** offenbar eindeutig bestimmt:

1. durch die **Deklination** δ des Sterns, d. h. durch seinen senkrechten Winkelabstand *DG* vom Himmelsäquator, gezählt längs des Stundenkreises *PD*, nördlich positiv (+), südlich negativ (—);
2. durch die **Rektaszension** α des Sterns, d. h. durch den Bogen *VD* des Himmelsäquators zwischen dem Frühlingspunkte *V* und dem Fußpunkte *D* des durch das Gestirn gehenden Stundenkreises *PD*. Dieser Bogen entspricht offenbar genau dem sphärischen Winkel *DPV* (vgl. Fig. 4) am Pol der Sphäre zwischen dem Stundenkreise *PD* und dem Äquinoktialkolur *PV*.

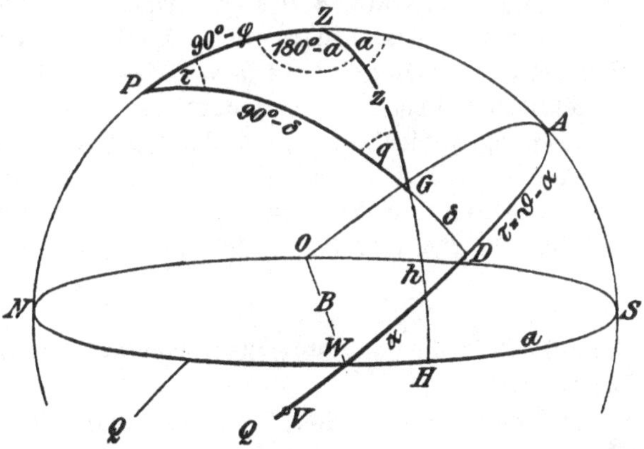

Fig. 6.

Die beiden Größen δ und α sind, wie bereits erwähnt, für alle hier in Betracht kommenden Gestirne, Sonne, Mond und Planeten mit eingeschlossen, für jeden Moment astronomischen Tafelwerken oder Jahrbüchern zu entnehmen und können daher in Zukunft stets als bekannt vorausgesetzt werden.

In ganz gleichartiger Weise ist im **Horizontalsystem** die Lage von *G* festgelegt:

1. durch die **Höhe** h des Gestirns, d. h. durch seinen senkrechten Abstand *HG* vom Horizont bzw. durch das Komplement dieses Winkels, die **Zenitdistanz** $z = ZG = 90° - h$;
2. durch das **Azimut** a des Gestirns, d. h. durch den Bogen *SH* des Horizontes zwischen dem Südpunkte *S* und dem Fußpunkte des

durch G gezogenen Vertikalkreises. Der Bogen a ist wieder gleich dem sphärischen Winkel HZS.

Von den Koordinaten h (bzw. z) und a ist nun, wie später zu zeigen sein wird, nur die erste sicher genug durch unmittelbare Messungen am Himmel bestimmbar. Es wird daher in erster Linie danach zu streben sein, die geographischen Koordinaten eines Ortes aus den Bestimmungsstücken h, α und δ zu ermitteln.

Die Erledigung eines Teiles der Aufgabe läuft nun, wie man sich leicht überzeugen kann, in erster Linie auf die Auflösung eines sphärischen Dreiecks ZPG hinaus, das zwischen Zenit, Pol und Gestirn liegt, und dessen einzelne Stücke die folgende Bedeutung haben:

Die Seite ZG ist bereits definiert als das Höhenkomplement $90° - h$ oder die Zenitdistanz z des Gestirns. PG kann in analoger Weise als Poldistanz π des Gestirns bezeichnet werden; sie ist gleich dem Komplement der Deklination, also $= 90° - \delta$. Die Bedeutung der Seite PZ schließlich ergibt sich durch nochmalige Betrachtung der Fig. 1 und 2. Hier ist die geographische Breite φ des Beobachtungsortes B offenbar durch den Winkel ZEA (oder auch BEA), d. h. durch den Bogen ZA des Meridians oder den Winkelabstand des Zenits vom Himmelsäquator dargestellt. Da PA und ZN je $90°$ betragen, so ist

$$PN = AZ = \varphi,$$

d. h. **die Polhöhe des Beobachtungsortes ist gleich seiner geographischen Breite.**

Die Zenitdistanz des Pols ist demnach gleich dem Breitenkomplement, d. h.

$$PZ = 90° - \varphi.$$

In dem Poldreieck PZG ist also die eine gesuchte geographische Koordinate, die Breite, in der Seite PZ direkt enthalten, bei Vorhandensein von drei anderen Bestimmungsstücken somit unmittelbar trigonometrisch bestimmbar.

Von den Winkeln des Poldreiecks ist zunächst der sog. parallaktische Winkel $ZGP = q$ für die Zwecke der geographischen Ortsbestimmung von geringerer Bedeutung, da er weder als bekannt vorausgesetzt, noch direkt gemessen werden kann. Da im sphärischen Dreieck auch die Winkelsumme nicht wie in der Ebene konstant $= 180°$ ist, sondern diesen Betrag um mehr oder weniger übertrifft, so steht q auch zu den anderen Winkeln in keiner unmittelbaren Beziehung und wird später nur als Übergangsgröße einige Male benutzt werden. Da der Winkel PZG offenbar gleich dem Supplement des Azimutes von G oder $180° - a$ ist, so bleibt nur noch übrig, die Bedeutung des wichtigen

Winkels $ZPG = \tau$ zu erläutern, der die momentane Lage des Stundenkreises des Gestirns G zum Meridian angibt und als **Stundenwinkel** bezeichnet wird.

Der Stundenwinkel τ läßt sich zunächst mit einer als bekannt vorausgesetzten Größe, nämlich mit der Rektaszension α des Gestirns, die in dem Poldreieck direkt nicht vorkommt, in einfacher Weise in Verbindung bringen. Dies geschieht durch Zuhilfenahme des in der Fig. 6 den Winkel τ umfassenden Stundenwinkels ϑ des Frühlingspunktes V, der am Pol durch den Winkel ZPV dargestellt wird. Bei der in Fig. 6 angedeuteten Lage von G über der Zeichenebene, also bei einer Stellung des Gestirns westlich vom Meridian ist

$$\alpha = \vartheta - \tau,$$

somit

$$\tau = \vartheta - \alpha,$$

dagegen bei einer Lage von G hinter der Zeichenebene, also östlich vom Meridian

$$\alpha = \vartheta + \tau,$$

somit

$$\tau = \alpha - \vartheta.$$

In der besonderen Stellung von G in der Meridianlinie des Beobachtungsortes ist demnach

$$\tau = 0$$

und

$$\alpha = \vartheta.$$

Der Winkel ϑ, der soeben als Stundenwinkel des Frühlingspunktes definiert wurde, hat für das Folgende eine große Bedeutung; er ist nämlich, wenn wir ihn in Zeit ausdrücken, identisch mit der **Sternzeit** des Beobachtungsortes. Die Sternzeit ϑ gibt somit nach dieser Definition die Anzahl der Stunden, Minuten und Sekunden an, die seit der oberen Kulmination des Frühlingspunktes bzw. des Äquinoktialkolurs am Beobachtungsorte verflossen sind. Mit anderen Worten: **Sternzeit ist die Rektaszension der Meridianlinie des Beobachtungsortes.**

Die einfachen, soeben mitgeteilten Beziehungen zwischen τ, α und ϑ können also dazu dienen, die Sternzeit des Beobachtungsortes zu bestimmen, wenn der Stundenwinkel durch Auflösung des Poldreiecks ermittelt und die Rektaszension des beobachteten Gestirns einem Jahrbuch entnommen ist. In dem Stundenwinkel ist somit die Grundlage der Zeitbestimmung nach Sternzeit und, wie später gezeigt werden soll, auch nach bürgerlicher oder Sonnenzeit enthalten.

Die geographische Länge ist im Poldreieck weder direkt noch indirekt vertreten. Wenn man ihren Winkelbetrag in Zeit umrechnet, so kann man sie jedoch unmittelbar als den Zeitunterschied zwischen dem Greenwicher und dem Ortsmeridian definieren; kennt man also die Greenwicher Zeit, so liefert jede Zeitbestimmung gleichzeitig den Längenunterschied gegen den Nullmeridian ohne besondere Rechnung. Bei der Längenbestimmung hat also der Beobachter nichts weiter zu tun, als sich für einen bestimmten Moment sowohl die Zeit seines Ortes als auch diejenige von Greenwich zu verschaffen. Bei diesem innigen Zusammenhange zwischen Länge und Zeit setzt somit eine Längenbestimmung unter allen Umständen eine genaue Zeitbestimmung voraus und ist ohne diese undenkbar.

Aus der Betrachtung des Poldreiecks geht jedenfalls hervor, daß wir uns im folgenden mit zwei getrennten Gruppen von Beobachtungsmethoden zu beschäftigen haben werden: mit solchen Messungen, die eine Bestimmung der Breite oder der Polhöhe des Beobachtungsortes und mit solchen, die eine Ermittelung von Zeit und Länge zur Aufgabe haben.

§ 3. Übersicht über die wichtigsten Formeln der ebenen und sphärischen Trigonometrie.

Obwohl hier die Kenntnis der Grundformeln der ebenen und sphärischen Trigonometrie vorausgesetzt werden muß, ist es doch für das Folgende zweckmäßig, die betreffenden Sätze, sofern von ihnen weiter unten Gebrauch gemacht wird, gleich zu Anfang übersichtlich zusammenzustellen. Bei der späteren Anwendung der Formeln soll dann ohne weitere Erklärungen auf die jedesmalige Formelnummer zurückgegriffen werden.

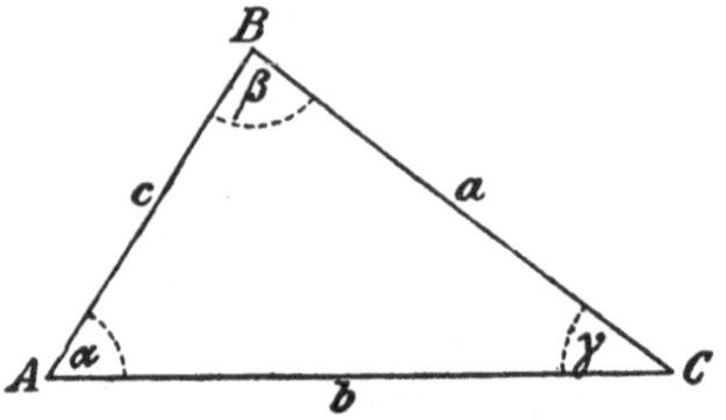

Fig. 7.

Es seien (Fig. 7) a, b, c die drei Seiten eines ebenen, schiefwinkligen Dreiecks ABC und α, β, γ die drei zugehörigen Winkel, so bestehen zwischen den erwähnten Größen die nachstehenden, öfter verwendeten Beziehungen

$$(1) \qquad \begin{cases} a^2 = b^2 + c^2 - 2\,bc\cos\alpha \\ b^2 = a^2 + c^2 - 2\,ac\cos\beta \\ c^2 = a^2 + b^2 - 2\,ab\cos\gamma\,, \end{cases} \qquad \text{(Kosinussatz)}$$

$$(2) \qquad \frac{a}{\sin\alpha} = \frac{b}{\sin\beta} = \frac{c}{\sin\gamma}\,. \qquad \text{(Sinussatz)}$$

Betrachtet man in gleicher Weise (Fig. 8) das sphärische, also von größten Kreisen der Sphäre gebildete Dreieck ABC unter Beibehaltung derselben Bezeichnungen für die Seiten und Winkel, so erhält man entsprechend (1) und (2) die Sätze:

$$(3)\qquad \begin{cases} \cos a = \cos b \cos c + \sin b \sin c \cos\alpha \\ \cos b = \cos a \cos c + \sin a \sin c \cos\beta \\ \cos c = \cos a \cos b + \sin a \sin b \cos\gamma\,, \end{cases} \qquad \text{(Kosinussatz)}$$

$$(4)\qquad \frac{\sin a}{\sin\alpha} = \frac{\sin b}{\sin\beta} = \frac{\sin c}{\sin\gamma}, \qquad \text{(Sinussatz)}$$

wozu noch als dritter Hauptsatz der sphärischen Trigonometrie hinzukommt:

$$(5)\qquad \begin{cases} \sin a \cos\beta = \cos b \sin c - \sin b \cos c \cos\alpha \\ \sin b \cos\gamma = \cos c \sin a - \sin c \cos a \cos\beta \\ \sin c \cos\alpha = \cos a \sin b - \sin a \cos b \cos\gamma. \end{cases}$$

Sollen aus den drei Seiten die Winkel ermittelt werden, was bei Ortsbestimmungen zuweilen vorkommt, so wendet man anstatt der logarithmisch unbequemen Formeln (3) die folgenden an:

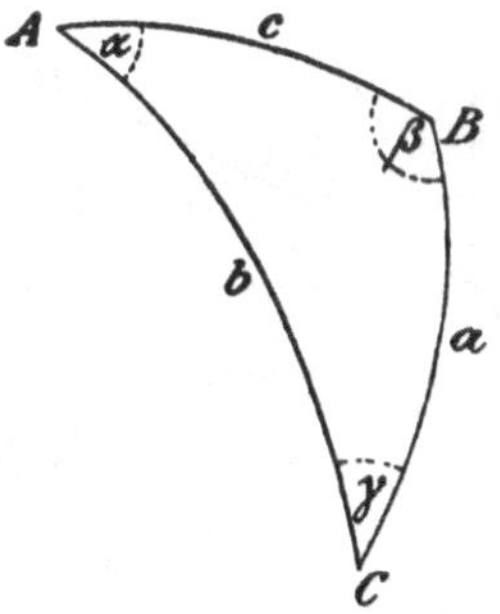

Fig. 8.

$$(6)\qquad \begin{cases} \sin\frac{\alpha}{2} = \sqrt{\frac{\sin(s-b)\sin(s-c)}{\sin b \sin c}} \\ \sin\frac{\beta}{2} = \sqrt{\frac{\sin(s-a)\sin(s-c)}{\sin a \sin c}} \\ \sin\frac{\gamma}{2} = \sqrt{\frac{\sin(s-a)\sin(s-b)}{\sin a \sin b}}\,, \end{cases}$$

wobei zur Abkürzung $s = \frac{a+b+c}{2}$ gesetzt ist.

Zur logarithmischen Berechnung lassen sich auch die anderen Formeln zum Teil umgestalten, indem man Hilfsgrößen einführt, die rein geometrisch durch Teilung des aufzulösenden schiefwinkligen Dreiecks in zwei rechtwinklige erhalten werden. Die Formeln für die Berechnung der sphärischen rechtwinkligen Dreiecke ergeben sich aber ohne weiteres aus den drei Hauptsätzen (3), (4) und (5), so daß ihre Aufzählung hier unterbleiben kann.

Die zuweilen nicht ohne weiteres ersichtliche günstigste geometrische Teilung der Dreiecke in zwei rechtwinklige läßt sich umgehen, wenn man rein analytisch verfährt und sich folgendes vergegenwärtigt:

Es seien (Fig. 9) x und y die rechtwinkligen Koordinaten eines Punktes P in einer Ebene, so lassen sie sich bekanntlich durch die zugehörigen Polarkoordinaten n und M nach

$$(7)\qquad \begin{cases} x = n \sin M \\ y = n \cos M \end{cases}$$

ersetzen, wo n die Verbindungslinie des Koordinatenanfangspunktes A mit P, und M deren Winkel mit der Ordinatenachse bedeutet. Wenn man n stets positiv und M zwischen 0° und 360° liegend annimmt, so lassen sich offenbar auf Grund der Gleichungen (7) zwei bekannte Größen oder Ausdrücke x und y, mögen sie positiv oder negativ sein, als rechtwinklige Koordinaten eines Punktes auffassen und durch zwei andere Größen n und M nach

$$\operatorname{tg} M = \frac{x}{y} \quad (M \text{ zwischen } 0^\circ \text{ und } 360^\circ),$$

$$n = \frac{x}{\sin M} = \frac{y}{\cos M} \quad (n \text{ stets positiv})$$

ersetzen. Es wird sich gerade bei einigen Ortsbestimmungsaufgaben die praktische Bedeutung einer derartigen, hier zunächst mit den anderen Formeln anscheinend in keinem Zusammenhange stehenden Umformung zeigen.

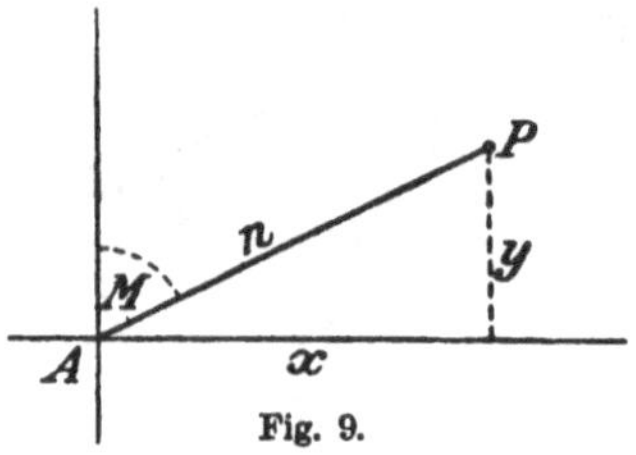

Fig. 9.

Recht oft wird es sich später als notwendig erweisen, auch auf die bekannten Transformationsformeln der trigonometrischen Funktionen zurückzugreifen, und zwar werden besonders häufig die folgenden Sätze anzuwenden sein:

$$(8)\qquad \begin{cases} \cos(\alpha \pm \beta) = \cos\alpha \cos\beta \mp \sin\alpha \sin\beta \\ \sin(\alpha \pm \beta) = \sin\alpha \cos\beta \pm \cos\alpha \sin\beta \\ \sin\alpha = 2 \sin\frac{\alpha}{2} \cos\frac{\alpha}{2}, \end{cases}$$

$$(9)\qquad \begin{cases} 1 + \cos\alpha = 2\cos^2\frac{\alpha}{2} \\ 1 - \cos\alpha = 2\sin^2\frac{\alpha}{2} \\ \sin^2\alpha = 1 - \cos^2\alpha \\ \cos^2\alpha = 1 - \sin^2\alpha, \end{cases}$$

$$(10)\qquad \begin{cases} \sin\alpha + \sin\beta = 2\sin\frac{\alpha+\beta}{2}\cos\frac{\alpha-\beta}{2} \\ \sin\alpha - \sin\beta = 2\cos\frac{\alpha+\beta}{2}\sin\frac{\alpha-\beta}{2} \\ \cos\alpha + \cos\beta = 2\cos\frac{\alpha+\beta}{2}\cos\frac{\alpha-\beta}{2} \\ \cos\alpha - \cos\beta = -2\sin\frac{\alpha+\beta}{2}\sin\frac{\alpha-\beta}{2}. \end{cases}$$

Bei allen praktischen Aufgaben der sphärischen Trigonometrie ist es für den Rechner wichtig, jederzeit über die gegenseitige Abhängigkeit der beobachteten bzw. berechneten Größen, z. B. Azimut, Zenitdistanz, Polhöhe, Stundenwinkel usw. im klaren zu sein. Er muß also stets bestimmen können, inwieweit ein geringer Fehler einer beobachteten Zenitdistanz, ein Fehler in der Uhrablesung u. dgl. sein Endresultat verfälscht, und er muß imstande sein, den Einfluß eines kleinen etwa begangenen und erst am Schluß der Berechnung erkannten Beobachtungsfehlers ohne Wiederholung der ganzen Auflösung direkt an das Resultat anzubringen. Die Aufstellung derartiger Abhängigkeitsformeln für veränderliche Größen ist Aufgabe der Differentialrechnung. Von den Sätzen derselben wird später nur eine Gleichung verwendet werden, und zwar diejenige, die sich durch Differentiation des sphärischen Kosinussatzes (3) unmittelbar ergibt.

Es seien da, db, dc und ebenso $d\alpha$, $d\beta$, $d\gamma$ kleine Änderungen von wenigen Bogenminuten oder Bogensekunden, welche die drei Seiten a, b, c und die entsprechenden Winkel α, β, γ eines sphärischen Dreiecks erleiden können, so ist die Änderung einer beliebigen Seite, z. B. a, gegeben durch den Ausdruck

$$da = \cos\gamma\, db + \cos\beta\, dc + \sin b \sin\gamma\, d\alpha. \tag{11}$$

Die Formel (11) gibt somit das Abhängigkeitsverhältnis der Seite a von den Änderungen db, dc und $d\alpha$ wieder. Bleibt z. B. b unverändert, so ist db offenbar als das Differential einer konstanten Größe gleich Null, der Ausdruck $\cos\gamma\, db$ ebenfalls usf.

Abgesehen von der Berechnung derartiger kleiner Änderungen der benutzten Winkel und Dreiecksseiten kommt es in der Praxis der Ortsbestimmungen häufig vor, daß man es schon an und für sich mit sehr kleinen Winkeln zu tun hat, die also nur wenige Bogenminuten oder gar Bogensekunden betragen. Ist ε ein solcher Winkel, so lehrt schon ein Blick in eine Tafel trigonometrischer Funktionen, daß bei fünfstelliger logarithmischer Rechnung etwa bis zu einer Winkelgröße von 20′ und darüber kein merklicher Unterschied zwischen $\sin\varepsilon$ und $\operatorname{tg}\varepsilon$ besteht, daß somit bei derartig kleinen Winkeln, wenn dies für die Zwecke weiterer günstiger Umformung vorteilhaft ist,

$$\operatorname{tg}\varepsilon = \sin\varepsilon \tag{12}$$

gesetzt werden kann und umgekehrt.

Bei so kleinen Winkeln ist noch die weitere Annahme statthaft, daß ihre Sinusse und Tangenten proportional den in Bogensekunden ausgedrückten Winkeln selbst verlaufen und daß ihr Kosinus ohne merklichen Fehler gleich der Einheit gesetzt werden kann, d. h. man kann dann annehmen:

$$(13)\qquad \begin{cases} \sin\varepsilon = \varepsilon \sin 1'' \\ \operatorname{tg}\varepsilon = \varepsilon \sin 1'' \\ \cos\varepsilon = 1. \end{cases}$$

Noch mehr begründet ist die Anwendung einer derartigen Substitution, wenn der Sinus oder Tangens eines kleinen Winkels (echte Brüche mit großem Nenner) in einer höheren als der ersten Potenz vorkommt. Gestatten es die Umstände nicht, diese höheren Potenzen gänzlich zu vernachlässigen, so ist z. B. entsprechend (13) zu setzen:

$$(14)\qquad \operatorname{tg}^2\frac{\varepsilon}{2} = \sin^2\frac{\varepsilon}{2} = \frac{\varepsilon^2}{4}\sin^2 1''.$$

Sind die Winkel zu groß für derartige Umformungen, so gewinnt man oft Vorteil von der Entwicklung des Sinus und Kosinus in die bekannten Reihen, deren erste Glieder lauten:

$$(15)\qquad \begin{cases} \sin\alpha = \alpha - \dfrac{\alpha^3}{2\cdot 3} + \dfrac{\alpha^5}{2\cdot 3\cdot 4\cdot 5} - \dots \\ \cos\alpha = 1 - \dfrac{\alpha^2}{2} + \dfrac{\alpha^4}{2\cdot 3\cdot 4} - \dots \end{cases}$$

§ 4. Sternzeit und Sonnenzeit.

Im § 2, der das Poldreieck behandelte, ist bereits der Begriff der Sternzeit erläutert worden. Sie ist als der jeweilige westliche Stundenwinkel des Frühlingspunktes definiert worden, so daß beim Meridiandurchgang dieser Stelle des Himmels eine Sternzeituhr stets $0^h\,0^m\,0^s$ angeben soll. Da die Rektaszensionen der Gestirne vom Frühlingspunkte aus stundenweise ostwärts gezählt werden, so ergibt sich hieraus entsprechend der abgeleiteten Kulminationsgleichung $\vartheta = \alpha$ die Tatsache, daß die Rektaszension aller den Meridian gerade passierender Gestirne gleichzeitig die Sternzeit des Beobachtungsortes angibt, und umgekehrt, daß an einer richtig gehenden Sternzeituhr direkt die Rektaszension der gerade kulminierenden Sterne abgelesen werden kann.

Schon diese einfache und unveränderliche Beziehung zwischen Rektaszension und Sternzeit rechtfertigt die fast ausschließliche Verwendung der letzteren bei astronomischen Beobachtungen. Die im bürgerlichen Leben benutzten Zeitmesser richten sich jedoch nicht nach der täglichen Bewegung der am Tage unsichtbaren Fixsterne, sondern, wie es ganz natürlich ist, nach der Bewegung der Sonne. Steht also dem Beobachter nicht ein besonderes Sternzeitchronometer für die Abendbeobachtungen der Gestirne und ein besonderes Sonnenzeitchronometer für die Tagesbeobachtungen der Sonne zur Verfügung, so bleibt ihm nichts anderes übrig, als die Zeitangaben seiner Uhr jedesmal in die Zeitart umzuwandeln, die er gerade benötigt.

Zur näheren Feststellung der gegenseitigen Beziehungen zwischen den beiden Zeiten mögen erst die Definitionen der in der Astronomie gebräuchlichen Zeitformen vorausgeschickt werden:

1. Ein **Sterntag** von 24^h Sternzeit (St. Z.) ist die stets gleiche, unveränderliche Zeit zwischen zwei aufeinanderfolgenden oberen Kulminationen des Frühlingspunktes am Beobachtungsorte. Aus dieser Definition ist ersichtlich, daß in einem gegebenen Moment die Sternzeit an verschiedenen Orten der Erdoberfläche je nach ihrem Längenunterschied verschieden ist.

2. Ein **wahrer Sonnentag** ist die Zeit zwischen zwei aufeinanderfolgenden oberen Kulminationen des Sonnenmittelpunktes. Da der wahre Sonnentag, wie gleich gezeigt werden soll, seine Dauer im Laufe eines Jahres nicht unmerklich ändert, so ist er für eine genaue Zeitrechnung, bei der eine absolute Gleichmäßigkeit Hauptbedingung ist, nicht ohne weiteres verwendbar. Seine Stelle nimmt in dieser Beziehung ein

3. der **mittlere Sonnentag**, der dem Jahresdurchschnitt eines wahren Sonnentages genau entspricht, aber stets die gleiche Dauer von 24^h mittlerer Sonnenzeit (M. Z.) hat.

Würde die Sonne keine Verschiebung unter den Sternen erleiden, so müßte ein Sonnentag stets genau gleich einem Sterntag sein. Nun erfolgt aber die Bewegung des Sonnenmittelpunktes auf einem größten, zum Äquator um $23^1/_2{}^\circ$ geneigten Kreise der Himmelskugel, der Ekliptik, derartig, daß die Sonne, die heute gleichzeitig mit einem Fixstern die Mittagslinie passiert, bei dessen Durchgang durch den Meridian am folgenden Tage bereits ein Stück nach Osten zu vorgerückt ist und daher später kulminiert als der Stern. Der wahre Sonnentag ist somit auf alle Fälle länger als der Sterntag, und zwar um so viel Minuten und Sekunden, als die Umdrehung des Himmels um das von der Sonne in den letzten 24 Stunden zurückgelegte Bogenstück in Anspruch nimmt. Für den mittleren Sonnentag wird diese tägliche Verspätung der Sonne für jeden Jahrestag konstant gleich $3^m\,56^s.55$ Sternzeit angenommen, so daß der Sterntag um diesen Betrag kürzer ist als der mittlere Sonnentag. Man erhält diese Zahl, die einem Bogen von $0^\circ\,59'\,8''.3$ entspricht, wenn man sich vergegenwärtigt, daß die Sonne einen vollen Umlauf in bezug auf den Frühlingspunkt in einem Jahre, genauer in $365^d.2422$ vollendet und dabei, da sie sich entgegen der täglichen Drehung des Himmels bewegt, nach und nach eine volle Umdrehung der Sphäre nicht mitmacht, gegenüber dem Frühlingspunkt und den Fixsternen somit gewissermaßen einmal zu wenig auf- und untergeht. Demnach entsprechen die $365^d.2422$ mittleren Sonnentage des Jahres $366^d.2422$ Sterntagen, es ist also

$$1 \text{ mittlerer Sonnentag} = \frac{366.2422}{365.2422} \text{ Sterntage}$$

$$1 \text{ Sterntag} = \frac{365.2422}{366.2422} \text{ mittl. Sonnentage,}$$

d. h.

$$\mathbf{24^h\,0^m\,0^s \text{ M. Z.} = 24^h\,3^m\,56^s.555 \text{ St. Z.}}$$

$$\mathbf{24^h\,0^m\,0^s \text{ St. Z.} = 23^h\,56^m\,4^s.091 \text{ M. Z.}}$$

oder allgemein:

$$\text{M. Z.} = 1.0027 \text{ St. Z.}$$

$$\text{St. Z.} = 0.9973 \text{ M. Z.}$$

Auf diesen einfachen Beziehungen sind die gebräuchlichen Tafeln zur gegenseitigen Umwandlung der beiden Zeitarten (s. Anhang II) aufgebaut. Wie man aus ihrer Anordnung erkennt, gestatten sie zunächst nur eine gegenseitige Umrechnung von bestimmten Zeitintervallen in dem Bereich von 0^h bis 24^h, jedoch noch nicht die Umwandlung der jeweiligen mittleren Sonnen- oder sog. Ortszeit eines beliebigen Jahrestages in die zugehörige Sternzeit und umgekehrt. Hierzu reicht die Tafel noch nicht aus; es ist noch eine ergänzende Tabelle erforderlich, die dem Beobachter für einen bestimmten Moment eines jeden Jahrestages die zugehörige Sternzeit angibt. In jedem Jahrbuch ist daher die Sternzeit im mittleren Mittag für einen näher bezeichneten Meridian, z. B. für Greenwich, von Tag zu Tag mitgeteilt.

Bei der Umwandlung von mittlerer Zeit in Sternzeit hat man nur die seit dem vorangegangenen mittleren Mittag verflossenen Stunden, Minuten und Sekunden in Sternzeitstunden, -minuten und -sekunden umzuwandeln und diese zu der betreffenden Sternzeit im mittleren Mittag zu addieren. Es ist hierbei nur zu beachten, daß man vorher den Jahrbuchswert der Sternzeit im mittleren Mittag von Greenwich auf den Ortsmeridian zu reduzieren hat, was bei bekannter Länge λ (in Graden und deren Bruchteilen) durch Anbringen der Korrektion

$$\mp \frac{3^m\,56^s.555}{360}\,\lambda = \mp 0^s.6571\,\lambda \quad \frac{\text{östliche}}{\text{westliche}} \text{ Länge}$$

bzw. nach der hiernach gerechneten Tafel 3 des Anhanges II geschehen kann.

Soll Sternzeit in mittlere Zeit umgewandelt werden, so ist das Verfahren ganz gleichartig, nur in umgekehrter Reihenfolge auszuführen. Man hat dann von der gegebenen Sternzeit die Sternzeit im mittleren

Mittag zu subtrahieren und den Rest mit Hilfe der entsprechenden Tafel auf mittlere Ortszeit zu bringen. Die mitgeteilten Beispiele (Anhang 1) dürften die Anwendung der obigen Regeln genügend veranschaulichen.

Bei den Daten der Beispiele ist die Zeitangabe noch bürgerlich, d. h. nach Vor- und Nachmittag unterschieden, angegeben. Man sichert sich jedoch gegen mancherlei Versehen, wenn man sich daran gewöhnt, astronomische Beobachtungen auch astronomisch zu datieren, d. h. zur Vermeidung eines Datumwechsels während der nächtlichen Arbeiten den Tag erst mit dem mittleren Mittag (0^h M. Z.) zu beginnen und mit dem nächstfolgenden Mittag (24^h) zu schließen. Das gegebene Datum des dritten Beispiels hätte demnach richtiger und seiner Ausführung entsprechender 1910 April 5 $21^h\ 4^m\ 25^s.7$ lauten sollen.

Bis dahin sind nur die Beziehungen zwischen den beiden gebräuchlichsten Zeiten, der Sternzeit und der mittleren Sonnen- oder Ortszeit berücksichtigt worden; doch ist es notwendig, noch einmal auf die wahre Sonnenzeit zurückzukommen. Diese wahre, nicht völlig gleichmäßig fortschreitende Sonnenzeit kann man sich bekanntlich genähert durch Aufstellung einer richtig konstruierten und ordnungsgemäß orientierten Sonnenuhr mit Schattenzeiger verschaffen. Zuweilen muß man jedoch auch mit genaueren Werten derselben rechnen, und zwar bei allen Aufgaben, bei denen eben die Sonne selbst als Beobachtungsobjekt dient. Um die wahre Sonnenzeit jederzeit in mittlere Zeit umwandeln, d. h. die Stellung der beobachteten wahren Sonne auf diejenige der fingierten, aber für die Zeitrechnung allein maßgebenden mittleren Sonne beziehen zu können und umgekehrt, sind in den Jahrbüchern Tafeln des Unterschiedes „mittlere Zeit minus wahre Zeit“ für jeden Kalendertag mitgeteilt. Von der Bedeutung dieser sog. **Zeitgleichung** erhält man die richtige Vorstellung, wenn man sich vergegenwärtigt, daß z. B. ein Wert derselben im Betrage von $+8^m\ 33^s.5$ so viel bedeutet, daß die wahre Sonne an dem betreffenden Tage um $12^h\ 8^m\ 33^s.5$ M. Z. kulminiert; dementsprechend bedeutet eine Zeitgleichung von $-12^m\ 9^s.5$, daß der Meridiandurchgang der Sonne bereits um $11^h\ 47^m\ 50^s.5$ nach mittlerer Ortszeit stattfindet. Das Vorzeichen der Zeitgleichung ist in den Jahrbüchern somit stets derartig angegeben, daß die Beträge zu der wahren Sonnenzeit (also bei Zeitbestimmungen mit der Sonne zu dem direkten Beobachtungsergebnis) unter Berücksichtigung des Vorzeichens zu addieren sind, wenn man mittlere mit einer Uhrangabe vergleichbare Ortszeit erhalten will und umgekehrt. Den größten positiven Wert (späte Kulmination der Sonne) erreicht die Zeitgleichung um die Mitte Februar, den größten negativen Betrag (frühe Kulmination der Sonne) Anfang November (Fig. 10).

Bei den Zeitdefinitionen ist noch gar nicht der heute allgemein im bürgerlichen Leben gebräuchlichen Normal- oder Einheitszeiten (vgl. Anh. II, Tafel 8) gedacht worden.

Die Verwendung derartiger Normalzeiten im praktischen Leben ist eine Forderung der Zweckmäßigkeit; bei astronomischen Beobachtungen, bei denen man stets die Lage der Gestirne zum Ortsmeridian und zum Ortshorizonte zu betrachten hat, kommt offenbar nur eine Ortszeit, also Sternzeit oder mittlere Sonnenzeit, gelegentlich einmal als Über-

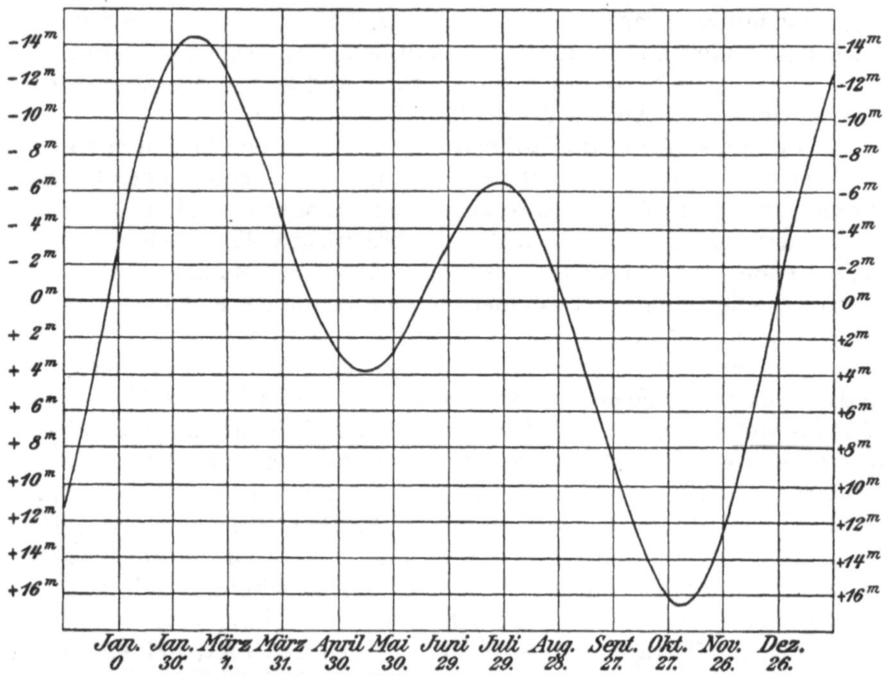

Fig. 10. Tafel der Zeitgleichung (± = Kulmination der wahren Sonne $\frac{\text{nach}}{\text{vor}}$ 12h 0m M. O. Z.).

gang zur letzteren auch die wahre Sonnenzeit in Frage. Die besondere Einstellung einer nach einer Einheitszeit, also z. B. nach mitteleuropäischer Zeit orientierten Taschenuhr für die Beobachtungen ist trotzdem nicht unbedingt erforderlich. Die betr. Zeitdifferenz kann nämlich als ein konstanter Teil des Uhrfehlers angesehen werden, und da eine Bestimmung des letzteren für alle Ortsbestimmungsaufgaben unerläßlich ist, so bleibt als einziger Nachteil der Verwendung einer solchen Uhr nur der übrig, daß unter Umständen die Uhrkorrektion im Resultat recht groß ausfällt.

§ 5. Veränderung der äquatorialen Gestirnskoordinaten durch Eigenbewegung, Präzession, Nutation und Aberration.

Bei der Entnahme von Sternkoordinaten aus einem Jahrbuch wird man feststellen, daß die Werte α und δ in zwei Tafeln untergebracht sind, und dabei nach mittleren und scheinbaren Örtern getrennt mitgeteilt werden. Man wird ferner bemerken, daß die scheinbaren Koordinaten im Laufe des Jahres kleinen Veränderungen unterliegen, ganz abgesehen davon, daß beide Verzeichnisse gegenüber früheren bzw. späteren Ausgaben der Jahrbücher bedeutende Unterschiede zeigen und scheinbar die bereits mehrfach betonte Unveränderlichkeit des Fixsternhimmels widerlegen.

Es mag hier zunächst bemerkt werden, daß die erwähnten Abweichungen fast ausschließlich auf eine langsame Änderung der Achsenrichtung der Erde sowie auf ihre Bewegung um die Sonne zurückzuführen sind und nur zum allergeringsten Teil in einer wirklichen Ortsveränderung der Gestirne am Himmel ihre Ursache haben. Obwohl danach die Vorausberechnung der einzelnen Koordinatenwerte für die Jahrbücher eine rein astronomische Aufgabe darstellt, mögen zum Verständnis der üblichen Jahrbuchsbezeichnungen die folgenden kurzen Erläuterungen dienen.

Zunächst ist wohl allgemein bekannt, daß die Auffassung von der absoluten Unveränderlichkeit des Fixsternhimmels den Tatsachen nur genähert entspricht; die Mehrzahl der Sterne behält nicht in alle Ewigkeit die gegenwärtige Stellung bei, sondern zeigt im Laufe der Zeit eine mehr oder weniger starke Ortsveränderung, die allerdings erst nach Jahrzehnten oder Jahrhunderten, und auch dann nur bei genauesten Messungen, bemerkbar wird. Soweit es sich um die helleren Objekte der Himmelskugel, also z. B. um die Sterne der ersten 5 Größenklassen handelt, kann diese sog. Eigenbewegung bereits als bekannt vorausgesetzt werden. Sie wird bei der Zusammenstellung der Sternörter für die Jahrbücher stets von dem Rechner an die Rektaszensionen und Deklinationen angebracht, so daß sie für den Beobachter kein unmittelbares Interesse mehr hat. Lediglich um eine Vorstellung von der geringen Größenordnung der vorkommenden Eigenbewegungen zu geben, sei erwähnt, daß unter den helleren Sternen nur α Centauri auf der südlichen und α Bootis (Arkturus) auf der nördlichen Himmelshalbkugel eine Eigenbewegung von mehr als 2″ jährlich, und zwar 3″.7 bzw. 2″.3 haben; diese beiden Sterne ändern somit erst nach etwa 500 bzw. 850 Jahren ihre Stellung am Himmel um eine Vollmondbreite oder um rund einen halben Grad.

In den Sternkatalogen wird die Eigenbewegung meist mit einer anderen sehr wesentlichen, aber nur scheinbaren Änderung der äquatorialen

Koordinaten eines Sterns zusammengefaßt, nämlich mit der Präzession, vollständiger der Präzession der Tagundnachtgleichen. Da die Rektaszensionen vom Frühlingspunkte, d. h. von dem Schnittpunkte der aufsteigenden Ekliptik mit dem Äquator gezählt werden, so sind sie von der jeweiligen Lage dieses Punktes am Himmel unmittelbar abhängig. Der Frühlingspunkt wäre nun ein für allemal fest an der Himmelssphäre gegeben, wenn die Lage der Himmelsachse zu der Achse der Ekliptik dauernd eine unveränderliche bliebe. Dies ist indessen nicht der Fall; jeder Himmelspol ändert nach und nach seine Stellung am Himmel, und zwar beschreibt er in rund 26 000 Jahren einen vollen Kreis um den benachbarten unveränderlichen Pol der Ekliptik. Hieraus folgt, daß in derselben Zeit auch der Frühlingspunkt einen vollständigen Umlauf um die Himmelssphäre längs der Ekliptik ausführt. Die Bewegung erfolgt von Osten über Süden nach Westen und erreicht jährlich einen Betrag von 50″.3. Diese Ortsveränderung des Frühlingspunktes beeinflußt, da sie längs der Ekliptik, also schräg zum Äquator, erfolgt, sowohl die Rektaszensionen als auch die Deklinationen der Sterne.

Die für die Ortsbestimmung auf der Erde so wichtigen äquatorialen Gestirnskoordinaten ändern sich also dauernd, von Jahr zu Jahr, ja strenggenommen sogar von Tag zu Tag ein wenig, und daher kommt es, daß trotz der Unveränderlichkeit der gegenseitigen Stellung der Fixsterne während ganzer Jahrhunderte es durchaus nicht gleichgültig ist, ob man für die Beobachtungen die Rektaszension und Deklination eines Sterns einem älteren oder neueren Verzeichnis entnimmt. Am Kopfe eines jeden Sternkataloges ist auch stets ein bestimmter Jahresanfang oder die Epoche angegeben, auf die sich die mitgeteilten Örter der Fixsterne beziehen, z. B. 1900 Jan. 0, 1910 Jan. 0 usw.

Man bezeichnet derartige Fixsternpositionen für den Jahresanfang, bei denen also die Präzession der Tagundnachtgleichen und die etwa vorhandene Eigenbewegung berücksichtigt sind, als **mittlere Sternörter.** Ihre Übertragung auf einen anderen Jahresanfang geschieht einfach in der Weise, daß man zu den gegebenen mittleren Örtern die meist beigedruckte jährliche Änderung (jährliche Präzession + jährliche Eigenbewegung) mit ihrem Vorzeichen so oft hinzufügt, als das Zeitintervall Jahre umfaßt. Die Präzession in Rektaszension ist fast stets positiv. In Deklination ist sie zwischen den Rektaszensionsstunden 18^h und 6^h positiv, zwischen 6^h und 18^h negativ.

Würde man derartige mittlere Örter an dem betreffenden Jahresanfang mit den besten Hilfsmitteln der Astronomie am Himmel nachprüfen oder sie zu genauen geographischen Ortsbestimmungen verwenden, so würden sich doch noch, ganz abgesehen von dem Einfluß der Lichtbrechung in der Erdatmosphäre, auf den weiter unten hingewiesen werden soll, Unstimmigkeiten herausstellen. Dies rührt in erster Linie daher, daß die Bewegung des Himmelspols um den Pol der Ekliptik nicht genau in einem Kreise erfolgt, sondern von Störungen begleitet ist, die derartig verlaufen, daß sie allein den Pol zwingen würden, in 18.7 Jahren um seine mittlere Lage eine kleine Ellipse zu beschreiben, deren Halbachsen 18″ und 14″ betragen würden. Diese sekundäre Änderung, die, wie leicht einzusehen ist, die Wanderung des Frühlingspunktes längs der Ekliptik bald beschleunigt, bald verzögert, heißt Nutation. Präzession wie Nutation sind das Spiegelbild einer Bewegung der Erdachse im Raume, die durch die Anziehung von Sonne, Mond und Planeten, besonders der beiden ersten Himmelskörper, auf die abgeplattete, schräg zu ihrer Bahn rotierende Erde hervorgerufen wird. Dem Einfluß des Mondes, der sich nicht genau in der Ekliptik bewegt und seine Stellung zu dieser in Perioden von $18^1/_2$ Jahren ändert, ist es in erster Linie zuzuschreiben, daß die Präzession von einer Nutation begleitet wird.

Zur Präzession und Nutation tritt noch eine weitere scheinbare Verschiebung der Fixsternörter an der Himmelssphäre hinzu: die sogen. Aberration der Fixsterne, richtiger die Aberration des Lichtes. Es ist dies die einzige Korrektion, zu deren Erklärung hier von der bewegten Erde ausgegangen werden muß. Die Aberrationswirkung entsteht dadurch, daß die Bewegung der Erde in ihrer Bahn um die Sonne (30 km in der Sekunde) gegenüber der Lichtgeschwindigkeit (300 000 km in der Sekunde) für astronomische Zwecke nicht vernachlässigt werden darf. Wie die beiden Schußlöcher, die eine seitlich auf einen fahrenden Wagen abgeschossene Gewehrkugel in diesen schlägt, uns über die Richtung des Schusses in der Weise täuschen, daß wir nach ihrer Lage den Schützen weiter in der Fahrtrichtung vermuten, als er tatsächlich steht, so täuschen uns auch die von einem Punkte des Weltraums auf die dahineilende Erde auffallenden Lichtstrahlen über die Richtung, aus der sie zu uns kommen. Die Sterne erscheinen dem Beobachter am Fernrohr ein wenig in der Richtung der Erdbewegung vorgeschoben, und zwar um so beträchtlicher, je mehr sich die Erdbewegung der Senkrechten zur Blickrichtung nach dem Stern nähert. Da abgesehen hiervon die Aberration nur noch von zwei konstanten Größen, der Lichtgeschwindigkeit und der Bahnbewegung der Erde, abhängt, so folgt daraus, daß der jährliche Maximalbetrag der Aberration für alle Fixsterne der gleiche sein muß; er beträgt $\pm$ 20″.5 (Aberrationskonstante). Fixsternkoordinaten, bei denen Eigenbewegung, Präzession, Nutation und Aberration berücksichtigt sind, heißen **scheinbare Sternörter.** Die eigentümliche Schleifenbewegung des scheinbaren Ortes eines Sterns ist in Fig. 11 an dem Beispiel des Sirius für das Jahr 1911 veranschaulicht.

Mit der Aberration verwandt ist eine Erscheinung, die man auch als Planetenaberration, richtiger als Lichtgleichung, zu bezeichnen pflegt. Sie äußert sich darin, daß die Übereinstimmung der unter Berücksichtigung von Präzession, Nutation und Aberration berechneten und der mit den genauesten Meßinstrumenten der Astronomie direkt beobachteten Koordinaten der Planeten je nach der jeweiligen Entfernung des betreffenden Gestirns nicht immer die gleiche ist. Es ist nicht schwer, die Ursache dieser Abweichungen zu erkennen. Das Licht, das in einer Sekunde rund 300 000 km und erst in 499^s die astronomische Längeneinheit oder den Abstand Sonne-Erde zurücklegt, braucht eine gewisse Zeit, um von einem anderen Himmelskörper bis zur Erde zu gelangen. Die Stellung und der Anblick eines jeden Weltkörpers entspricht somit

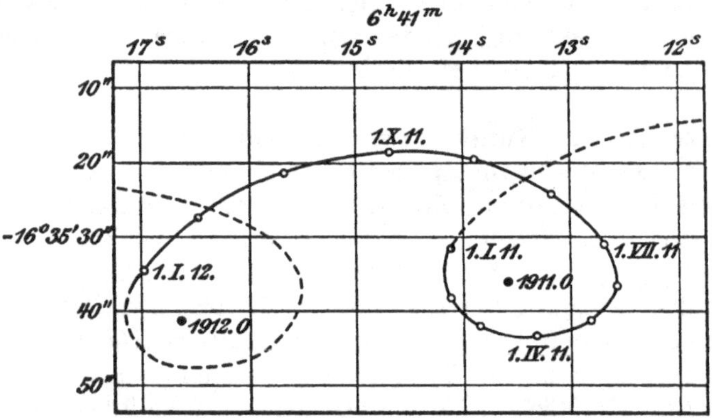

Fig. 11. Scheinbarer Ort des Sirius im Jahre 1911.

einer mehr oder weniger zurückliegenden Zeit, die sich nach seinem jeweiligen Abstande von der Erde richtet. Bei der Berechnung der Koordinaten von Himmelskörpern, wie Sonne und Mond, die von der Erde eine nahezu unveränderliche Entfernung haben, oder bei Fixsternen, die überhaupt ihren Ort an der Sphäre nicht merklich ändern, spielt die Lichtgleichung keine nennenswerte Rolle[1]), dagegen beeinflußt sie die Örter der Körper unseres Sonnensystems, deren Abstand von der Erde starken Veränderungen unterworfen ist, also insbesondere die Örter der Planeten, zum Teil recht bedeutend. Zur besonderen Orientierung sei bemerkt, daß dementsprechend Planetenkoordinaten in Jahrbüchern nur dann die Bezeichnung scheinbare Örter führen, wenn bei ihnen

[1]) Man überzeugt sich leicht, daß z. B. die wahre Sonnenstellung der scheinbaren um den konstanten Betrag von 20″ in der Ekliptik voraus ist (Bewegung der Sonne in 8 Minuten), daß also wahre und scheinbare Koordinaten sich hier lediglich durch eine fast unveränderliche Differenz der Zeit, der sie angehören, unterscheiden.

auch der Einfluß der Lichtgleichung berücksichtigt ist, die Zahlenwerte somit ohne weiteres mit der Beobachtung verglichen werden können, während man solche Planetenpositionen, die diese letzte Korrektion nicht enthalten, als wahre Örter zu bezeichnen pflegt. Zur Reduktion von Ortsbestimmungsaufgaben sind natürlich nur die scheinbaren Koordinaten direkt verwendbar, was bei Benutzung der gebräuchlichen Jahrbücher immerhin zu beachten ist.

§ 6. Veränderung der horizontalen Gestirnskoordinaten durch Refraktion, Parallaxe und Kimmtiefe.

Während der Beobachter die äquatorialen Koordinaten eines Gestirns einschließlich ihrer mannigfachen Veränderungen stets als bekannt voraussetzen darf, hat er an die gemessenen horizontalen Koordinaten vor ihrer weiteren Verwendung noch Verbesserungen anzubringen, die ihm kein Jahrbuch erspart, und deren wichtigste die Refraktionskorrektion ist.

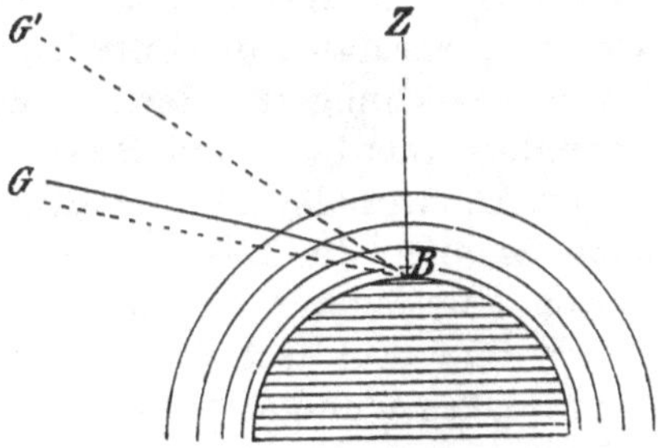

Fig. 12.

Die **Refraktion** oder Strahlenbrechung äußert sich darin (Fig. 12), daß jeder Lichtstrahl, der von einem außerhalb gelegenen Punkte G in die Erdatmosphäre eindringt, beim Durchlaufen der Luftschichten von zunehmender Dichtigkeit nicht mehr geradlinig verläuft, sondern allmählich einen Bogen beschreibt, so daß der Beobachter in B die Herkunft des Lichtstrahls nicht in die wahre Blickrichtung BG, sondern in die Tangente BG' der Kurve GB versetzt. Die Refraktion bewirkt somit, daß wir alle durch die Lufthülle der Erde sichtbaren fernen Gegenstände, auch irdische, zu hoch wahrnehmen. Je schräger die Lichtstrahlen die Lufthülle der Erde treffen, desto größer ist der Weg, den sie durch dieselbe nehmen müssen und desto stärker werden sie gebrochen, während beim senkrechten Auffallen nach einem bekannten physikalischen Gesetz eine Verschiebung des einfallenden Strahls nicht stattfindet. Die Refraktion ist somit am Horizont am größten, in der Zenitgegend am kleinsten. Im Scheitelpunkte des Beobachters selbst ist sie gleich Null, am Horizonte steigt sie bis zu $35'$.

Wären die Zusammensetzung, der Druck und die Temperatur der Luftschicht über einem Ort der Erdoberfläche stets dieselben, so wäre auch die Strahlenbrechung dauernd unverändert und eine Bestimmung des Einflusses der Refraktion auf die Beobachtungen durch direkte Messung sehr einfach auszuführen. Man brauchte dann nur von einem in unmittelbarer Nähe des Zenits kulminierenden Stern, dessen Rektaszension und Deklination bekannt sind, von seinem Meridiandurchgang an bis zu seiner Annäherung an den Horizont in bestimmten Zwischenzeiten, also z. B. von 10 zu 10 Minuten, die Zenitdistanz zu messen und dieselbe gleichzeitig mit Hilfe der Polhöhe φ, der Deklination δ und des Stundenwinkels τ des Sterns zu berechnen. Eine Vergleichung von Beobachtung und Rechnung würde dann sofort den Einfluß der Strahlenbrechung für jede beliebige Zenitdistanz ergeben. In Wirklichkeit ist das Problem nicht so einfach, da das Brechungsvermögen der Luft von ihrer Dichte, d. h. von dem jeweiligen Barometer- und Thermometerstande, insbesondere aber auch von der Änderung der Temperatur, die die Luft mit zunehmender Höhe erfährt, abhängig ist. Man ist somit gezwungen, eine solche empirische Bestimmung der Refraktion noch auf einen mittleren Luftzustand bei einer bestimmten Barometer- und Thermometerstellung zu reduzieren. Bevor genauere Refraktionstafeln aufgestellt werden konnten, war daher die Entwicklung einer Theorie der atmosphärischen Strahlenbrechung erforderlich, eine äußerst schwierige Aufgabe, die insbesondere Laplace und Bessel ihrer Lösung entgegengeführt haben.

Im Äquatorialsystem beeinflußt die Refraktion sowohl die Rektaszension als auch die Deklination eines Himmelskörpers, im Horizontalsystem dagegen nur die Höhe bzw. deren Komplement, die Zenitdistanz. Schon rein praktische Rücksichten nötigen somit dazu, die Gestirnskoordinaten α und δ, wie sie in den Jahrbüchern zu finden sind, unverändert für die Berechnungen zu verwenden und dafür die gemessene Höhe oder Zenitdistanz um den Betrag der Strahlenbrechung nach einer der gebräuchlichen Tafeln zu verbessern. In der Tafel 6 des Anhanges ist die mittlere Refraktionstafel nach Bessel für den in bekannter Weise auf 0° Quecksilbertemperatur reduzierten Barometerstand von 751.8 mm und + 9°.3 Lufttemperatur gegeben. Die beiden Hilfstabellen gestatten jederzeit einen Übergang zu anderen Luftdruck- und Temperaturverhältnissen. Schon ein flüchtiger Blick auf den Verlauf der Tafelwerte läßt erkennen, daß die Berechnung der Strahlenbrechung bei größeren Zenitdistanzen recht ungenau wird, so daß sich die Ausführung von Beobachtungen in kleinen Höhen, etwa unterhalb 6° bis 8°, ganz von selbst verbietet. Bei Höhen, die 35° bis 40° übersteigen, wird man andererseits sich recht oft dauernd mit der mittleren Refraktion begnügen dürfen, die sich in Ermangelung der erwähnten Tafel jederzeit nach der einfachen Formel

$$r = 57''.7 \operatorname{tg} z$$ [1])

[1]) Der Wert 60″ der Refraktionskonstante gilt nahezu streng für den Barometerstand 760 mm und 0° C.

oder genähert

$$r = 1' \operatorname{tg} z$$

leicht berechnen läßt.

Es wurde bis jetzt stillschweigend vorausgesetzt, daß sich alle Beobachtungsobjekte an einer unendlich weit entfernten Sphäre befinden, für die der scheinbare Horizont $N'S'$ mit dem wahren NS (vgl. Fig. 1) ohne weiteres verwechselt, mit anderen Worten, die Erde als punktförmig angesehen werden darf. Solange man nur Fixsterne berücksichtigt, ist eine derartige Vernachlässigung, wie bereits in den einleitenden Definitionen betont wurde, selbst für die genauesten Meßinstrumente durchaus statthaft. Obwohl sich nun die Fixsterne wegen ihres punktförmigen Aussehens als Einstellmarken für geographische Ortsbestimmungen ganz besonders eignen, so kommt es doch recht häufig vor, daß sich die Beobachtung von Sonne, Mond und Planeten nicht umgehen läßt. Für diese verhältnismäßig nahen Himmelskörper ist es nun durchaus nicht gleichgültig, von welchem Standpunkte (Erdmittelpunkt oder Erdoberfläche) aus ihre Höhen oder Zenitdistanzen gemessen werden.

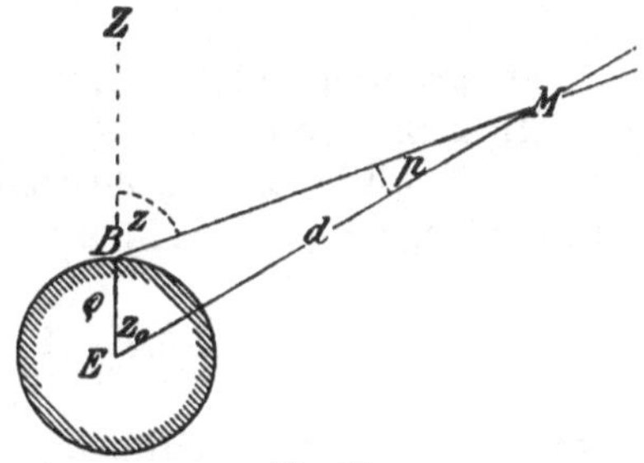

Fig. 13.

Zunächst sind die äquatorialen Koordinaten dieser Himmelskörper genau ebenso wie diejenigen der Fixsterne in den Jahrbüchern für eine punktförmige Erde, d. h. für den Erdmittelpunkt E berechnet. Die horizontalen Koordinaten, die ein Beobachter in einem bestimmten Augenblicke mißt, beziehen sich dagegen auf den Beobachtungsort B der Erdoberfläche und sind, wie man leicht einsieht, bei der Reduktion nicht mehr mit den äquatorialen Koordinaten, die einen anderen Mittelpunkt haben, vereinbar; sie müssen infolgedessen vor der weiteren Verwendung erst auf den Erdmittelpunkt reduziert oder für **Parallaxe** korrigiert werden.

Stellt P (Fig. 13) den Mittelpunkt eines Körpers im Sonnensystem, also beispielsweise eines Planeten dar, und sei z die in B gemessene, z_0 dagegen die auf den Erdmittelpunkt E bezogene Zenitdistanz von P, so stellt

$$\sphericalangle BPE = p = z - z_0$$

offenbar die Verschiebung von P am Himmel nach Vertauschen der Stellung B mit E oder die Höhenparallaxe von P im Punkte B dar. Bezeichnet man mit d die Distanz des Punktes P von E und mit ϱ (vgl. Anh. II, Taf. 9) den Erdhalbmesser am Beobachtungsorte, beide in

Einheiten des Äquatorialhalbmessers (6378 km), so ist p nach (2) definiert durch

$$\sin p = \frac{\varrho \sin z}{d}.$$

Abgesehen vom Monde ist die Parallaxe aller Körper unseres Sonnensystems sehr klein; sie beträgt stets nur wenige Bogensekunden, so daß nach (13)

$$\sin p = p \sin 1''$$

und für ϱ der Äquatorialhalbmesser der Erde, also $\varrho = 1$ gesetzt werden kann. Dementsprechend lautet für die Sonne und die Planeten der Ausdruck für die Höhenparallaxe

$$p = \frac{\sin z}{d \sin 1''}.$$

Den größten Betrag erreicht danach p, wenn das Gestirn gerade am Horizont eines am Äquator gelegenen Erdpunktes steht, $\sin z$ somit $= 1$ wird. Die Höhenparallaxe geht dann in die astronomisch sehr wichtige Äquatorialhorizontalparallaxe

$$p_0 = \frac{1}{d \sin 1''}$$

über, die man in jedem Jahrbuch für alle in Frage kommenden Himmelskörper in bestimmten Zeitintervallen berechnet vorfindet. Schreibt man die Parallaxenformel

$$p = p_0 \sin z,$$

so beschränkt sich die Berücksichtigung der Höhenparallaxe schließlich auf die Multiplikation der jeweiligen Jahrbuchsparallaxe mit dem Sinus der gemessenen Zenitdistanz. Beim Monde ist diese Näherungsformel allerdings nur dann anwendbar, wenn Fehler von etwa 10″ keine Rolle spielen.

Die an die Höhen bzw. an die Zenitdistanzen anzubringende Parallaxe ist somit dem Sinus, die Refraktion dagegen dem Tangens der Zenitdistanz proportional; die Vorzeichen der beiden Korrektionen sind verschieden, da man infolge der Parallaxe die Gestirne zu tief, infolge der Refraktion sie dagegen zu hoch erblickt. Somit ist stets die Refraktion zu den direkt gemessenen Zenitdistanzen zu addieren, die Parallaxe von denselben zu subtrahieren. Handelt es sich darum, gemessene Höhen für Refraktion und Parallaxe zu verbessern, so muß selbstverständlich die Refraktion subtrahiert, die Parallaxe addiert werden.

Eine ganz spezielle Reduktion der Messungen erwächst dem Beobachter zur See, wo mit dem später noch näher zu beschreibenden Sextanten die Höhen unmittelbar von dem Seehorizonte oder der sog. Kimm aus gemessen werden. Da die Kimm offenbar in der Begrenzung des natürlichen Horizontes liegt und somit von der Erhebung des Beobachters über der Wasseroberfläche abhängig ist, so müssen die Höhen außer für Refraktion und Parallaxe auch noch für die Abweichung der Kimm vom wahren Horizonte oder für die sog. **Kimmtiefe** verbessert werden. Da die Begrenzung des natürlichen Horizontes hier stets unter derjenigen des wahren liegt, so geht daraus hervor, daß die gesuchte Korrektion von den direkt gemessenen Höhen abzuziehen sein wird.

Es sei ϱ wieder der Erdradius, b die Augenhöhe des Beobachters über dem Wasserspiegel, BK' die geometrische Entfernung der Kimm von B, BH die Horizontale in B, k' die geometrische Kimmtiefe, so ist offenbar (Fig. 14)

$$k' + \sphericalangle K'BE = \sphericalangle K'EB + \sphericalangle K'BE = 90^\circ,$$

folglich

$$\sphericalangle K'EB = k'.$$

Nun ist

$$\operatorname{tg} k' = \frac{BK'}{\varrho}$$

oder, wenn man BK' durch die bekannten Größen ϱ und b ausdrückt,

$$\operatorname{tg} k' = \frac{\sqrt{b\,(2\,\varrho + b)}}{\varrho} = \sqrt{\frac{2\,b}{\varrho} + \left(\frac{b}{\varrho}\right)^2}.$$

Der Bruch $\left(\frac{b}{\varrho}\right)^2$ ist aber selbst bei sehr beträchtlicher Augenhöhe b (also z. B. bei Messungen vom Gipfel eines Berges aus) eine außerordentlich kleine Größe, die man ohne weiteres vernachlässigen darf. Wir erhalten dann

$$\operatorname{tg} k' = \sqrt{\frac{2\,b}{\varrho}}$$

oder, da k' erst bei Erhebungen über 100 m den Betrag von $20'$ übersteigt, nach (13):

$$k' = \frac{1}{\sin 1''}\sqrt{\frac{2\,b}{\varrho}} = 115''.6\,\sqrt{b} = 1'.93\,\sqrt{b}\,,$$

wobei b in Metern anzusetzen ist.

Diese geometrische Kimmkorrektion ist noch nicht verwendbar, da bei ihrer Ableitung vorausgesetzt worden ist, daß die Strecke $K'B$ geradlinig verläuft. In Wirklichkeit ist $K'B$ infolge der Einwirkung der Refraktion ein wenig gekrümmt. Der in B (s. Fig. 14) eintreffende Lichtstrahl kommt also nicht von K', sondern von einem entfernteren Punkte K der Kimm her. Der Abstand der sichtbaren Kimm ist also um einen gewissen Betrag größer, die tatsächlich beobachtete, an die Messungen anzubringende Kimmtiefenkorrektion dagegen kleiner als der abgeleitete Winkel k'.

Die Erfahrung lehrt nun, daß in den untersten Schichten der Atmosphäre ein nahezu horizontaler Strahl infolge der Refraktion nach Zurücklegung des Weges von einer Seemeile (1.852 km) um 4″.6 (2″.5 auf 1 km) von der geraden Richtung abgelenkt wird. Die in Bogenminuten ausgedrückte Kimmtiefe k' gibt aber direkt die Entfernung der geometrischen Kimm vom Beobachter in Seemeilen an. Für die Augenhöhe $b = 1$ m wird also nach der abgeleiteten Formel der Kimmabstand = 1′.93 oder 1.93 Seemeilen, auf welche Entfernung der Lichtstrahl eine Krümmung von 8″.9 erleidet. Die geometrische Kimmkonstante 115″.6 muß also um 8″.9 oder um 1/13 ihres Betrages verkleinert werden, so daß der berichtigte Ausdruck für die Kimmtiefenkorrektion

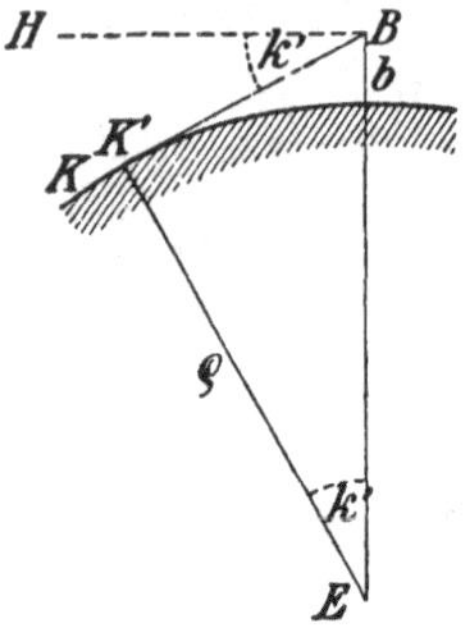

Fig. 14.

$$k = 106''.7\sqrt{b} = 1'.78\sqrt{b}$$

lautet. Vergrößert man die geometrische Kimmkonstante um 8″.9, so erhält man in dem Ausdruck

$$w = 2'.08\sqrt{b}$$

die wirkliche Sichtweite des Seehorizontes in Seemeilen. Nach diesen Formeln sind in der Regel die Tafeln für die Tiefe und Sichtweite der Kimm in den Jahrbüchern berechnet. In Wirklichkeit weicht der Betrag der wahren Kimmtiefe von der Berechnung trotz der vorgenommenen Verbesserung oft beträchtlich ab, vor allen Dingen ist eine leidliche Übereinstimmung der Tafelwerte mit der Wirklichkeit nur bei gleichmäßiger Luft- und Wassertemperatur zu erwarten. Ist das Wasser wärmer als die darüberliegende Luft, so wird die Kimmtiefe vergrößert, im umgekehrten Falle verkleinert. Der Betrag dieser Änderung läßt sich nur durch Versuche, also rein empirisch feststellen. Die gebräuchlichen Hilfstafeln pflegt man nach der Formel

$$\Delta k = -2''.2\,\Delta t = -0'.04\,\Delta t$$

zu berechnen, wobei Δt die Anzahl von Celsiusgraden angibt, um die das Wasser kälter ist als die Luft. Da bei Höhenmessungen zur See Korrektionen unter 1/2′ kaum je berücksichtigt werden, so spielt die letzte Verbesserung der Kimmtiefe nur bei sehr großen Temperaturunterschieden eine merkliche Rolle.

Aus den mitgeteilten Reduktionsbeispielen von Höhen- und Zenitdistanzmessungen ersieht man ohne weiteres, daß dem Berechner von Orts- und Zeitbestimmungsaufgaben die wenigsten Vorbereitungen erwachsen, wenn Messungen von Fixsternen vorliegen. Je gründlicher somit der Beobachter den Fixsternhimmel kennt, desto weniger wird er auf die Sonne und die Planeten angewiesen sein, deren Einstellung auch sonst nicht die Sicherheit und Zuverlässigkeit der Fixsternbeobachtungen beanspruchen kann. Eine genaue Kenntnis des Himmels, die sich auf Grund einer guten Sternkarte äußerst leicht erzielen läßt, ist somit bei der Ausführung geographischer Ortsbestimmungen unbedingt erforderlich.

Die für das Verständnis der Ortsbestimmungsaufgaben notwendigen Grundbegriffe der sphärischen Astronomie sind jetzt bereits so weit auseinandergesetzt, daß nunmehr eine Aufzählung der wichtigsten dem Beobachter zu Gebote stehenden rechnerischen und tabellarischen Hilfsmittel erfolgen kann.

§ 7. Astronomische Jahrbücher und Tafeln, Rechenhilfsmittel und Sternkarten.

Die Bestimmung der Polhöhe, der Zeit und der geographischen Länge eines Beobachtungsortes setzt die Kenntnis gewisser Größen voraus, die sich mit der Zeit ändern, und die daher von staatlichen Instituten von Jahr zu Jahr in astronomischen Kalenderwerken oder sog. **astronomischen Jahrbüchern** veröffentlicht werden und meist schon 2 oder 3 Jahre im voraus im Buchhandel zu haben sind. Jedem der weiter unten aufgezählten Jahrbücher ist eine genaue Erläuterung des Inhalts beigefügt, so daß eine eingehendere Beschreibung der Tafelsammlungen an dieser Stelle kaum erforderlich ist. Unter allen Umständen muß eine solche Zusammenstellung von astronomischen Zahlenwerten dem Beobachter bieten:

1. die scheinbaren äquatorialen Koordinaten der Sonne, die Zeitgleichung und die Sternzeit für eine bestimmte Tagesstunde, z. B. den mittleren Greenwicher Mittag; für Randbeobachtungen der Sonne ist auch noch die Kenntnis ihres jeweiligen scheinbaren Halbmessers erforderlich;

2. die scheinbaren Koordinaten des Mondes, seinen Halbmesser und seine Äquatorialhorizontalparallaxe, die ersteren wegen der beträchtlichen Mondbewegung für ein möglichst enges Intervall, z. B. für jede Tages- und Nachtstunde M. Z. Greenwich;

3. die scheinbaren Koordinaten der helleren Planeten, insbesondere von Venus, Mars, Jupiter und Saturn, sowie (für genaueste Messungen) deren Halbmesser und Horizontalparallaxen;

4. die scheinbaren Örter einer größeren Anzahl heller möglichst gleichmäßig über die ganze Himmelskugel verteilter Fixsterne;

5. Angaben über Finsternisse sowie über Bedeckungen von Fixsternen und Planeten durch den Mond für die Zwecke der Längenbestimmung.

Die meisten Jahrbücher enthalten freilich noch eine Reihe weiterer Angaben, da die Beobachtungen auf den Sternwarten noch die Kenntnis von zahlreichen anderen veränderlichen und unveränderlichen Zahlenwerten erfordern. Die unter 1 bis 5 genannten Daten bilden indessen stets den Grundstock eines jeden Jahrbuchs.

Für die Zwecke der geographischen Ortsbestimmung innerhalb der in diesem Leitfaden vorgesteckten Grenzen kommen in erster Linie die Sonderausgabe des Nautical Almanac, die Astronomisch-Nautischen Ephemeriden, sowie das Nautische Jahrbuch in Betracht.

Den bescheidensten Umfang hat das Nautische Jahrbuch oder Ephemeriden und Tafeln für das Jahr ...., herausgegeben vom Reichsamt des Innern, Berlin (Karl Heymanns Verlag). In den letzten Jahren sind leider an diesem handlichen und übersichtlichen Buche wiederholt Kürzungen und Änderungen auf Kosten der Genauigkeit einzelner Daten vorgenommen worden, so daß die Zahlenangaben in der gegenwärtigen Form für genauere Zeit- und Ortsbestimmungen zu Lande bei weitem nicht mehr ausreichen. Für Übungszwecke ist dieses Jahrbuch nach wie vor in vollem Umfange verwendbar, zur Not auch auf Forschungsreisen, bei denen eine definitive Bearbeitung des Beobachtungsmaterials doch erst nach der Rückkehr in die Heimat zu erfolgen pflegt.

Die englische Originalausgabe des Nautischen Jahrbuchs, die in einem Auszug als Sonderausgabe des Nautical Almanac, Part I, Edinburgh, erscheint, sowie die Astronomisch-Nautischen Ephemeriden, Triest (Deutsche Ausgabe, Buchdruckerei des österreichischen Lloyd), sind von diesen Nachteilen frei und daher in erster Linie zu empfehlen[1]).

Da der Beobachter, besonders bei Entnahme von genaueren Fixstern- und Planetenörtern, doch zuweilen in die Lage kommen wird, auf umfangreichere Jahrbücher zurückzugreifen, so mögen hier auch noch die Jahresephemeriden, wie sie auf Sternwarten gebraucht werden, kurz aufgezählt werden. Es sind dies:

---

[1]) In den Astronomisch-Nautischen Ephemeriden fehlt lediglich die Vorausberechnung der für die Längenbestimmung wichtigen Sternbedeckungen.

1. Die ungekürzte (große) Ausgabe des Nautical Almanac and ephemeris for the year .... (published by order of the admiralty, Edinburgh).

2. Die American Ephemeris for the year .... (published by the bureau of navigation, Washington).

3. Das Berliner astronomische Jahrbuch für .... (herausgegeben vom Königlichen Recheninstitut zu Berlin).

4. Die Connaissance des Temps à l'usage des astronomes et des navigateurs pour l'an .... (publié par le Bureau des Longitudes, Paris).

Die Angaben dieser genauen Ephemeriden bezüglich der Sonnen-, Mond- und Fixsternörter sind praktisch so gut wie identisch, und es ist infolgedessen gleichgültig, aus welchem Jahrbuch der Beobachter die zur Berechnung erforderlichen Daten entnimmt. Für die Praxis der Ortsbestimmungen verdient infolge seiner ganzen Anordnung und des geringen Preises in erster Linie der Nautical Almanac Beachtung.

Bei der Reduktion der Ortsbestimmungsaufgaben von der später zu besprechenden Art wird man mit fünfstelligen Logarithmen in der Regel auskommen, ja bei zahlreichen nautischen und anderen Aufgaben genügt sogar eine vierstellige Rechnung. Die Wahl der Logarithmentafel ist dabei nur von nebensächlichem Interesse. Speziell für den Zweck der geographischen Ortsbestimmung und der astronomischen Praxis eingerichtet sind die Logarithmisch-Trigonometrischen Tafeln mit fünf Dezimalstellen von Albrecht (Berlin, Verlag von P. Stankiewicz) und die fünfstelligen mathematischen und astronomischen Tafeln von Bidschof und Vital (Wien und Leipzig, Verlag von F. Deuticke). Sehr zu empfehlen ist auch das Logarithmisch-Trigonometrische Handbuch auf fünf Dezimalen von Becker (Leipzig, Verlag von B. Tauchnitz). Für die vereinzelten Ausnahmefälle sechsstelliger Rechnungen werden wohl am häufigsten die Logarithmentafeln von Bremiker (Berlin, Nicolaische Verlagsbuchhandlung), für vierstellige die Tafeln von Albrecht (Leipzig, Verlag von W. Engelmann) bzw. diejenigen von Rex (Stuttgart, Verlag von J. B. Metzler) verwendet.

Wegen der praktischen Bedeutung der astronomischen Ortsbestimmungen für die Landesvermessungen und die Schiffahrt ist bereits wiederholt der erfolgreiche Versuch gemacht worden, die Berechnung häufig vorkommender Aufgaben durch Tabulierung ganzer Formeln oder einzelner in denselben vorkommender Ausdrücke zu erleichtern. Die Literatur dieses Gebietes ist, besonders soweit es sich um die Nautik handelt, außerordentlich groß und verteilt sich auf fast alle Kultursprachen. Abgesehen von Tafeln für die Lösung spezieller Aufgaben haben sich besonders drei Sammelwerke dieser Art eingebürgert, die gegenwärtig etwas veralteten Astronomischen Tafeln und Formeln von

C. F. W. Peters (Hamburg, Verlag von W. Mauke 1871), die Astronomisch-geodätischen Hilfstafeln von L. Ambronn und J. Domke (Berlin, Verlag von E. S. Mittler & Sohn, letzte Auflage 1909) und die umfangreichen aber für die Zwecke der genauesten Messungen unentbehrlichen Formeln und Hilfstafeln für geographische Ortsbestimmungen von Th. Albrecht (Leipzig, Verlag von W. Engelmann, letzte Auflage 1908). Für astronomisch-geographische Arbeiten, die den Rahmen dieses Buches nicht überschreiten, wird man mit den bereits erwähnten mathematischen und astronomischen Tafeln von Bidschof und Vital unter allen Umständen auskommen.

Die Hilfsmittel des Rechners sind damit, wenn man von Rechentafeln, Rechenschiebern u. dgl. absieht, im wesentlichen erschöpft, dagegen wird der Beobachter auch bei bester Kenntnis des Himmels noch wiederholt Sternkarten, gelegentlich auch Sternverzeichnisse zu Rate ziehen müssen, die eine genaue Identifizierung der von ihm gemessenen Gestirne gestatten. Von den im Buchhandel zahlreich vorhandenen Himmelsatlanten eignet sich gerade für Ortsbestimmungen wegen seines Formats und billigen Preises besonders der Himmelsatlas von Schurig (Leipzig, Gaeblers Verlag, letzte Auflage 1909), und speziell für Forschungsreisende der ebenso preiswerte wie praktische Atlas von vier Sternkarten des nördlichen und südlichen Himmels von Großmann (Berlin, Verlag von Dietrich Reimer). Gute Dienste bei der Reduktion erweist oft ein guter Himmelsglobus mit Meridian, Horizontring, verstellbarer Zenitmarke usw., da er noch nachträglich eine rohe Kontrolle der gemessenen Zenitdistanzen ermöglicht und bei Verwechselungen das tatsächlich beobachtete Objekt zuweilen noch sicher wiederzufinden gestattet. Von den im Handel befindlichen Globen ist in dieser Beziehung der auch äußerlich gediegen ausgestattete Himmelsglobus von H. Albrecht (Berlin, Verlag von Ernst Schotte), der 33 cm im Durchmesser faßt und die Sterne weiß auf dunkelblauem Grunde enthält, zu empfehlen. Selbstverständlich gehört ein Sternglobus nicht auf eine Forschungsreise; er ist ein wertvolles Hilfsmittel bei der Vorbereitung und Reduktion der Messungen, aber kein Beobachtungsinstrument.

Da übrigens nur ein kleiner Teil der Sterne, die man auf Globen und Sternkarten vorfindet, in den astronomischen Jahrbüchern nach mittleren bzw. scheinbaren Örtern verzeichnet ist, so mag hier noch für den Fall, daß versehentlich ein in keinem dieser Verzeichnisse vorkommender Stern beobachtet wurde, auf einen praktischen Sternkatalog aufmerksam gemacht werden, und zwar auf Ambronn, Sternverzeichnis, enthaltend alle Sterne bis zur 6.5ten Größe für das

Jahr 1900 (Berlin, Verlag von J. Springer). Das Verzeichnis enthält naturgemäß nur mittlere Örter für die angegebene Epoche. Die Umrechnung eines Sternortes des Kataloges auf den Jahresanfang der Beobachtung ist jedoch ohne weiteres mit Hilfe der daselbst mitgeteilten Präzessionswerte ausführbar. Um weiterhin den scheinbaren Ort für den Tag der Beobachtung zu finden, ist strenggenommen eine weitere Berechnung der Reduktion auf den scheinbaren Ort nach besonderen in den größeren Jahrbüchern mitgeteilten Formeln und Tafeln notwendig. Ist dabei keine große Genauigkeit erforderlich, so kann man sich die letzte Berechnung dadurch ersparen, daß man die Differenz scheinbarer Ort minus mittlerer Ort eines benachbarten Jahrbuchssterns unmittelbar auf das beobachtete Objekt überträgt.

§ 8. Grundbegriffe der Interpolationsrechnung.

In den astronomischen Jahrbüchern und Ephemeriden findet man eine Anzahl mehr oder weniger veränderlicher Zahlenwerte, die bei den Beobachtungen und deren Reduktion Verwendung finden sollen, die aber in der Regel nur von Tag zu Tag gegeben sind. Solche mit der Zeit veränderlichen Werte sind z. B. die Rektaszensionen und Deklinationen der Sonne, des Mondes und der Planeten, die Zeitgleichung, die Mondparallaxe usw. Es tritt nun an den Benutzer derartiger Tafeln sehr oft die Aufgabe heran, die betreffenden veränderlichen Größen für den Moment der Beobachtung, der nur ausnahmsweise einmal mit der Zeit der Ephemeride übereinstimmen wird, aus dieser zu berechnen oder zu **interpolieren.** Mathematisch ausgedrückt handelt es sich also darum, zu einem gegebenen Argument (hier der Zeit der Beobachtung) die zugehörige Funktion, also Rektaszension, Deklination usw. zu suchen, wenn eine Reihe vorangehender und folgender, für gleiche Argumentintervalle tabulierter Funktionswerte vorliegt.

Die sog. lineare Interpolation wird bei dem jedesmaligen Aufschlagen eines Logarithmus bzw. Numerus aus einer logarithmischen Tafel vom Rechner ausgeführt, wenn er die Zahlenwerte, mit denen er operiert, zwischen die Tafelwerte nach einfachen Regeldetrigesetzen einschaltet. Hierbei wird also stillschweigend und meist mit Berechtigung angenommen, daß die Zahlen und deren Logarithmen innerhalb der engen Grenzen der Tafeln einander völlig proportional verlaufen. Daß bei stark zu- bzw. abnehmenden Differenzen eine lineare Interpolation nicht mehr ausreicht, zeigt ein derselben Logarithmentafel entnommenes Beispiel. Interpoliert man nach der üblichen Regel aus der 0°-Tafel der trigonometrischen Funktionen den fünfstelligen log sin $5'\,36''.0$, so erhält man 7.21021, während der richtige in einer besonderen engeren Tabelle gegebene Zahlenwert 7.21191 lautet. Aufgabe der Interpolationsrechnung in engerem Sinne ist es, auch bei solchen Argument- bzw. Funktionsintervallen, die nicht eng genug tabuliert sind, wie es z. B. in der 0°-Tabelle log sin 5′ und log sin 6′ sind, die Ermittelung eines dazwischen liegenden, zu einem bestimmten Argument gehörigen Zahlenwertes mit ausreichender Genauigkeit zu ermöglichen.

Die Herleitung der meist recht einfachen Interpolationsformeln aus dem sog. Taylorschen Satze gehört nicht hierher. Es werden an dieser Stelle nur die gebräuchlichsten Formeln nebst den zugehörigen Definitionen einfach zu zitieren sein.

Es möge, da das Argument in astronomischen Tabellen fast ausnahmslos die Zeit ist, die Epoche, die der Beobachtung am nächsten liegt, mit T und das konstante Stundenintervall (24^h, 12^h od. dgl.) mit h bezeichnet werden. Die Argumente laufen dann in der Form T, $T + h$, $T + 2h$, $T + 3h$ usw. vorwärts und rückwärts in der Form $T - h$, $T - 2h$, $T - 3h$ usw. Die zugehörigen Funktionswerte für die erste fortschreitende Argumentreihe sollen mit f_{I}, f_{II}, $f_{III} \ldots$, die Funktionen für die rückwärts verlaufende Argumentreihe dagegen mit f^{I}, f^{II}, $f^{III} \ldots$ bezeichnet werden. Ferner bilde man die fortlaufenden ersten Differenzen $\underset{1}{\Delta}$ zwischen je zwei aufeinander folgenden Funktionswerten unter Berücksichtigung des Vorzeichens (also positiv bei wachsenden, negativ bei abnehmenden Werten der f-Reihe), von diesen Differenzen wieder die zweiten Differenzen $\underset{2}{\Delta}$, dann die dritten Differenzen $\underset{3}{\Delta}$ usf. Man erhält dann, wenn die Größen Δ zur Bezeichnung ihrer Stellung in der Reihe noch durch passende Zeichen gekennzeichnet werden, ein Differenzenschema von der nachstehenden Form:

Argument	Funktion	1. Differenz	2. Differenz	3. Differenz
		$\underset{1}{\Delta}^{IV}$		
$T - 3h$	f^{III}		$\underset{2}{\Delta}^{III}$	
		$\underset{1}{\Delta}^{III}$		$\underset{3}{\Delta}^{III}$
$T - 2h$	f^{II}		$\underset{2}{\Delta}^{II}$	
		$\underset{1}{\Delta}^{II}$		$\underset{3}{\Delta}^{II}$
$T - h$	f^{I}		$\underset{2}{\Delta}^{I}$	
		$\underset{1}{\Delta}^{I}$		$\underset{3}{\Delta}^{I}$
T	f		$\underset{2}{\Delta}$	
		$\underset{1}{\Delta}_{I}$		$\underset{3}{\Delta}_{I}$
$T + h$	f_{I}		$\underset{2}{\Delta}_{I}$	
		$\underset{1}{\Delta}_{II}$		$\underset{3}{\Delta}_{II}$
$T + 2h$	f_{II}		$\underset{2}{\Delta}_{II}$	
		$\underset{1}{\Delta}_{III}$		$\underset{3}{\Delta}_{III}$
$T + 3h$	f_{III}		$\underset{2}{\Delta}_{III}$	
		$\underset{1}{\Delta}_{IV}$		

Wie oben erwähnt wurde und aus dem Beispiel (s. Anhang) ersichtlich ist, wird mit T der Argumentwert und mit f derjenige Funktionswert der Tafel bezeichnet, dem die gesuchte Funktion am nächsten liegt. Es ist nun das Rechenschema für die Berechnung der Funktion $f\ (T + x)$ zu dem Argument $T + x$ aufzustellen, wo x zwischen 0 und h liegt.

Drückt man x in Einheiten von h aus, so daß

$$t = \frac{x}{h}$$

wird, so erhält man die gesuchte Funktion $f\ (T + t)$ zu dem Argument $T + t$ durch die Reihe

$$f(T + t) = f + \underset{1}{\Delta}_{\mathrm{I}}\, t + \underset{2}{\Delta}_{\mathrm{I}} \frac{t(t-1)}{1 \cdot 2} + \underset{3}{\Delta}_{\mathrm{II}} \frac{t(t-1)(t-2)}{1 \cdot 2 \cdot 3} + \ldots$$

(Newtonsche Interpolationsformel)

oder

$$f(T + t) = f + \left\{ \frac{\underset{1}{\Delta}^{\mathrm{I}} + \underset{1}{\Delta}_{\mathrm{I}}}{2} - \frac{1}{6}\, \frac{\underset{3}{\Delta}^{\mathrm{I}} + \underset{3}{\Delta}_{\mathrm{I}}}{2} \right\} t + \frac{\underset{2}{\Delta}}{2}\, t^2 \ldots$$

(Hansensche Interpolationsformel)

Die beiden Reihenausdrücke unterscheiden sich dadurch, daß bei dem ersten die absteigenden Differenzen

$$\begin{array}{llll} T \mid f \searrow & & & \\ & \underset{1}{\Delta}_{\mathrm{I}} \searrow & & \\ & & \underset{2}{\Delta}_{\mathrm{I}} \searrow & \\ & & & \underset{3}{\Delta}_{\mathrm{II}} \end{array}$$

usf.

bei dem zweiten die arithmetischen Mittel der wagerechten die Funktion f umschließenden Differenzenreihen

$$T \mid f \begin{array}{c} \nearrow \underset{1}{\Delta}^{\mathrm{I}} \searrow \\ \searrow \underset{1}{\Delta}_{\mathrm{I}} \nearrow \end{array} \underset{2}{\Delta} \begin{array}{c} \nearrow \underset{3}{\Delta}^{\mathrm{I}} \\ \searrow \underset{3}{\Delta}_{\mathrm{I}} \end{array}$$

usf. benutzt werden.

Die Anwendung dieser beiden wohl am häufigsten benutzten Formeln, die dem vorliegenden Zweck entsprechend nur bis zur dritten Differenz entwickelt sind[1]), gestaltet sich, wie das Beispiel 2 des Anhangs zeigt, äußerst einfach.

Besonders rasch läßt sich eine Interpolation ausführen, wenn einmal

$$x = \frac{h}{2}$$

ist, d. h. wenn es sich darum handelt, die Intervalle einer Tafel, einer

[1]) Neuerdings werden in den Jahrbüchern alle stärker veränderlichen Daten so eng tabuliert, daß man bei der Lösung der hier in Frage kommenden Aufgaben kaum je über die zweiten Differenzen hinauszugehen braucht.

Ephemeride u. dgl. um die Hälfte zu verkleinern. Bei dieser **Interpolation in die Mitte** wird

$$t = \tfrac{1}{2}$$

und somit nach der Newtonschen Formel

$$f(T+t) = f + \frac{\Delta^{\mathrm{I}}_{1}}{2} - \frac{\Delta^{\mathrm{I}}_{2}}{8} + \frac{\Delta^{\mathrm{II}}_{3}}{16} - \dots$$

Während bei der gewöhnlichen Interpolationsrechnung die Hansensche Formel vielleicht den Vorzug verdient, liefert sie für die Interpolation in die Mitte, wie man sich leicht überzeugt, keinen so einfachen Ausdruck.

Als Beispiel für die Interpolation in die Mitte (s. Anhang) ist eine Ephemeride der Monddeklinationen vom 12stündigen Intervall auf ein 6stündiges gebracht worden. Die Tafel läßt sich durch weitere Interpolation in die Mitte auf ein Intervall von 3^{h} bringen usf.; man kann sie jedenfalls so eng gestalten, daß man schließlich (wie beim Aufschlagen der Logarithmen) mit der linearen Interpolation auskommt. Wenn eine größere Anzahl ziemlich eng nebeneinander liegender Tafelwerte zu interpolieren ist, kann die Anlage einer solchen engeren Tabelle die Rechnung nicht unbeträchtlich abkürzen und vor allem sicherer gestalten.

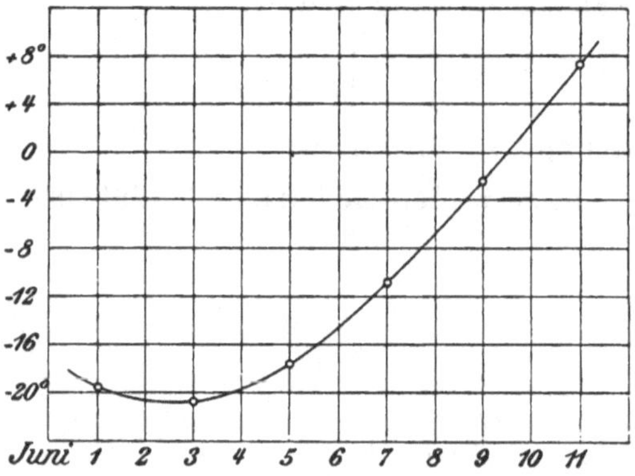

Fig. 15.

Die beste, stets leicht kontrollierbare Übung in der Interpolationsrechnung bietet die Bildung bestimmter Logarithmen aus größeren Intervallen, z. B. die Bildung des log 422, wenn log 100, log 200, log 300 ... log 700 gegeben sind usw.

Bei Interpolationen zwischen wenig veränderlichen Funktionswerten führt zuweilen eine graphische Interpolation auf Koordinatenpapier rasch zum Ziele. Wäre z. B. (Fig. 15) aus einer 2tägigen, auf Bruchteile eines Grades abgerundeten Ephemeride der Monddeklinationen irgendein dazwischenliegender Wert gesucht, so würde die graphische Darstellung der Werte die Entnahme der gesuchten Deklination für jedes Zehntel des Tages auf 0°.1 bis 0°.2 genau ermöglichen. Die geradlinige Verbindung der eingetragenen Funktionswerte veranschaulicht hier graphisch die lineare, die eingezeichnete stetig verlaufende Kurve die Interpolation mit Hilfe des Differenzenschemas.

Zweiter Abschnitt.

Die Instrumente für Zeit- und Ortsbestimmungen.

§ 9. Allgemeine Bemerkungen über Winkelmeßinstrumente und deren Einzelteile.

Unter den Winkelmessungen an der scheinbaren Himmelssphäre, die zur Lösung von astronomisch-geographischen Aufgaben verwendet werden, nehmen, wie bereits in dem Kapitel über das Poldreieck angedeutet wurde, die Bestimmungen von Zenitdistanzen bzw. Höhen der Gestirne die wichtigste Stellung ein. Daneben wird man, besonders auf Reisen, oft in die Lage kommen, schon für geodätische Zwecke auch die zweite, horizontale Koordinate, d. h. das Azimut eines Gestirns zu bestimmen. Hieraus ergibt sich als nächste Aufgabe die Aufzählung und Beschreibung derjenigen instrumentellen Hilfsmittel, die dem Beobachter die Messung der beiden genannten Winkel mit der erforderlichen Genauigkeit ermöglichen.

Da es sich also bei den später zu erörternden Aufgaben in erster Linie darum handeln wird, Winkel längs eines Vertikalkreises und längs des Horizontes zu messen, so erfordert die Gesamtheit dieser Aufgaben zu ihrer Lösung ein Instrument, das sich im wesentlichen aus einer entsprechenden Visiervorrichtung in Verbindung mit zwei in Grade und deren Unterabschnitte geteilten Kreisen, einem vertikalen und einem horizontalen, zusammensetzt, also gewissermaßen ein Abbild des Horizontalsystems der Himmelskugel im kleinen darstellt. Ein solches Instrument, das man je nach seiner Ausführung, Vollständigkeit und Größe allgemein als Theodolit, Universalinstrument, Altazimut usw. bezeichnet, muß ferner so eingerichtet sein, daß nach richtiger Aufstellung sein Vertikalkreis in die Ebene des zugehörigen Höhenkreises am Himmel und sein Horizontalkreis in die Ebene des Horizontes fällt.

Nun ist die Bestimmung des Ausgangspunktes für die Zenitdistanzmessungen, des Zenits, wesentlich leichter und sicherer auszuführen, als eine Ermittelung der Meridianlinie, von der aus die Azimute gemessen werden. Infolgedessen sucht man sich bei der Bestimmung von Zeit und Polhöhe möglichst auf die Messungen von Zenitdistanzen zu beschränken und kann dann den Horizontalkreis gänzlich entbehren. Derartige Instrumente, die lediglich zu Zenitdistanz- bzw. Höhenmessungen dienen sollen, lassen sich zum Teil handlicher gestalten und so einrichten, daß sie, wie z. B. der Libellenquadrant, der Sextant und der Prismenkreis, für Beobachtungen freihändig Verwendung finden können, während die Messungen mit einem Universal stets eine vorhergehende sorgfältige Aufstellung auf einem Stativ od. dgl. erfordern. Für ganz spezielle Aufgaben der astronomisch-geographischen Praxis verwendet man noch feste, womöglich auf gemauerten Pfeilern montierte Instrumente, die nur die Beobachtung von Sternen in einem ganz bestimmten Höhenkreise, in der Regel im Meridian, zulassen, und deren Anwendbarkeit daher eine beschränkte ist. Von diesen Instrumenten interessiert hier nur das Durchgangs- oder Passageninstrument, das in der Gestalt des Meridiankreises seine höchste Vollendung erhalten hat und heutzutage überhaupt das wichtigste Meßinstrument des Astronomen auf Sternwarten bildet. Das Durchgangsinstrument wird möglichst genau im Meridian aufgestellt und dient zur Beobachtung von Gestirnskulminationen. Bei der Identität der Rektaszension eines im Meridian stehenden Gestirns mit der Sternzeit des Beobachtungsortes gestattet somit ein solches Instrument eine einfache und sehr sichere Bestimmung der Uhrkorrektion, d. h. der genauen Zeit.

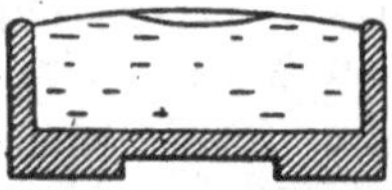

Fig. 16. Dosenlibelle.

Alle Instrumententeile und Hilfsvorrichtungen, die bei der Aufstellung und Benutzung der obengenannten Apparate notwendig sind, lassen sich zusammenhängend behandeln, wenn man von dem vollständigsten Instrument für geographische Ortsbestimmungen, dem Universal, ausgeht.

Ein solches Instrument muß, wie schon vorhin betont wurde, seiner Bestimmung gemäß bei der Benutzung stets eine derartige Lage haben, daß seine beiden Kreise genau in die Ebene der zugehörigen Kreise an der Himmelssphäre zu liegen kommen. Das Instrument muß also vor dem Gebrauch zunächst noch nivelliert, d. h. durch entsprechende Justierung der Fußschrauben genau horizontal aufgestellt werden, d. h. so, daß die Drehungsachse des Horizontalkreises genau senkrecht und die Drehungsachse des Höhenkreises genau wagerecht stehen. Eine derartige Nivellierung wird hierbei ebenso, wie auch sonst im praktischen Leben, mit Hilfe einer Libelle oder Wasserwage ausgeführt, die naturgemäß dem vorliegenden Zweck entsprechend mit der größten Sorgfalt hergestellt sein muß. Für kleinere Instrumente genügt zur Nivellierung vielfach schon eine gute Dosenlibelle (Fig. 16). Dieselbe besteht aus einer kurzen, zylindrischen Metallbüchse, die mit Spiritus oder Äther gefüllt und durch ein schwach gewölbtes Uhrglas abgeschlossen ist. Die oberste Kuppe des Glases ist meist durch einen oder mehrere konzentrische Kreise markiert, um das Einspielen der Blase an ihrer Stellung zur Mitte des Uhrglases besser beurteilen zu können. Durch Feststemmen des Stativs in den Erdboden und durch entsprechende Bewegung des dritten (dem Objekt zugekehrten) Stativbeines, läßt sich eine derartige natürlich ganz rohe Nivellierung im Augenblick ausführen. Genauer gelingt die Justierung der Instrumente mit Hilfe von Kreuzlibellen, d. h. eines auf gemeinsamer Grundlage ruhenden Paares von einfachen Röhrenlibellen, die senkrecht zueinander stehen. Auch bei diesen Libellen wird die Empfindlichkeit in der Regel so schwach gewählt, daß das Einspielen beider Luftblasen sich im wesentlichen schon durch entsprechendes Verstellen des vordersten Stativbeines erreichen läßt.

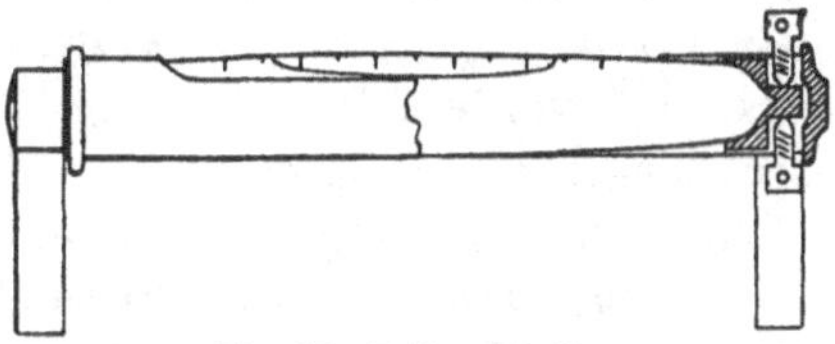

Fig. 17. Röhrenlibelle.

Zum Ausnivellieren besserer Universale, die beispielsweise die Höhen auf 10″ bis 30″ genau ergeben sollen, bedarf man wesentlich empfindlicherer Libellen oder sogenannter Niveaus. Wie jede andere Röhrenlibelle bestehen sie (Fig. 17) aus schwach gekrümmten, innen mit der größten Präzision ausgeschliffenen Glastönnchen, die bis auf einen kleinen luftleeren Raum mit Schwefeläther gefüllt und nach außen hin vollkommen dicht abgeschlossen sind. Die oben aus der Fassung hervortretende Tonnenwölbung trägt eine bezifferte Teilung, die entweder von links nach rechts durchgeht oder von der Röhrenmitte aus nach beiden Seiten hin fortschreitet und zur genaueren Ablesung der Stellung der Gasblase dient.

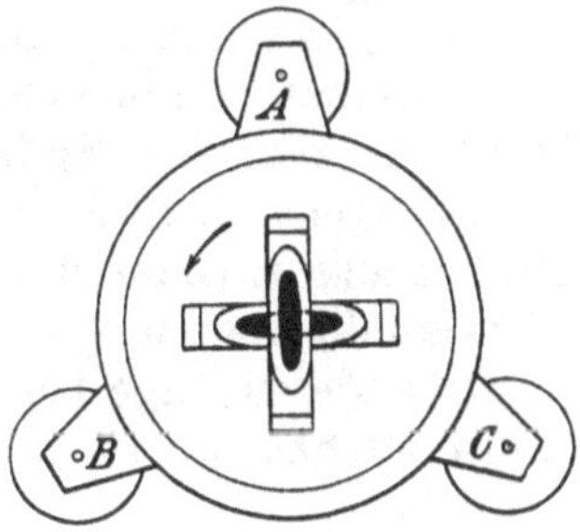

Fig. 18.

Bei der Ausführung der Nivellierung eines Universalinstruments wird die mit einer entsprechenden Aufsatzvorrichtung versehene Libelle auf die horizontale Achse des bereits nach Augenmaß oder mit einer Dosenlibelle nahezu wagerecht gestellten Instruments gesetzt; dann werden die drei Fußschrauben des letzteren solange justiert, bis das Aufsatzniveau oder die sog. Reiterlibelle bei der Drehung des Instruments um die vertikale Achse keine Stellungsänderung der Blase mehr zeigt. Um dabei rasch zum Ziele zu gelangen, tut man gut, die Nivellierung damit zu beginnen, daß man das Instrument in eine solche Lage bringt, daß die Libelle in die Richtung A einer der drei Fußschrauben ABC fällt (Fig. 18). Hierauf stellt man die Fußschraube A höher oder niedriger, bis die Niveaublase zum Einspielen gebracht ist. Nunmehr dreht man den oberen Teil des Instruments um 90°, bis die Libelle parallel zur

Richtung der beiden anderen Fußschrauben B und C steht, und bringt jetzt durch Heben der einen und Senken der anderen — jedenfalls aber ohne weitere Drehung an der vorhin benutzten dritten Schraube A — die Blase wieder in die Niveaumitte. Stand das Instrument zu Beginn der genaueren Justierung bereits nahezu richtig, so wird man nach der erwähnten Operation in jeder Lage des Instruments die Reiterlibelle bereits in Ordnung vorfinden; ist dies nicht der Fall, so können die noch übrigbleibenden Abweichungen durch eine vorsichtige Wiederholung der Justierung unter nochmaligem Herumdrehen des Universals rasch beseitigt werden. Die Blase bleibt schließlich in jeder Stellung des Instruments unbeweglich in der Mitte des Niveaus und zeigt damit die richtige Nivellierung des Instruments an.

Ist nach zwei oder drei Versuchen immer noch keine korrekte Blasenstellung erzielt, so ist entweder das Instrument reparaturbedürftig oder die Libelle nicht in Ordnung. Meist wird das letztere der Fall sein, d. h. die Röhrenachse der Libelle wird nicht mehr genau parallel zu der Verbindungslinie der Aufsatzpunkte ihrer Fassung stehen. Hierfür hat man eine bequeme Kontrolle: das Niveau zeigt, wenn man es auf der horizontalen Achse des Instruments umlegt, d. h. seine Unterstützungspunkte umkehrt, in den beiden Lagen eine verschiedene Neigung an. Da die richtige Stellung der Blase offenbar gleich dem Mittel der Ablesungen sein muß, so braucht man nur die zu diesem Zweck angebrachten beiden Korrektionsschrauben (Fig. 17) so lange vorsichtig zu verstellen, bis die Hälfte der Abweichung beseitigt ist, die Achsenneigung somit in beiden Niveaulagen dem Sinne und der Größe nach gleichmäßig angezeigt wird. Nimmt man z. B. an, daß das Niveau in der Mitte den Teilstrich 0 zeigt, und daß die Blasenmitte in der einen Lage bei dem Teilstrich 4.5 links, in der anderen Lage bei 0.5 links lag, so ist die richtige Neigung i der Achse offenbar durch die Blasenstellung

$$i = \frac{4.5 + 0.5}{2} = 2.5$$

gegeben, und die Verstellung der kleinen an der Fassung sichtbaren Korrektionsschrauben hätte darauf hinauszugehen, die Blasenmitte je nach der Lage des Niveaus um 2 Teilstriche nach rechts bzw. um ebensoviel nach links zu verschieben.

Die bei der Nivellierung schließlich erzielte Einspielung der Reiterlibelle läßt man zweckmäßig während der ganzen Dauer der Beobachtungen am Universal ungeändert. Bei der Benutzung des Instruments erfährt dieses allerdings kleine Lageänderungen, die sich in einer geringfügigen Verschiebung der Blase bemerkbar machen werden. Im allgemeinen haben diese Änderungen, wenn sie nur gering sind, gerade auf die

Genauigkeit der Zenitdistanzmessungen, auf denen die Ortsbestimmungsaufgaben in erster Linie beruhen, keinen merklichen Einfluß. Ist jedoch infolge eines Stoßes, ungeschickter Handhabung des Instruments u. dgl. die Blase um eine größere Teilstrichzahl nach dem Libellenrande zu gewandert, so muß entweder das Instrument neu nivelliert oder der Einfluß der Neigungsveränderung nach später abzuleitenden Formeln an die gemessenen Zenitdistanzen oder an die Azimute angebracht werden.

Der Bogenwert eines Libellenteils wird einem jeden besseren Instrument von der Ursprungswerkstätte beigegeben, so daß der Beobachter sofort imstande ist, durch Ablesung der Niveaustellung die Abweichung seiner Achsenstellung von der Horizontalen in Winkelwert anzugeben. Ist der Teilwert beispielsweise = 20″, so wäre in dem in Fig. 19 abgebildeten Falle, bei dem die Blasenenden bei den Strichen 9.2 (links) und 13.6 (rechts) liegen, die Blasenmitte somit auf

$$\frac{9.2 + 13.6}{2} = 11.4$$

statt auf 10.0 fällt, die Neigung der horizontalen Achse durch

$$i = 28'' \text{ (rechtes Ende zu hoch)}$$

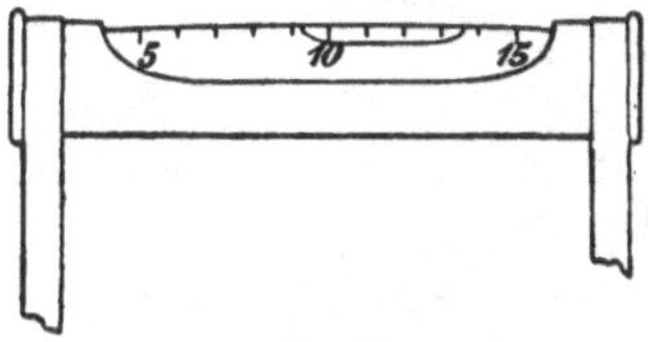

Fig. 19.

gegeben. Bezüglich der selbständigen Ermittelung des Winkelwertes der Libellenteilung durch den Beobachter muß auf das spezielle, dem Universal allein gewidmete Kapitel dieses Buches (vgl. insbesondere S. 62) verwiesen werden.

Den kostbarsten Teil eines jeden Winkelmeßinstruments bilden naturgemäß die geteilten Kreise, die heute fast ausschließlich auf Silber ausgeführt und in einen radartigen Messingreifen eingelassen werden. Bei der bereits erreichten Herstellungstechnik derartiger Kreise ist bei kleineren Instrumenten eine genauere Prüfung derselben seitens des Beobachters meistenteils überflüssig und ohne besondere Hilfsmittel auch nicht gut ausführbar. Die wirklichen Teilungsfehler sind übrigens bei Kreisen erstklassiger Werkstätten verschwindend klein, und zur Beseitigung einer eventuellen Exzentrizität erhalten die Instrumente eine Ablesevorrichtung, die diesen Fehler vollkommen zu eliminieren gestattet. Alle genauer geteilten Kreise besitzen nämlich nicht eine, sondern zwei gegenüberliegende feste Ablesemarken, die um 180° voneinander abstehen, und an denen die Kreise bei der Drehung des Fernrohrs vorübergeführt werden. Mittelt man bei einer derartigen Vorrichtung die Minuten und Sekunden beider Ablesungen, so erhält man ein von Exzentrizität vollkommen freies Resultat.

Zur Begründung sei (Fig. 20) M der für den gemessenen Winkel maßgebende Drehungsmittelpunkt des Kreises, M' der Mittelpunkt der Teilung, $AMN_1 = BMN_2 = \alpha$ der gesuchte, $AM'N_1 = \alpha'$ der am Nonius N_1, $BM'N_2 = \alpha''$ der am Nonius N_2 abgelesene Winkel, so ist nach Verbindung von A mit N_2:

$$\alpha = \sphericalangle BAN_2 + \sphericalangle AN_2N_1 ,$$

d. h.

$$\alpha = \frac{\alpha''}{2} + \frac{\alpha'}{2}$$

der von Exzentrizität freie Winkelwert α. In einfachster Weise kann man sich den Vorgang an einem exzentrisch angebrachten Sekundenzifferblatt einer Taschenuhr klarmachen, die man mit einer Normaluhr vergleicht. Erfolgt die Zeitnotierung z. B. beim Schlage 0^s und 30^s, so wird man leicht einen systematischen Unterschied der Uhrabweichung bemerken. Der Mittelwert wird aber auf alle Fälle ein richtiges Resultat liefern, wie es ein genau zentrisch angebrachter Zeiger ergeben würde. Übrigens ist bei guten Instrumenten der Exzentrizitätsfehler der Kreise meist nur unbedeutend, doch sollte der Beobachter schon zur Kontrolle stets die Stellung beider Ablesemarken notieren.

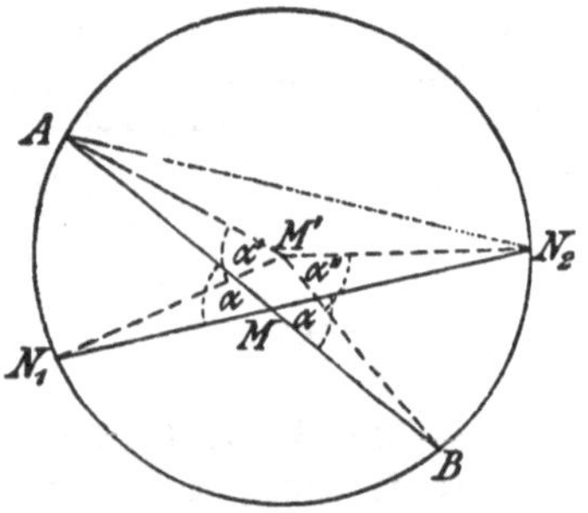

Fig. 20.

Da die Kreise besserer Instrumente von 0° bis 360° durchgeteilt sind (0° entspricht meist der Zenitstellung des Fernrohrs), so ist die Ablesemarke, welche die richtigen Zenitdistanzgrade z angibt, durch die Bezeichnung I oder A gekennzeichnet. In der entgegengesetzten Kreislage, also nach Drehung des ganzen Instruments um 180° im Azimut, ergibt sie dann, wie ohne weiteres ersichtlich ist, die Ablesung $360° - z$.

Was die Kreisteilungen selbst anbetrifft, so sind diese meist nur von Grad zu Grad, von 30′ zu 30′, 20′ zu 20′ oder 10′ zu 10′, selten enger ausgezogen. Auf Kreisen von 15 cm Durchmesser, wie man sie bei besseren Reiseuniversalen vorfindet, stehen die Gradstriche um 1.3 mm voneinander entfernt. Liegen 5 Teilstriche noch dazwischen, so muß die Teilung, die dann von 10′ zu 10′ fortschreitet, schon als sehr eng bezeichnet werden. Bei entsprechender Vergrößerung durch eine Lupe oder ein kleines Mikroskop könnte man ohne weitere Hilfsmittel an der Einstellmarke noch Unterabschnitte bis zu einer Bogenminute abschätzen, doch wäre damit die Leistungsfähigkeit der Kreise durchaus noch nicht ausgenutzt.

Um die Genauigkeit der Ablesungen nach Möglichkeit zu steigern, versieht man fast alle Kreisablesemarken mit einer Hilfsteilung, die nach ihren Erfindern Vernier und Nuñez als Vernier oder allgemeiner als **Nonius** bezeichnet wird.

Das Prinzip des Nonius ist außerordentlich einfach. Es sei in der Fig. 21 durch die obere Skala die Teilung eines beweglichen Zentimetermaßstabes dargestellt, dessen jeweilige Stellung an der Marke *M* möglichst genau abgelesen werden soll. Man trage auf der verschiebbaren Markenskala von *M* aus im Sinne der Hauptteilung, also nach rechts, je 10 Punkte ab, die aber voneinander nicht wie oben um 10 mm, sondern nur um 9 mm abstehen, im übrigen aber wie oben die Bezifferung 0 bis 10 tragen sollen. Es ist nun klar, daß, wenn *M* mit dem Ausgangspunkt 0 des Maßstabes zusammenfällt (Fig. 21 oben), der Teilstrich 9 der Hauptteilung mit dem Strich 10 des Nonius koinzidiert; alle anderen dazwischen liegenden Skalenteile weichen voneinander ab, und zwar um so

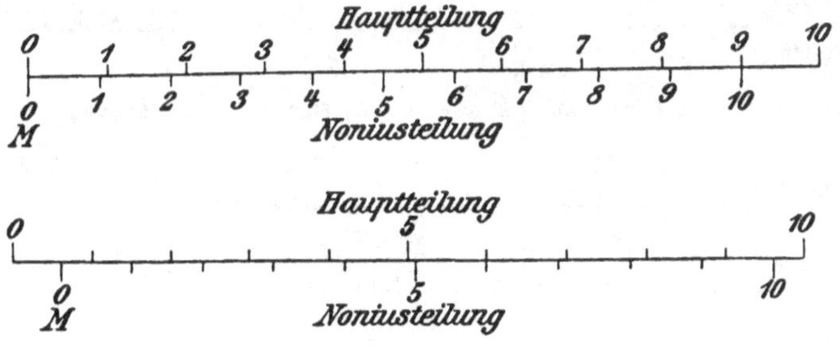

Fig. 21.

weniger, je mehr man sich den Koinzidenzstrichen 0 und 9 der Hauptteilung nähert. Nun verschiebe man den Maßstab an *M* vorbei um 1 mm nach links; jetzt stimmt von den 10 Teilstrichen der Noniusteilung nur der erste mit einem vollen Strich des Maßstabes überein. Bei 2 mm Verschiebung koinzidiert Teilstrich 2 des Nonius, bei 6 mm Verschiebung Teilstrich 6 (Fig. 21 unten) usf., mit anderen Worten, man braucht die Stellung der Marke *M* zum Maßstabe nicht mehr genauer zu schätzen; man liest nur die vollen Zentimeter an der Hauptteilung ab und zählt, um die Zehntel zu erhalten, die Anzahl der Striche auf dem Nonius ab, die man zur Erreichung der Koinzidenz zwischen Noniusteilung und Hauptteilung zu überspringen hatte.

Bei einem so weiten Maßstabe, wie er in dem Beispiel angenommen wurde, erscheint die Benutzung eines Nonius noch wenig zweckentsprechend, da man die Stellung der Marke *M* auch ohne Hilfsteilung bis auf einen Millimeter genau schätzen kann; würde indessen die Teilung so gewählt, daß auf 19 cm 20 Noniusteile entfallen, so würde, wie leicht einzusehen ist, bereits eine sichere Ablesung der Markenstellung bis auf $^1/_{20}$ cm = 0.5 mm möglich sein, also innerhalb von Grenzen, die mit dieser Gewißheit durch bloße Schätzung an einer Strichmarke nicht zu erreichen sind usf.

Bei Kreisen pflegt man die Noniusteilung meist so zu wählen, daß auf 59 Kreisteile genau 60 Noniusteile entfallen. Gestattet der Kreis eine direkte Ablesung von 30′, so läßt sich dann die Genauigkeit mit Hilfe des Nonius bis auf $^1/_{60}$ der Teilung, d. h. bis auf 30″ steigern, bei 10′ direkter Teilung somit bis auf 10″ bringen usf. Natürlich kann an Stelle von 60 auch jede andere Verhältniszahl, z. B. 30 für die Noniusteilung, gewählt werden, obwohl der Faktor 60 im allgemeinen vorherrscht. Die Ableseregel für den Noniusgebrauch bleibt dabei stets dieselbe; man hat nur die Hauptteilung des Kreises an der Nullmarke des Nonius so weit abzulesen, als es die Kreisteilung gestattet, und der be-

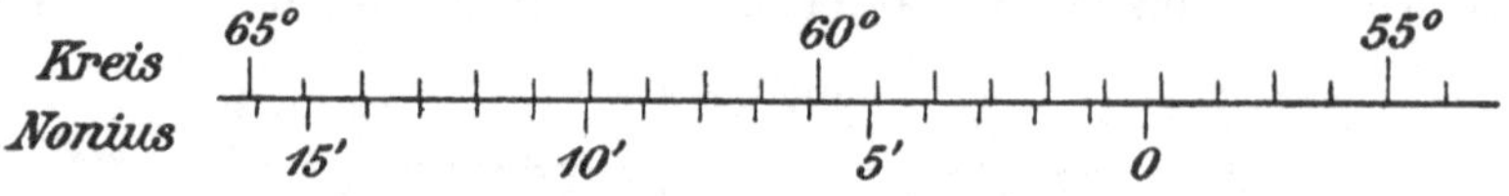

Kreis in $^1/_2$° geteilt, am Nonius 1′ ablesbar. Schätzung: 57°.2. Ablesung: 57° 11′.

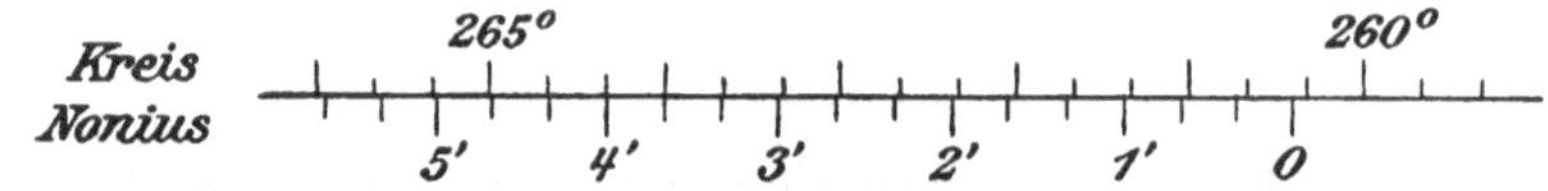

Kreis in $^1/_3$° geteilt, am Nonius 20″ ablesbar. Schätzung; 260° 25′. Ablesung: 260° 23′ 40″.

Fig. 22.

treffenden Zahl die Ablesung der Noniusteilung bis zur Strichkoinzidenz hinzuzufügen. Der Anfänger wird sich besonders bei Benutzung mehrerer Instrumente mit verschiedener Nonienteilung manches Versehen ersparen, wenn er der genauen Nonienablesung stets eine sorgfältige Schätzung der Stellung der Nullmarke an der Kreisteilung vorausgehen läßt, wie das in den Beispielen der Fig. 22 auch durchweg geschehen ist.

Da das Nonienablesen bei raschem Arbeiten und bei rein mechanischer Anwendung der Ableseregel (also ohne die vorgeschlagene unabhängige Schätzung der Kreisteilung) leicht zu Irrtümern Anlaß geben kann, hat man neuerdings wieder eine ältere Methode der Kreisablesung einzuführen versucht, die auf den Nonius ganz verzichtet und nur die Schätzungsgenauigkeit der Nullmarke an der Kreisteilung wesentlich erhöht. Es ist ja klar, daß eine Schätzung der Kreisstellung mit einer Noniusablesung gleichwertig wird, wenn man die Kreisteilung, die natürlich für diesen Zweck besonders sorgfältig ausgeführt sein muß, unter einem stark vergrößernden Mikroskop betrachtet und hier die Stellung einer im Gesichtsfelde angebrachten Glasmarke abliest. An Stelle eines eigentlichen Nonius findet man in diesen sog. Schätzmikroskopen eine kleine Hilfsteilung, die so eingerichtet ist, daß eine bestimmte Anzahl von Skalenstrichen in dem engsten Intervall der Kreisteilung gerade aufgeht. Man hat hier also gerade an der Stelle, wo man sie braucht, gewissermaßen eine enge Kreisteilung vor Augen. Ist z. B. der Kreis, wie in Fig. 23, von 20′ zu 20′ geteilt, die im Mikroskop angebrachte Skala dagegen so, daß auf dasselbe Intervall noch 10 weitere Teile entfallen, so entspricht der Abstand eines Striches der Skala von dem benachbarten einem Winkelwert von 2′, und da man innerhalb der Glasstriche noch Zehntel schätzen kann, so läßt somit die Vorrichtung noch eine Ablesung bis auf 0′.2 zu. In Fig. 23 steht z. B. der Anfangsstrich der Skala 11′.2 jenseits 316° 40′, die Ablesung lautet somit 316° 51′.2.

Der Vorzug dieser Schätzmikroskope gegenüber den meist nur mit einfachen Lupen ausgestatteten Nonien liegt darin, daß die Aufmerksamkeit des Beobachters ausschließlich auf die eingestellte Stelle des Kreises gelenkt wird, während beim Ablesen des Nonius sich das Auge von der Einstellmarke entfernt und bei der dreifachen Tätigkeit: Schätzung der Kreiseinstellung, Aufsuchung der Koinzidenz und Ablesung des Nonius leichter Irrtümern ausgesetzt ist. Dagegen ist zu bedenken, daß ein Nonius nicht so leicht Beschädigungen ausgesetzt ist wie ein Schätzmikroskop, dessen Verlust alle weiteren Messungen illusorisch macht, und daß ferner auch das kleinere Gesichtsfeld und die Verschiedenheit im Aussehen der stark vergrößerten Kreisteilung und der scharfen Schätzungsstriche manche, wenn auch nicht gerade schwerwiegende Nachteile in sich schließen.

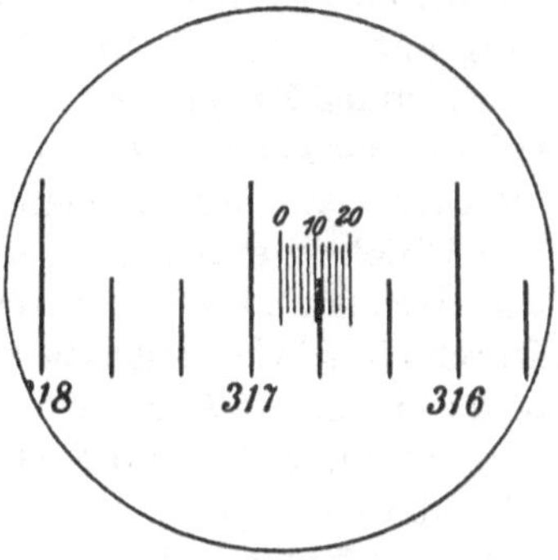

Fig. 23. Gesichtsfeld eines Schätzmikroskops.

Bei größeren Instrumenten wird das Prinzip des Schätzmikroskops in der Form einer vollständigen Meßvorrichtung benutzt, wobei aber der Abstand der gleichfalls im Gesichtsfelde des Mikroskops befestigten Nullmarke von dem benachbarten Kreisteilstrich nicht an einer Hilfsskala geschätzt, sondern mit einem beweglichen Faden durch Drehung einer Mikrometerschraube genau gemessen wird. Der Beobachter hat dann nichts weiter zu tun, als den Mikrometerfaden (meist ist es ein enges Fadenpaar) auf den vorangehenden oder folgenden Teilungsstrich des Kreises einzustellen. Der Betrag der Fadenverschiebung gegenüber der Nullmarke läßt sich dann direkt an der geteilten Trommel der Mikrometerschraube ablesen. Ein genaueres Eingehen auf diese Mikroskopablesung erscheint hier überflüssig, da sie sich nur bei Universalen findet, die eine Winkelablesung bis auf einzelne Bogensekunden oder gar deren Bruchteile ermöglichen sollen, also bei Instrumenten, die nicht in den Kreis dieser Betrachtungen gehören.

Zu den wichtigsten Hilfsapparaten aller astronomischen Instrumente gehört naturgemäß auch das Fernrohr. Vor der Entdeckung desselben benutzte man allgemein zu astronomischen Beobachtungen mit Schauritzen versehene Visierlineale oder Diopter, die selbst bei aller Sorgfalt und Geschicklichkeit einiger Beobachter bei weitem nicht die mit dem Fernrohr erzielbare Einstellungsschärfe ergeben konnten, und deren Anwendung überdies auf die helleren Sterne beschränkt war. Das Fernrohr hat nicht nur den Benutzungsbereich aller Meßinstrumente wesentlich erweitert, sondern auch an Stelle der alten unvollkommenen Dioptervorrichtungen eine mathematisch genaue Festlegung der Blickrichtung oder der sog. Absehnslinie ermöglicht. Für die hier in Frage kommenden Zwecke wird es nur in der Gestalt des Keplerschen Fernrohrs angewendet, das in seiner einfachsten Form aus einem konvexen Objektiv- und einem kleineren, stärker gewölbten Okularglas besteht. Das Objektiv erzeugt in seiner Brennebene ein Bild des anvisierten fernen Gegenstandes, das durch das Okular dem Auge vergrößert erscheint. Durch ein astronomisches Fernrohr erblickt man somit alle Gegenstände unter einem größeren Sehwinkel, jedoch umgekehrt, d. h. so, daß oben und unten, links und rechts vertauscht sind. In der Brennebene des Objektivs bringt man bei allen Instrumenten, die zu Messungen Verwendung finden sollen, ein feines Fadennetz an; eine entsprechende Vorrichtung ermöglicht eine schwächere oder stärkere Erleuchtung des Gesichtsfeldes, so daß die Fäden auch in der Dunkelheit der Nacht zu Messungszwecken verwendet werden können. Zur Festlegung einer Beobachtungsmarke im Gesichtsfelde des Fernrohrs würde in der Regel ein einfaches rechtwinkliges Fadenkreuz genügen, doch lehrt die Erfahrung, daß die Einstellung der punktförmigen Sternbilder sich genauer in einem engen Fadenviereck als in dem Kreuzungspunkt von zwei Einzelfäden bewerkstelligen läßt. Infolgedessen sind bei größeren Instrumenten im Gesichtsfelde meist zwei enge horizontale und zwei ebensolche vertikale Fäden eingespannt, wozu noch vielfach zum Zwecke anderweitiger Beobachtungen je ein weiterer vertikaler Faden links und rechts von der Mitte hinzukommen (Fig. 24).

Daß die Fäden sowohl wie die Sterne innerhalb des ganzen Gesichtsfeldes absolut scharf und farblos erscheinen müssen, ist selbstverständlich. Hierzu ist es zunächst notwendig, daß Fadenplatte und Okularauszug für jedes Auge einstellbar sind, ferner, daß das Objektiv achromatisch ist, d. h. eine Linsenkombination darstellt, die alle Farben möglichst in einem Brennpunkt vereinigt. Auch die Linsenzusammenstellung des Okulars ist für die Güte der Bilder nicht gleichgültig. Das Okular muß bis zum Rande des Gesichtsfeldes eine scharfe Einstellung gestatten, also insbesondere für Bildkrümmung und Farbenzerstreuung korrigiert sein. Bei Meßinstrumenten jeglicher Art haben sich in dieser Beziehung die dreilinsigen von Kellner 1849 erfundenen sogenannten orthoskopischen Okulare besonders gut bewährt.

Es ist zunächst leicht einzusehen, daß die Beobachtung der Sternantritte an das Fadenkreuz nur dann richtig ausfällt, wenn die Zielachse, d. h. die Verbindungslinie Fadenkreuz—Objektivmitte, auf der horizontalen Achse des Instrumentes senkrecht steht. Ist dies nicht der Fall, so muß der Fehler durch Verschieben der Fadenplatte korrigiert, bzw. die Abweichung, d. h. der sog. Zielachsen- oder Kollimationsfehler, bei der weiteren Verwendung der gemessenen Winkel in Rech-

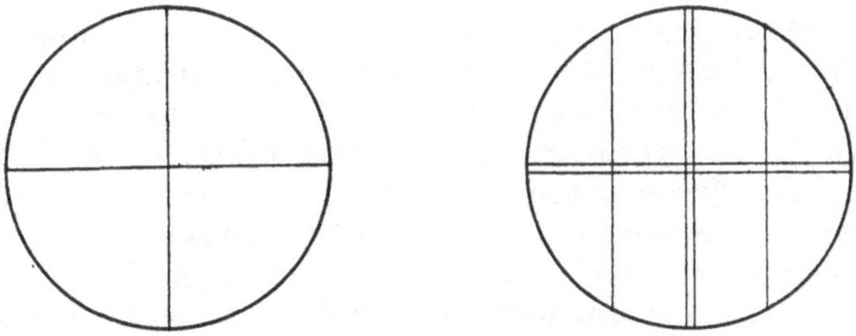

Fig. 24. Gebräuchliche Fadennetze an Universalinstrumenten.

nung gezogen werden. Die Ausdrücke, nach denen dies geschieht, sollen später bei spezieller Behandlung des Universalinstruments noch abgeleitet werden.

Von nicht zu unterschätzender Bedeutung für eine längere Gebrauchsfähigkeit der Instrumente ist eine sachgemäße Behandlung aller ihrer Teile. Daß ein starker Stoß, eine anscheinend leichte mechanische Beschädigung u. dgl. ein astronomisches Instrument viel eher unbrauchbar machen können als irgend einen anderen Meßapparat, dürfte ohne weiteres klar sein. Alles Putzen der Instrumententeile ist unnötig, ja sogar schädlich. Zum Reinigen von Staub verwende man einen weichen, trockenen Pinsel, zum Säubern der Objektive und Okulare ein weiches, altes Leinwandläppchen. Fester anhaftende Schmutzflecke an den Metallteilen wird man mit dem Finger unter reichlicher Verwendung von Petroleum oder Vaseline beseitigen; auch schmutzig gewordene Kreisteilungen lassen sich auf diese Weise wieder säubern. Beschlagene Instrumente lasse man im Aufbewahrungsraume so lange offen stehen, bis sie die Temperatur der umgebenden Luft angenommen haben, wische sie also nicht ab. Die Gefahr des Rostens liegt kaum vor, da die meisten transportablen Instrumente heute aus Rotguß hergestellt werden. Besitzt die horizontale Achse Zapfen aus Stahl, so ist natürlich auf diese dauernd achtzugeben und für ihre gehörige Einfettung stets Sorge zu tragen.

§ 10. Der Libellenquadrant, Spiegelsextant und Prismenkreis.

Vor der Anschaffung eines Instruments für astronomisch-geographische Zwecke ist es stets notwendig, über den ungefähren Grad der Genauigkeit Klarheit zu gewinnen, den man durch die Beobachtungen in Polhöhe, Zeit und Länge zu erlangen wünscht. Wohl gestatten einige besondere Methoden die Erzielung sehr genauer Resultate auch mit Hilfe von geringeren instrumentellen Hilfsmitteln, im allgemeinen ist jedoch die Kreisteilung, insbesondere die Teilung des Höhenkreises als Hauptmaßstab für die Leistungsfähigkeit des Instruments anzusehen.

Bei den meist üblichen Methoden der Zenitdistanzmessungen wird ein Kreis, der Ablesungen bis zu 1′ gestattet, die Breite aus einer Beobachtung höchstens bis auf 1′ genau ergeben, einer von 10″ Ablesegenauigkeit bis auf 10″ usf., ja in Wirklichkeit wird sich das Ergebnis wegen der unvermeidlichen kleinen Instrumental- und Beobachtungsfehler noch merklich ungünstiger gestalten. Noch weniger vorteilhaft liegen die Verhältnisse bei den Zeitbestimmungen und erst recht bei den Aufgaben der Längenbestimmung, bei denen man in Ermangelung direkter Methoden schon an und für sich mit größeren Unsicherheiten zu rechnen gezwungen ist. Auf festen Stationen, die die Möglichkeit ganzer Beobachtungsreihen zulassen, kann nach Ausgleichung zahlreicher Einzelresultate schließlich ein genauerer Wert der geographischen Koordinaten erzielt werden, auf Forschungsreisen jedoch, wo zur Ausführung der astronomischen Beobachtungen in der Regel nur wenig Zeit zur Verfügung steht, wird man im allgemeinen den Genauigkeitsgrad der Kreisablesung auch als die Grenzleistung seines Instruments ansehen dürfen.

Auf der Erdkugel entspricht ein geozentrischer Winkel von 1′ einer Distanz von 1851.8 m oder einer Seemeile, 1″ somit einer Längenausdehnung von 30.9 m. Wünscht man somit den Abstand eines Ortes vom Äquator bis auf 1 km genau zu erhalten, so muß die Polhöhe innerhalb $\pm$ 0′.5 richtig bestimmt werden. Auf See genügt meist die Kenntnis der Schiffslage in Breite bis auf 1′; bei Landreisen in unbekannten Gegenden sind Messungen, die etwa $^1/_2$ bis $^1/_3$ Breitenminute ergeben, noch als gut brauchbar zu bezeichnen, und selbst solche Bestimmungen, die den Polhöhenwert auch hier nur bis auf 1′ oder 2′ sichern, können unter Umständen bei der kartographischen Bearbeitung einer ausgedehnten Routenaufnahme in einem unerforschten Gebiete noch von erheblichem Wert sein. Die fest aufgestellten Instrumente der Sternwarten gestatten freilich Breitenbestimmungen bis auf wenige Bruchteile einer Bogensekunde. Nur mit Hilfe so exakter Präzisionsmessungen ist es möglich gewesen, die sogenannte Polschwankung festzustellen, eine periodische Veränderlichkeit der geographischen Breite, deren Maximaländerung kaum $\pm 0''.5$, also in linearem Maße etwa 15 m beträgt.

Was die geographischen Längen anbetrifft, so sind diese, wie bereits vorhin angedeutet, wesentlich unsicherer bestimmbar. Eine Zeitsekunde in Länge entspricht am Erdäquator einer Entfernung von 463 m; da 4 Zeitsekunden genau einer Bogenminute gleich sind, so würde am Äquator eine Längenbestimmung von dieser Genauigkeit den Abstand des Ortsmeridians vom Nullmeridian bis auf rund 1850 m ergeben. Wegen der Konvergenz der Meridiane nach Norden und Süden gestalten sich die Verhältnisse bei größeren Abständen vom Äquator günstiger, doch lehrt die Erfahrung, daß eine Längenbestimmung innerhalb von 4^s mit transportablen Instrumenten und unter Anwendung der gewöhnlichen Methoden sich nicht leicht erreichen läßt, daß man also hier die Genauigkeitsgrenzen wesentlich weiter ziehen muß als bei der geographischen Breite. Selbst bei solchen Stationen, die untereinander eine telegraphische Verbindung haben und die Möglichkeit eines direkten Zeitaustausches bieten, läßt sich infolge bestimmter systematischer Fehlerquellen der Längenunterschied meist nicht mit der Schärfe der Polhöhenwerte ermitteln.

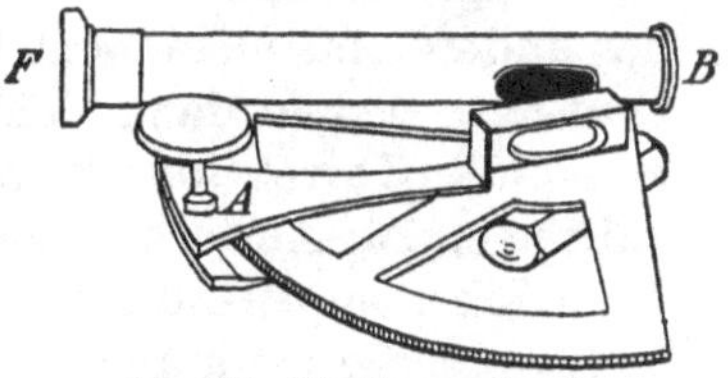

Fig. 25. Libellenquadrant (Butenschön-Altona).

Für rohe Orientierungsmessungen, insbesondere aber für Übungszwecke, kann als billiges und praktisches Instrument zu Höhenbestimmungen der handliche Libellenquadrant empfohlen werden. Grundsätzlich gehört ja zu derartigen Messungen nichts weiter als ein geteilter Viertelkreis mit Visierfernrohr, und Lot oder Wasserwage. Soll jedoch ein solches Instrument aus freier Hand gebraucht werden, so ist es nötig, daß der Beobachter auch während des Anvisierens eines Himmelskörpers oder eines irdischen Gegenstandes die Möglichkeit hat, sich über die horizontale bzw. vertikale Lage des einen Quadrantenarmes zu vergewissern. Bei dem von Butenschön zuerst hergestellten Libellenquadranten (Fig. 25) ist diese Bedingung dadurch erfüllt, daß die Blase einer Nivellierlibelle durch eine Öffnung im Fernrohr in das Gesichtsfeld des schwach vergrößernden Okulars gespiegelt und hier gleichzeitig mit dem anvisierten Objekt sichtbar wird.

Die Bauart und der Gebrauch des Instruments wird danach ohne weiteres verständlich erscheinen. An dem oberen Winkelstück eines in ganze Grade geteilten Quadranten ist das Visierfernrohr *FB* fest angebracht, während an der Kreisperipherie ein beweglicher Arm, die Alhidade *A*, die auf der Rückseite den Nonius trägt, sich mittels Zahntriebs beliebig verstellen läßt. Die Alhidade trägt in der Nähe des Quadrantenmittelpunktes eine feste Libelle, deren Einspielung mit Hilfe einer Spiegelvorrichtung vom Okular aus kontrollierbar ist. Während man das Fernrohr beispielsweise nach Vorschalten eines Blendglases auf die Sonne richtet, und diese in die durch ein Fadenviereck bezeichnete Mitte des Gesichtsfeldes einstellt, dreht man gleichzeitig den Alhidadenarm mit der in Fig. 25 sichtbaren Schraube so weit herunter oder herauf, bis die Blase das Beobachtungsobjekt symmetrisch umgibt, die Libelle somit einspielt. Der am Nonius abgelesene Winkel *ABF* ergibt dann unmittelbar die Höhe der Sonne[1]).

Um sich von der Richtigkeit der Fernrohr- und Kreismontierung zu überzeugen, braucht man nur einige Höhen einmal mit dem Quadranten, das andere Mal mit einem Universalinstrument zu messen. Die Abweichungen ergeben dann den Indexfehler des Quadranten, d. h. eine konstante Korrektion, die fortan ständig an alle gemessenen Höhen anzubringen ist. Am praktischsten ist es, die Sonne, deren Beobachtungen beim Libellenquadranten ja in erster Linie in Frage kommen, auch zur Indexfehlerbestimmung zu benutzen. Zu diesem Zweck mißt man möglichst genau um die Zeit des wahren Mittags (12^h Ortszeit + Zeitgleichung, vgl. S. 19) hintereinander einige Sonnenhöhen und subtrahiert von deren Mittel den Einfluß der Strahlenbrechung. Diese beobachtete, mit Indexfehler behaftete Sonnenhöhe vergleicht man nun mit der berechneten, die man erhält, wenn man die aus einem Jahrbuch entnommene Sonnendeklination δ unter Berücksichtigung des Vorzeichens zum Komplement der Breite oder zu der Äquatorhöhe des Beobachtungsortes ($90° - \varphi$) addiert. Ergab die Beobachtung für die Höhe der Sonne nach Berücksichtigung der Refraktion beispielsweise $50° 22'$, die Rechnung dagegen $50° 30'$, so beträgt der künftighin an alle Höhenmessungen anzubringende Indexfehler des Quadranten $+ 8'$.

Die mit einem freihändig gebrauchten Libellenquadranten erreichbare Genauigkeit einer einzelnen Messung beträgt etwa $\pm 4'$, beim Anlehnen des Armes an eine Wand, einen Baum od. dgl. wird man jedoch nach einigen Versuchen bald kaum noch Abweichungen von 2 oder $3'$ feststellen. Anstatt die Sonne in die Mitte des Fadenvierecks zu bringen,

[1]) Wesentlich verbesserte Typen des Libellenquadranten werden neuerdings von Hartmann & Braun in Frankfurt und von Bunge in Berlin (nach Angaben von Lindt) hergestellt.

kann man sie natürlich auch abwechselnd auf den oberen und unteren Faden einstellen; bei ruhiger Haltung des Quadranten ist die Übereinstimmung derartiger Messungen innerhalb der Ablesegenauigkeit des Nonius ($\pm$ 2′) eine sehr gute und läßt kaum etwas zu wünschen übrig. Ebenso gewinnen die Messungen wesentlich an Genauigkeit, wenn man den Quadranten von einem Stativ aus benutzt, doch ergibt in diesem Falle ein noch so kleines Universalinstrument wesentlich bessere, weil auf scharfen Fadeneinstellungen beruhende Resultate.

Ein viel älteres, ebenso praktisches wie zuverlässiges, aber bei Messungen zu Lande nie recht eingebürgertes Instrument zur Ausführung geographischer Ortsbestimmungen ist der von Newton 1699 erfundene und von Hadley 1731 zuerst hergestellte **Spiegelsextant**, noch heute das Universalinstrument der astronomischen Navigation.

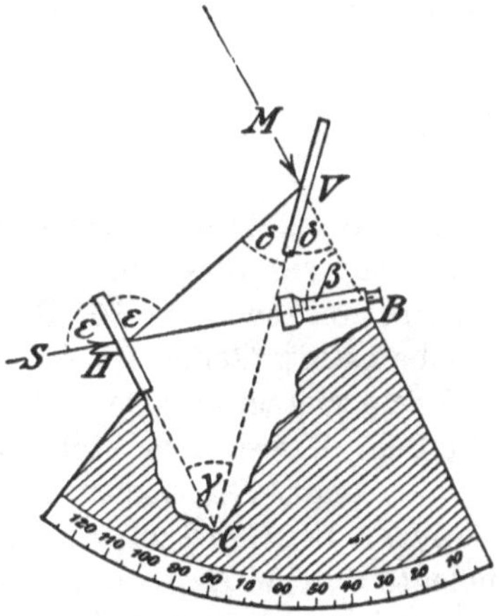

Fig. 26.

Er wird ebenso wie der Libellenquadrant freihändig und gegenwärtig fast ausschließlich für Gestirnsbeobachtungen gebraucht, obwohl er seiner ganzen Einrichtung nach ebensogut auch auf terrestrische Messungen Anwendung finden könnte und in der niederen Geodäsie in der wesentlich vereinfachten Form von Winkelspiegeln, -prismen und dgl. auch tatsächlich täglich benutzt wird.

Zur Erklärung der Theorie des Sextanten mag zunächst erwähnt sein, daß er gegenüber allen anderen Winkelmeßinstrumenten einen großen Vorzug hat: er gestattet nämlich die Messung von Winkeln in beliebigen Ebenen, er eignet sich also nicht nur für Höhen- und Azimutbestimmungen, sondern auch für beliebige Distanzmessungen an der Sphäre.

Es seien beispielsweise (Fig. 26) BS die Richtung nach einem Stern, BM die Richtung nach dem nächstliegenden Mondrand, und es sei die Ermittelung des Winkels SBM erwünscht. Das Prinzip der Sextantenmessung besteht darin, daß man die beiden Strahlenrichtungen MB und SB durch zwei Spiegel, einen festen H und einen beweglichen V, und zwar durch meßbare Drehung des letzteren, in eine gemeinsame Richtung SHB bringt. Wie leicht ersichtlich, muß es dann möglich sein, den Drehungswinkel des Spiegels V zu dem Winkel $SBM = \beta$, den man zu kennen wünscht, in Beziehung zu bringen. Stellt man sich bei H einen Spiegel vor, dessen untere Hälfte von der Amalgamierung befreit ist, durch den man also sowohl S unmittelbar anvisieren, als auch seitlich auffallende, von der unteren Spiegelfläche reflektierte Strahlen auffangen kann, so ist es offenbar rein physikalisch möglich, durch Zuhilfenahme eines zweiten Vollspiegels *V* die von *M* kommenden Strahlen nach *H* und von dort in die Richtung *SB* zu bringen. Bei Berücksichtigung der Tatsache, daß dabei der Einfallswinkel eines Lichtstrahls stets gleich seinem Ausfallswinkel ist, läßt sich die Möglichkeit einer solchen Anordnung direkt an der Figur ablesen. Nehme man nun an, daß der Winkel γ, den jetzt bei der scheinbaren Deckung von Stern und Mondrand die Spiegel *H* und *V* miteinander bilden, meßbar ist, so läßt sich zeigen, daß der gesuchte Winkel $\beta = 2\gamma$ ist. Betrachtet man nämlich das Dreieck *CHV* mit dem Außenwinkel ε und dem Winkel $CVH = \delta$, ferner das Dreieck *BHV* mit dem Außenwinkel 2ε, so erhält man nach bekannten geometrischen Sätzen:

$$\gamma = \varepsilon - \delta$$

$$\beta = 2\varepsilon - 2\delta ,$$

d. h.

$$\beta = 2\gamma .$$

Die Bauart und Verwendung eines Sextanten (Fig. 26) wird jetzt ohne weiteres verständlich sein. Im Mittelpunkte eines geteilten Kreissektors von etwa 60—70° Bogenlänge ist eine Alhidade mit Nonius drehbar befestigt. Genau im Mittelpunkte des Kreisbogens ist auf der Alhidade ein viereckiger Spiegel *V* so angebracht, daß seine Ebene senkrecht auf dem Kreissektor steht und gleichzeitig durch den Nullpunkt des Nonius geht. Die Visierrichtung ist durch ein schwach vergrößerndes Fernrohr bei *B* festgelegt, während der feste, kleinere und nur zur Hälfte belegte Spiegel *H* sowohl eine direkte Beobachtung in der Richtung *BS* als auch eine indirekte in der Richtung *BM* auf dem Wege *MVHB* zuläßt. Die Stellung des Halbspiegels *H* muß eine derartige sein, daß bei der 0°-Stellung der Alhidade seine Ebene parallel derjenigen des Spiegels *V* verläuft, die Neigung beider Spiegel somit Null wird. Eine einfache Überlegung zeigt, daß bei dieser Parallelstellung der Spiegel (d. h. in der Nullstellung der Alhidade) sich beim Anvisieren von *S* das direkte und gespiegelte Sonnenbild decken müssen, womit eine einfache Methode zur Bestimmung dieser Nullage, d. h. des Indexfehlers eines Sextanten gegeben ist.

Bei der eigentlichen Distanzbeobachtung wird die Kreisebene des Sextanten in die Verbindungslinie der zu messenden Objekte gebracht und durch Verschiebung der Alhidade die Stellung des Spiegels *V* so weit geändert, daß im Gesichtsfelde des Fernrohrs das direkte und das gespiegelte Bild zusammenfallen. Der von dem Alhidadenarm beschriebene Winkel ist dann gleich demjenigen, den jetzt die Spiegelebenen miteinander bilden, und der vorhin mit γ bezeichnet wurde. Sein doppelter

Betrag ergibt den gesuchten Winkel β zwischen den Richtungen BS und BM. Durch entsprechende Numerierung der Kreis- und Nonienteilung bleibt dem Beobachter die letzte Rechnung erspart, so daß die abgelesenen Winkel direkt das gesuchte Resultat ergeben. Mit der erforderlichen Numerierung von Halbgraden mit vollen Ziffern hängt auch zusammen, daß man mit dem Instrument, trotzdem es nur den sechsten Teil eines Kreisbogens umfaßt, Winkel bis zu 120° messen kann. Die übrigen, aus der Fig. 27 ersichtlichen Teile des Sextanten sind Hilfsapparate. Die Schraube am Alhidadenende dient zur Feineinstellung der Bilddeckung im Fernrohr, die aufklappbaren Blenden zwischen den Spiegeln zur Beobachtung der Sonne usw.

Vor seiner Benutzung muß der Sextant auf seine richtige Spiegel- bzw. Alhidadenstellung untersucht werden. Es geschieht dies, wie bereits angedeutet ist, zunächst in der Weise, daß man den Alhidadenarm auf die Nullstellung herunterklappt und die Sonne oder den Mond anvisiert. Selbst bei erstklassigen Instrumenten wird man dabei oft finden, daß bei der genauen Nullstellung des Nonius die Bilder sich noch nicht völlig decken, und daß die Koinzidenz erst durch eine nachträgliche kleine Verschiebung der Alhidade mit Hilfe der Feinbewegung zu erreichen ist. Die Abweichung der Noniusstellung vom Nullpunkte des Kreises bei der Bilddeckung ergibt sofort den Indexfehler des Instruments, d. h. den Betrag, um den man jeden gemessenen Winkel fortan vergrößern oder verkleinern muß, um ihn von der Nullstellung des Nonius auf die einzig und allein maßgebende Parallelstellung der Spiegel zu reduzieren. Über das Vorzeichen des Indexfehlers kann kein Zweifel bestehen. Findet z. B. die Bilddeckung bei der Kreisablesung 0° 6′ statt, so werden offenbar alle Winkel um diesen Betrag zu groß gemessen, der Indexfehler ist also negativ (—6′), während andererseits eine positive Indexkorrektion erforderlich wäre, wenn bei der Bilddeckung die Stellung der Einstellmarke des Nonius über den Gradstrich Null hinaus, also in den Bereich der überschüssigen, für diesen Zweck besonders angebrachten Teilung gefallen wäre. Als Gedächtnisregel kann man sich also merken, daß der Indexfehler eines Sextanten negativ ist, wenn bei gedeckten Bildern die Noniusmarke links vom Gradstrich Null steht, dagegen positiv, wenn sie rechts von ihm liegt.

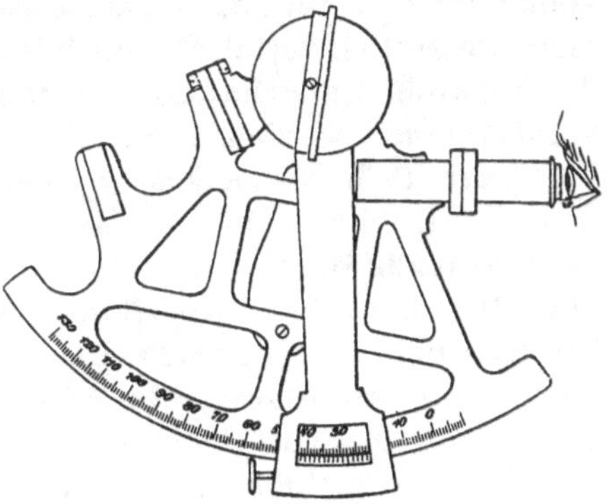

Fig. 27. Spiegelsextant (C. Plath-Hamburg).

Läßt sich eine haarscharfe Deckung der Bilder überhaupt nicht erzielen, so liegt das in erster Linie an einer unrichtigen Stellung der Spiegel. Um deren senkrechte Orientierung auf der Kreisebene zu prüfen, blicke man in den beweglichen Spiegel *V* so hinein, daß man den geteilten Kreis sowohl direkt als auch im Spiegelbilde sieht. Gehen der Kreis und sein Bild unmittelbar ineinander über, so ist alles in Ordnung, bilden sie dagegen einen Knick, so muß der Spiegel mit Hilfe der Stellschrauben so weit verändert werden, bis die erwähnte Bedingung erfüllt ist. Erfolgt jetzt im Fernrohr noch keine vollkommene Deckung der Bilder, so ist es notwendig, auch den festen Spiegel *H* entsprechend zu prüfen und zu korrigieren.

Selbstverständlich muß auch das Visierfernrohr genau parallel zur Sextantenebene liegen. Zwar werden, wenn die Bedingung auch nicht vollkommen erfüllt ist, Winkelmessungen, die unter 90° liegen, dadurch nicht wesentlich verfälscht, doch ist auch hier wenigstens eine Kontrolle der Fernrohrlage erforderlich, zumal eine solche wieder ganz mühelos vorgenommen werden kann. Da der bewegliche Spiegel nunmehr als korrigiert, d. h. als senkrecht stehend gelten kann, so ist es klar, daß beim Hineinblicken in denselben jetzt nicht nur der Kreislimbus, sondern auch alle Instrumententeile, die parallel zur Sextantenebene liegen, ohne Knick in ihre Spiegelbilder übergehen müssen. Eine unrichtige Stellung des Visierfernrohrs kann auf diese Weise sofort erkannt und ohne Mühe durch geeignete Verstellung der ringförmigen Fassung am Okularende berichtigt werden.

Die Untersuchung der ev. Teilungsfehler des Kreisbogens und der Exzentrizität des Drehpunktes der Alhidade gehört sowohl bei den Quadranten wie bei den Sextanten nicht zu den Obliegenheiten des Beobachters und läßt sich auch ohne besondere Hilfsapparate kaum ausführen. Derartige Prüfungen werden in der Regel an nautischen Instituten, in Deutschland insbesondere auf der Deutschen Seewarte in Hamburg, ausgeführt, und es empfiehlt sich daher, nur Instrumente mit einem entsprechenden amtlichen Prüfungszeugnis käuflich zu erwerben.

Die Verwendung des Sextanten ist eine recht vielseitige. Am meisten wird er zu Höhenmessungen auf See gebraucht, wobei der Beobachter direkt die Kimm anvisiert und durch Drehung der Alhidade den Rand des gespiegelten Sonnenbildes, einen Planeten oder hellen Fixstern mit der Horizontlinie zur Berührung bringt. Einige andere Aufgaben ergeben sich ganz von selbst. Holt man (Fig. 28) das schwächere, gespiegelte Sonnenbild mit der Alhidade so weit herunter, bis es das direkte Bild gerade tangiert (*A*) und dreht die Alhidade dann so weit, bis auch eine Berührung von oben (*B*) erfolgt, so ergibt die Differenz der Nonienablesungen den doppelten Sonnendurchmesser in Winkelmaß. Auch der scheinbare Monddurchmesser könnte auf diese Weise bestimmt werden, wenngleich hier die Phasen die Einstellungen etwas beeinträchtigen. Daß der Sextant die Messung von Winkeln gestattet, die eine beliebige Lage zum Horizont haben, also von Winkeln zwischen hellen Sternen und dem nächstliegenden Mondrand, von Azimutunterschieden irdischer Objekte am Horizont usw., ist bereits betont worden. Da es sich hier, entgegen anderen astronomischen Instrumenten, nicht um scharfe Einstellungen auf ein Fadenkreuz handelt, sondern lediglich um Herstellung einer Objektdeckung, die durchaus nicht genau in der Mitte des Gesichtsfeldes zu erfolgen braucht, so spielt eine Unsicherheit der Hand, die Bewegung des Schiffes usw. beim Sextanten eine weit geringere Rolle als z. B. bei dem Libellenquadranten. Dazu kommt noch, daß der Sextant in jeder Beziehung als Präzisionsinstrument gebaut werden kann, und daß etwaige Fehler an der mangelhaften Bilddeckung sofort zu erkennen sind. Die Beobachtung von Gestirnshöhen am Sextanten erfordert im übrigen eine sichere Hand und reichliche Übung; die Messungen sind hier jedenfalls wesentlich schwieriger auszuführen als an festen Instrumenten und ergeben erst nach und nach brauchbare Resultate. Die anfänglichen Mißerfolge dürfen somit keinen Beobachter entmutigen.

Fig. 28.

Bei Benutzung des Sextanten zu Lande ist man natürlich in Ermangelung einer scharfen Horizontmarke gezwungen, die Höhen indirekt zu messen. Es geschieht dies in der Weise, daß man die Gestirne sich in einer ebenen horizontalen Fläche, dem sog. künstlichen Horizont, spiegeln läßt, und dann Gestirn und Bild zur Deckung bringt. Nach einem bekannten physikalischen Gesetz ist der gemessene Winkel dann gleich der doppelten Höhe des Gestirns. Die lästigen Kimmtiefen- und Halbmesserkorrektionen kommen dabei in Wegfall, die Beobachtungszeit bleibt nicht wie beim Seehorizont auf die helle Dämmerung beschränkt, und obendrein erzielt man durch die erforderliche Division der Kreisablesung durch 2 die doppelte Genauigkeit. Die Mehrarbeit besteht in der Nivellierung des künstlichen Horizontes, wenn man als solchen ein planparalleles dunkles Glas, eine polierte Achatplatte od. dgl. verwendet.

Ist der Beobachtungsraum gegen Windstöße, Erschütterungen usw. geschützt, so macht man zweckmäßiger von einem Quecksilberhorizont Gebrauch. Derselbe besteht aus einer amalgamierten flachen Kupferschale, die mit reinem, staubfreiem Quecksilber gefüllt wird. Die vielfach vorgeschlagenen anderen Flüssigkeiten, wie Sirup, Teer, Öl mit Ruß u. a. m., können wohl einmal im Notfalle Anwendung finden, jedoch die spiegelnde, metallische Oberfläche des Quecksilbers nie vollständig ersetzen. Den Erschütterungen der flüssigen Horizonte durch Windstöße usw. helfen die käuflichen Schutzdächer mit Glas- oder Glimmerwänden ab, doch tut man bei ihrer Verwendung gut, eine Beobachtungsreihe in der einen und eine zweite in der anderen Dachlage auszuführen, um sich nach Möglichkeit gegen mangelhafte Parallelität der Gläser zu sichern.

Die Genauigkeit der Sextantenmessungen hat man teils durch Anwendung von Stativen, teils durch Übertragung ihres Prinzips auf Vollkreise zu erhöhen versucht. Diese letzteren Instrumente werden Prismenkreise genannt (erfunden von Borda und Tob. Mayer, in zweckmäßiger Form zuerst konstruiert von Pistor und Martins 1845); sie haben außer einer vollen Kreisteilung mit zwei Nonienablesungen zur Eliminierung des Exzentritätsfehlers noch den Vorteil, daß sie Winkelabstände bis zu 180° zu messen gestatten. Ihr weiterer Vorzug besteht darin, daß der feste Spiegel durch ein total reflektierendes Prisma ersetzt ist, das nur die untere Hälfte des Fernrohrobjektivs deckt. Durch eine zweckmäßige Anordnung der spiegelnden Flächen ist beim Prismenkreise auch dafür Sorge getragen, daß die doppelt reflektierten Bilder mit zunehmenden Winkeln nicht an Helligkeit ab-, sondern zunehmen.

Was oben von dem Libellenquadranten in Stativmontierung gesagt ist, gilt auch von dem ebenso aufgebauten Sextanten und von dem Prismenkreise. Alle diese Instrumente sind aus speziellen Anforderungen der Beobachtungspraxis hervorgegangen und daher nur so lange zweckmäßig, als sie ihre Handlichkeit bewahren. In jeder komplizierten Form stellen sie einen mangelhaften und obendrein meist recht teuren Ersatz für das Universalinstrument dar, dessen besondere Vorzüge aus dem Inhalt des nächsten Kapitels ohne weiteres hervorgehen werden. Für genauere Prüfungen von Quadranten und Sextanten sind allerdings geeignete Stativmontierungen kaum zu entbehren.

§ 11. Das Universalinstrument.

In seiner einfachsten schematischen Form besteht ein Universalinstrument (Fig. 29) aus einer Visiervorrichtung BF und aus einem System von zwei senkrecht zueinander stehenden drehbaren Kreisen, dem horizontalen Azimutkreise A und dem vertikalen Höhenkreise H. An Hilfsinstrumenten ist zum Nivellieren des Universals eine Libelle L erforderlich, zum genaueren Anvisieren des Beobachtungsobjektes ein mit Fadenkreuz versehenes Fernrohr und zum Ablesen der Kreise mindestens je eine Einstellmarke mit Nonius. Die wirkliche Bauart eines kleinen Universals veranschaulicht Fig. 30, wobei auch alle Hilfsvorrichtungen des Instruments zur Darstellung gebracht sind.

In einem schweren Untersatz aus Bronze, der im wesentlichen die Gestalt eines massiven Dreiecks hat, ruht in einer Büchse die vertikale Achse des Instruments. Drei Nivellierschrauben, deren scharfe Spitzen in den konisch ausgebohrten Löchern von Fußplatten ruhen, ermöglichen eine entsprechende Justierung des ganzen Systems beim Horizontalstellen. Unmittelbar über dem Horizontalkreise erweitert sich der um die Vertikalachse drehbare Unterbau zu zwei Lagern für die Horizontalachse des Instruments, die Fernrohr und Höhenkreis trägt. Die beiden Lager haben eine V-förmige Gestalt, so daß jeder der beiden Achsenzapfen nur an zwei Stellen seines kreisförmigen Querschnittes aufliegt. Die gleiche ∧-förmige Gestalt haben auch die Fußenden der abnehmbaren Reiterlibelle. Wie der Höhenkreis, so ist auch das Visierfernrohr bei dem vorliegenden Modell exzentrisch angebracht. Beide Kreise sind verdeckt und nur an je zwei gegenüberliegenden Stellen, dort, wo sich die Nonien und die zur bequemeren Ablesung angebrachten Lupen befinden, frei oder hinter einer Glasüberdachung sichtbar. Die Alhidade der Höhenkreisnonien ist meist noch mit einer weiteren Libelle, dem Höhenkreisniveau, versehen, das zur Kontrolle ihrer horizontalen Stellung bei jeder Ablesung dient. Die sonstigen Instrumententeile, insbesondere die zahlreichen Schrauben und Federbüchsen am Höhen- und am Horizontalkreise, dienen in erster Linie zum Festklemmen bzw. zur Feinbewegung des Fernrohrs in vertikaler und horizontaler Richtung.

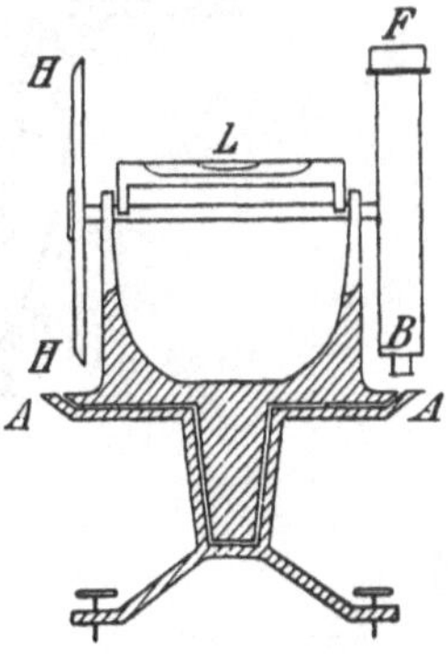

Fig. 29.

Die Herstellungstechnik der Universalinstrumente ist gegenwärtig so weit vorgeschritten, daß die wichtigsten Bedingungen, die das Instrument erfüllen soll, also die senkrechte Lage der Achsen und Kreise zueinander, die fehlerfreie Teilung der letzteren usw., als erfüllt gelten können und bei kleinen Universalen kaum noch in den Untersuchungsbereich des Beobachters fallen. Nur einige beim Transport und Gebrauch der Instrumente oder infolge von Temperaturwechsel veränderliche Fehler erfordern von Zeit zu Zeit eine Neubestimmung und eine entsprechende Berücksichtigung bei der Reduktion der Messungen. Die genauere Untersuchung dieser Fehlerquellen und ihres Einflusses auf die Resultate, in erster Linie auf die gemessenen Zenitdistanzen, soll den Inhalt der folgenden Betrachtungen bilden.

Es ist zunächst klar, daß auch bei vollständiger Exaktheit in der Bauart eines Universals in den Höhenkreisablesungen noch ein Zenitpunktfehler stecken und zu bestimmen sein wird, der von Änderungen der Kreis- und Noniusmontierung abhängt und genau dem Indexfehler des Sextanten entspricht. Ferner wird es notwendig sein, sich darüber zu vergewissern, ob auch die Visierrichtung des Fernrohrs, d. h. die Verbindungslinie Fadenkreuz-Objektivmitte, senkrecht zur Horizontalachse gerichtet ist, das Instrument somit keinen Zielachsen- oder Kollimationsfehler aufweist, und schließlich werden durch die unvollkommene Nivellierung des Instruments vor Beginn der Beobachtungen

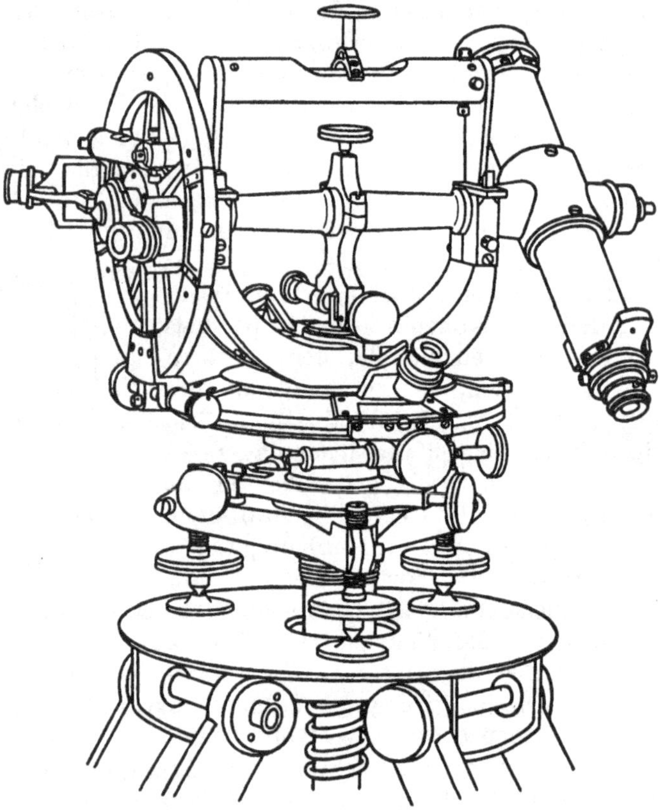

Fig. 30. Universalinstrument mit Repetitionsvorrichtung (vgl. S. 151) (O. Fennel Söhne, Kassel).

Fehlerquellen sich ergeben, die als Neigung des Instruments bezeichnet und näher untersucht werden sollen.

Die Bestimmung des Zenitpunktfehlers am Höhenkreise ist, abgesehen von der Nivellierung, eine der ersten Aufgaben, die der Beobachter vor Beginn seiner eigentlichen Messungen auszuführen hat. Ist das Instrument bei sonstiger Fehlerfreiheit genau nach dem Zenit gerichtet, so weist die Noniusmarke I in der Regel noch keine genaue Koinzidenz mit dem 0°-Strich und die Noniusmarke II mit dem 180°-Strich der Kreisteilung auf. Für gewöhnlich wird die Ablesung auf einen Teilstrich vor oder hinter 0° führen und die Zenitdistanzen werden je nach der Lage des Instruments (Kreis links oder Kreis rechts) um die betreffende Abweichung zu groß oder zu klein ausfallen. Da jedoch der Zenitpunkt am Himmel nicht direkt anvisiert werden kann, so bleibt eigentlich nichts anderes übrig, als ähnlich wie dies bei dem Libellenquadranten geschah, durch Nachmessen einer bereits bekannten Zenitdistanz den Ausgangspunkt der Winkelzählung am Kreise festzustellen. Durch eine geeignete Anordnung der Beobachtungen kann nun beim Universal ohne besondere Vorbereitungen beides, d. h. Zenitdistanz und Zenitpunktfehler gleichzeitig ermittelt werden.

Bei einem von 0° bis 360° durchgeteilten Kreise wird an dem Hauptnonius in einer bestimmten Kreislage (für gewöhnlich bei Kreis links) die Zenitdistanz z selbst abgelesen, in der umgekehrten Lage (Kreis rechts) dagegen $360° - z$ (vgl. S. 44). Ist also der Indexfehler des Kreises Null, so muß die gemessene Zenitdistanz z_l eines irdischen Objekts, z. B. einer fernen Turmspitze, beim Herumdrehen des Instruments um 180° und Durchschlagen des Fernrohrs die Ablesung $360° - z_r$ ergeben, und es wird dann genau

$$z_l = z_r$$

sein. Liegt dagegen der Zenitpunkt des Kreises vor dem 0°-Strich, also zwischen 359° und 360°, so wird $z_l < z_r$, liegt er zwischen 0° und 1°, $z_l > z_r$ sein. Da unter allen Umständen bei unveränderlicher Zenitdistanz des anvisierten Objekts der eine Winkel stets um ebensoviel zu klein als der andere zu groß wird, so ist es klar, daß die halbe Summe

$$\frac{z_l + z_r}{2}$$

die richtige, vom Indexfehler freie Zenitdistanz und ihre halbe Differenz

$$\frac{z_l - z_r}{2}$$

den Zenitpunkt selbst ergibt. Ist $z_l < z_r$, so wird der letzte Ausdruck negativ und ist dann von 360° zu subtrahieren.

Rein mechanisch wird also der Zenitpunkt erhalten, wenn man die direkten Kreisablesungen in den beiden Instrumentenlagen (also z_l und $360° - z_r$) mittelt und zu 180° addiert, also die Formel

$$\text{(A)}\quad \text{Zenitpunkt} = \frac{\text{Ablesung Kr. links} + \text{Ablesung Kr. rechts} + 360°}{2}$$

anwendet.

Ist beispielsweise

$$\text{Ablesung Kr. links} = z_l = 77^\circ\, 15'\, 40''$$
$$\text{Ablesung Kr. rechts} = 360^\circ - z_r = 282^\circ\, 42'\, 40'',$$

so wird die Zenitdistanz $z = 77^\circ\, 16'\, 30''$

und der Zenitpunkt $= 359\;\; 59\;\; 10$.

Das betreffende Instrument erfordert somit in der einen Lage die Indexkorrektion $+ 50''$, in der anderen $- 50''$. Man erkennt aber, daß **bei Benutzung beider Kreislagen zu der gleichen Messung der Zenitpunktfehler aus dem Mittelwert vollständig eliminiert wird,** ohne Rücksicht auf seine Größe.

Daß der Ermittelung des Zenitpunktes am Universal eine sorgfältige Nivellierung des Instruments vorauszugehen hat und dieser wiederum eine Prüfung bzw. Berichtigung der Reiterlibelle, ist selbstverständlich. Ebenso ist es notwendig, daß das Höhenkreisniveau vor den Ablesungen stets zum genauen Einspielen gebracht wird. Bei Höhenkreisen, an denen man 10″ und weniger ablesen kann, wird man sich nicht mit der einfachen Nivellierung der Nonienalhidade begnügen, sondern vor und nach der Kreisablesung beide Blasenenden notieren und die in Winkelwert übertragene Neigung des Nonienträgers an die gemessenen Winkel anbringen. Dasselbe gilt für Instrumente, bei denen das Höhenkreisniveau mit dem Nonienträger fest verbunden ist und keine genauere Einstellung zuläßt. Eine einmalige Feststellung des Sinnes der Niveaukorrektion (z. B.: Blasenmitte zu weit nach links — Kreisablesung zu groß; Blasenmitte zu weit nach rechts — Kreisablesung zu klein) wird über das Vorzeichen keinen Zweifel aufkommen lassen.

Kennt man übrigens den Winkelwert eines Libellenteils noch nicht, so bereitet es keine Schwierigkeiten, ihn mit Hilfe der Kreisteilung selbst zu bestimmen. Man klemme zu diesem Zweck die Horizontalachse des Instruments in einer beliebigen Fernrohrlage fest, bringe mit einer Fußschraube die Blase des zu untersuchenden Höhenkreisniveaus so weit nach links, daß ihre Stellung gerade noch abgelesen werden kann und notiere die Lage der Blasenenden sowie die Stellung eines der beiden Kreisnonien. Mit Hilfe der Feinbewegung verschiebe man nunmehr die Blase möglichst weit nach rechts und lese wieder Blasenenden und Kreis ab. Der Wanderung der Blasenmitte von links nach rechts um n-Teilstriche entspricht dann eine Neigung der Alhidade, die der Differenz der beiden Kreisablesungen gleich ist. Zur ungefähren Orientierung wird der so erhaltene Teilwert wohl oft genügen; ist eine genauere Kenntnis des betr. Winkels erwünscht, so setzt man das Verfahren derart fort, daß man die Blase mit einer Fußschraube (also nicht mit der Feinbewegung) wieder nach links bringt, sie dann mit der Feinbewegung am Nonienträger wieder nach rechts führt usf., unter ständiger Notierung der extremen Blasenstellungen. Die Differenz der Anfangs- und Schlußablesung am Nonius entspricht dann einer bestimmten Anzahl von Libellenteilen, um die die Blase von links nach rechts gewandert ist. Das jedesmalige Zurückholen der Blase mit einer Fußschraube ist dabei notwendig, um eine fortschreitende Verschiebung des Nonius an der Kreisteilung zu bewirken, und um durch Drehung der Feinbewegung in einem fortlaufenden Sinne den Einfluß eines ev. toten Ganges der Schraube unschädlich zu machen.

Bei der Reiterlibelle läßt sich der Teilwert zur Not auf demselben Wege ermitteln, indem man das Niveau an der Höhenkreisalhidade vorsichtig befestigt und das vorhin geschilderte Verfahren wiederholt. Das erzielte Resultat wird zwar kein sehr genaues sein, bei dem geringen Einfluß der Neigung der Horizontalachse auf die gemessenen Zenitdistanzen jedoch in der Regel genügen. Auf einem Umwege erhält man den gewünschten Wert genauer. Hierzu ist nur nötig, eine der Fußschrauben an der Peripherie in gleiche Abschnitte zu teilen und mit einer Ablesemarke zu versehen. Wird das Instrument zunächst um die vertikale Achse so gedreht, daß die Ebene des Höhenkreises parallel zur Verbindungslinie zweier Fußschrauben steht, von denen die eine die erwähnte Teilung trägt, so wird man unter sinngemäßer Anwendung der bisherigen Methode den Winkelwert einer Schraubenumdrehung genau ebenso bestimmen können wie früher den Teilwert des Höhenniveaus. Wird daraufhin die Reiterlibelle aufgesetzt und nunmehr die horizontale Achse in die Richtung der so geeichten Schraube gebracht, so läßt sich wieder die Aufgabe umkehren und der Winkelwert der Fußschraube auf die zu bestimmende Libellenteilung übertragen.

Auf die Ablesepraxis der Libellen ist bereits früher des näheren hingewiesen worden. Es mag hier nur daran erinnert werden, daß man ev. noch übrigbleibende Fehler des Niveaus, hier speziell der Reiterlibelle, dadurch eliminieren kann, daß man die Ablesungen in umgekehrter Lage des Niveaus wiederholt. Die mittlere Abweichung der Blasenkuppe von der Röhrenmitte stellt dann, in Winkelwert übertragen, die Neigung i dar, die bei sonst fehlerfreiem Instrument die Ebene seines Höhenkreises mit dem Vertikalkreise am Himmel bildet. Es ist nun klar, daß bei einer horizontalen Drehung des ganzen unvollkommen nivellierten Instruments um 180° und Durchschlagen des Fernrohrs die Visierrichtung des letzteren in der Zenitdistanz nach der entgegengesetzten Richtung genau um den gleichen Betrag abweicht wie vorhin, so daß **bei der Beobachtung ein und desselben Objekts in beiden Kreislagen auch der Einfluß der Neigung des Instruments auf die Zenitdistanzen vollständig beseitigt wird.**

Die dritte vom Beobachter zu untersuchende Fehlerquelle beruht in dem sog. Kollimationsfehler c des Universals, also in der Abweichung der Absehnslinie des Fernrohrs von der Richtung der auf der horizontalen Achse errichteten Senkrechten. Während beim alleinigen Vorhandensein einer Instrumentalneigung die Visierrichtung des Fernrohrs immer noch einen größten Kreis an der Sphäre beschreibt, erfährt die Absehnslinie durch Hinzutreten eines Kollimationsfehlers noch eine konstante Abweichung nach links bzw. nach rechts, so daß die Fernrohrrichtung beim Drehen des Instruments um die horizontale Achse dann strenggenommen am Himmel keinen größten Kreis mehr definiert.

Die genauere Bestimmung des Kollimationsfehlers mit Hilfe astronomischer Methoden ist etwas umständlich und braucht bei dem geringen Einfluß, den die Zenitdistanzmessungen durch den genannten Fehler erleiden, hier nicht näher erörtert werden. Eine einfache terrestrische Methode zur Kontrolle der Lage der Visierrichtung ergibt sich aber von selbst, wenn man ein möglichst weit entferntes Objekt scharf in beiden Kreislagen einstellt und den Horizontalkreis an den Nonien abliest. Ist die anvisierte Marke so weit entfernt, daß bei exzentrischem Fernrohr die Länge der Achse des Instruments gegenüber dieser Distanz vernachlässigt werden kann (mindestens 10 km bei 10″ Ablesegenauigkeit), so müssen die beiden Stellungen des Kreises genau um 180° 0′ 0″ abweichen. Stellt sich ein Unterschied heraus, so ist dieser offenbar gleich dem doppelten Kollimationsfehler, und es gehört nur noch eine einfache Überlegung dazu, um den Sinn der Verschiebung festzustellen bzw. zu entscheiden, ob das Objektiv- oder Okularende des Fernrohrs mit dem Westende der Achse einen Winkel $> 90°$ bildet. Liegt der anvisierte Punkt in geringerer Entfernung, so werden bei fehlerfreiem Instrument (also ohne Kollimationsfehler) die Azimutablesungen a_r bei Kreis rechts und a_l bei Kreis links um den Winkel ζ von 180° abweichen, unter dem von der Marke aus die Achsenlänge des Instruments erscheint. Bezeichnet man die letztere mit e, die Entfernung dagegen mit E, so ist offenbar

$$\operatorname{tg}\frac{\zeta}{2} = \frac{e}{2E},$$

wofür man bei kleinem Winkel ζ nach (13) setzen kann:

$$\zeta = \frac{e}{E \sin 1''}.$$

Ist ein Kollimationsfehler c vorhanden, so wird offenbar diese Gleichung nicht erfüllt, sondern man wird zu setzen haben:

$$2c + \zeta = a_r - (180° + a_l),$$

d. h.

(B) $$c = \frac{1}{2}\left(a_r - 180° - a_l - \frac{e}{E \sin 1''}\right).$$

Von besonderer Wichtigkeit für das Beobachtungsverfahren ist wieder die Feststellung, **daß bei Benutzung des Instruments in beiden Lagen auch der Kollimationsfehler auf das Resultat unwirksam bleibt.**

Es ergibt somit auch ein Universal, dessen Fehler nicht genauer untersucht sind, einwandfreie Beobachtungen, wenn sämtliche Messungen in beiden Kreislagen ausgeführt und die Resultate dann einfach gemittelt werden. Daraus geht andererseits hervor, daß Beobachtungen in nur einer Kreislage ohne Kenntnis der Instrumentalfehler gänzlich unkontrollierbar sind und daher von der weiteren Verwertung unter allen Umständen ausgeschlossen werden müssen. Bei Gebrauch kleinerer Universale wird man sich jedenfalls in den meisten Fällen auf eine sorgfältige Ermittelung des Indexfehlers beschränken, um wenigstens einigermaßen übereinstimmende Resultate in beiden Kreislagen zu erhalten, und die beiden anderen Fehler durch Doppelbeobachtungen in der Kreislage links und rechts eliminieren. Ob man dabei sofort die beiden Kreis- und die zugehörigen Uhrablesungen mittelt oder die Resultate getrennt für beide Kreislagen ableitet, wäre bei zeitlich nahestehenden Messungen im Grunde genommen gleichgültig. Das letztere Verfahren ist naturgemäß vorzuziehen, da man sonst Gefahr läuft, durch eine fehlerhafte Beobachtung auch das Resultat der anderen zu verderben.

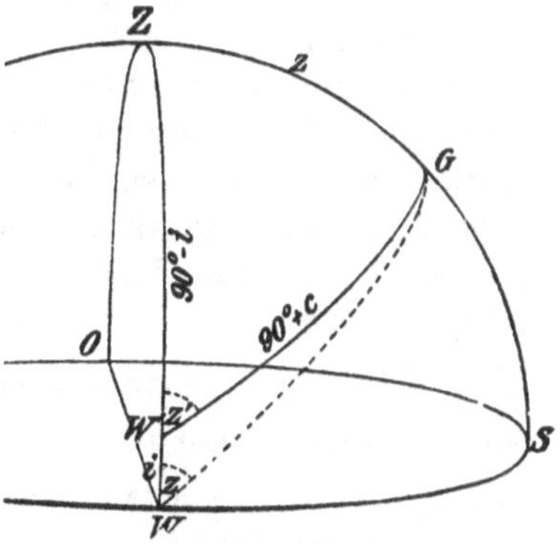

Fig. 31.

Angesichts der Möglichkeit, die Ergebnisse der Messungen ohne besondere Mühe frei von Indexfehler, Neigung und Kollimation zu erhalten, haben die folgenden Erörterungen, in denen der Einfluß dieser Fehler auf die Ablesungen beider Kreise näher untersucht wird, für transportable Instrumente kleinerer Dimensionen fast nur noch theoretisches Interesse.

Daß der Zenitpunkts- oder Indexfehler des Höhenkreises nur die Zenitdistanzen beeinflußt und in diese voll eingeht, bedarf kaum einer besonderen Erwähnung. Für Neigung und Kollimation, die, abgesehen von besonderen Spezialfällen, nicht im Sinne einer Kreisteilung wirksam sind, muß dagegen das Abhängigkeitsverhältnis zwischen Fehler und Kreisablesung erst abgeleitet werden.

Lediglich aus Rücksicht auf eine spätere Betrachtung ähnlicher Art soll zunächst angenommen werden, daß das Fernrohr des Universals nach dem Meridian gerichtet ist. Ist das Instrument absolut fehlerfrei, so wird in dieser Lage (Fig. 31) die vertikale Achse genau nach dem

Zenit Z des Ortes hinweisen, die horizontale Achse wird genau in die Richtung Ost-West (OW) fallen, und alle das Fadenkreuz passierenden Sterne werden vom Punkte W den Abstand $90°$ haben. Hat das Instrument jedoch eine merkliche Neigung i und einen Kollimationsfehler c, so gestalten sich die Verhältnisse anders. Wir wollen annehmen, daß das Westende der Achse, das gleichzeitig das Kreisende sein möge, um den Winkel i zu hoch steht, ferner, daß das Objektivende des Fernrohrs mit der Westhälfte der horizontalen Achse den Winkel $90°+c$ bildet. Beide Fehlerquellen verschieben die Blickrichtung zu weit nach Osten und sollen für diesen Fall als positiv angenommen werden. Die Achse weist jetzt nicht mehr nach W, sondern nach einem Punkte W' oberhalb von W hin, und beim Anvisieren eines Gestirns G umfaßt der Bogen GW' nicht mehr genau $90°$, sondern $90°+c$.

Nun stellt in dem sphärischen Dreieck ZWG der Punkt W den Pol des Meridianbogens ZS dar, der Winkel ZWG ist somit gleich der von Fehlern freien Zenitdistanz z. Aus demselben Grunde ist der Winkel $ZW'G$ gleich der mit Neigung und Kollimation behafteten Zenitdistanz z', die in die Figur nicht besonders eingezeichnet ist, um die Skizze nicht unübersichtlich zu gestalten. Die gesuchten Beziehungen zwischen der abgelesenen nur vom Zenitpunktfehler befreiten Zenitdistanz z' und der gesuchten z ergeben sich nun sofort aus dem Dreieck $ZW'G$. Nach (3) ist nämlich

$$\cos z = -\sin i \sin c + \cos i \cos c \cos z'$$

oder, was dasselbe ist,

$$\cos z' - \cos z = \cos z' - \cos i \cos c \cos z' + \sin i \sin c$$

bzw. nach (10)

$$2 \sin\frac{z+z'}{2} \sin\frac{z-z'}{2} = \cos z'(1 - \cos i \cos c) + \sin i \sin c\,.$$

Nach dem Satze (9) ist aber

$$\begin{aligned} 1 - \cos i \cos c &= 1 - \left[\left(1 - 2\sin^2\frac{i}{2}\right)\left(1 - 2\sin^2\frac{c}{2}\right)\right] \\ &= 2\sin^2\frac{i}{2} + 2\sin^2\frac{c}{2} - 4\sin^2\frac{i}{2}\sin^2\frac{c}{2}\,. \end{aligned}$$

Das Glied vierter Ordnung

$$4\sin^2\frac{i}{2}\sin^2\frac{c}{2}$$

ist praktisch gleich Null, kann somit ohne weiteres vernachlässigt werden. Ferner kann man näherungsweise annehmen

$$\frac{z+z'}{2} = z,$$

$$\cos z' = \cos z$$

und $\sin i$, $\sin c$ sowie $\sin(z - z')$ nach (13) proportional den betr. kleinen Winkeln setzen. Man erhält dann

$$(z - z') \sin z \sin 1'' = \frac{\cos z \sin^2 1''}{2} (i^2 + c^2) + i c \sin^2 1''$$

und schließlich

$$z - z' = \frac{i^2 + c^2}{2} \operatorname{cotg} z \sin 1'' + i c \operatorname{cosec} z \sin 1''. \tag{C}$$

Dieser letzte Ausdruck stellt den Unterschied der Zenitdistanz dar, wie er sich durch den Einfluß von Neigung und Kollimation ergibt. Addiert man ihn zu der gemessenen Zenitdistanz z', so erhält man den berichtigten Wert z. Daß man für z auf der rechten Seite der Gleichung die direkt gemessene Zenitdistanz z' setzen kann, ist angesichts der Kleinheit von $z - z'$ bei ausnivellierten Instrumenten ohne weiteres klar. Man überzeugt sich übrigens leicht davon, daß $(z - z')$ erst in unmittelbarer Nähe des Zenits merkliche Beträge annehmen kann, also dort, wo man mit gewöhnlichen Universalinstrumenten kaum je Messungen zum Zwecke der Zeit- und Ortsbestimmung ausführen wird. Daß übrigens auch da erst sehr große Beträge von i und c die Resultate verfälschen, ersieht man am besten, wenn man für eine kleine Zenitdistanz, z. B. $z = 1°$, unter Annahme bestimmter Werte von i und c die Korrektion $z - z'$ ausrechnet:

$z = 1°$

i	c	$z - z'$
1′	1′	2″
2	2	8
3	3	18
4	4	32

Da man für die ersten 10° oder 20° Zenitdistanz für den vorliegenden Zweck annehmen kann, daß die Kotangente und die Kosekante in demselben Maße abnehmen, wie die Winkel wachsen, so ersieht man, daß beispielsweise schon für 10° Zenitdistanz selbst eine Neigung von 3′ und ein ebenso großer Kollimationsfehler die Ablesungen am Höhenkreise noch nicht um 2″ verfälschen. Für die Zuverlässigkeit der Zenitdistanzmessungen am Universalinstrument ist damit die beste Gewähr gegeben.

Um nunmehr auch den Einfluß von i und c auf die Azimutmessungen kennen zu lernen, sollen die beiden Fehlerquellen einzeln betrachtet und zunächst $c = 0$ angenommen werden. Steht wieder das Westende der Achse um den Winkel i zu hoch, so wird, wenn man, wie bisher, von der Meridianstellung des Instruments ausgeht (Fig. 32), die Visierrichtung einen Bogen SZ' beschreiben, der östlich vom Meridian SZ verläuft und gegen diesen die Neigung i hat. Ist G wieder ein im Fadenkreuz eingestelltes Gestirn, so führt der Bogen $Z'G$ auf ein zu großes Azimut $(a' > a)$; in dem Dreieck ZGS ist somit der Winkel $GZS = a' - a$. Setzt man nun

$$ZG = Z'G\,,$$

so erhält man für die gesuchte von i abhängige Korrektion nach (4):

$$\sin(a - a') = -\sin i \cot g z$$

und weiter nach (13):

$$a - a' = -i \cot g z\,.$$

Wird umgekehrt $i = 0$ gesetzt und c als merklich groß angenommen, so beschreibt die Visierrichtung (Fig. 33) östlich von ZS den kleinen Kreis $Z'S'$, der aber dem Meridian ZS parallel verläuft. Fällt man nun von G aus das sphärische Perpendikel GL auf den Meridian und verbindet G mit Z, so ist wieder $a' > a$ und $\sphericalangle GZL = a' - a$. Man erhält somit den Kollimationseinfluß aus dem spärischen Dreieck ZLG ähnlich wie oben nach

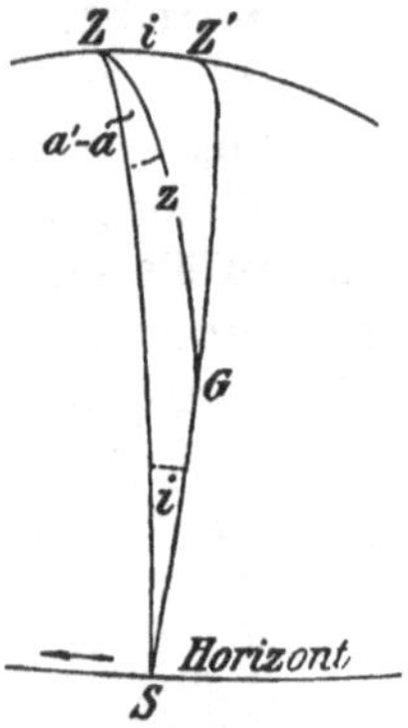

Fig. 32.

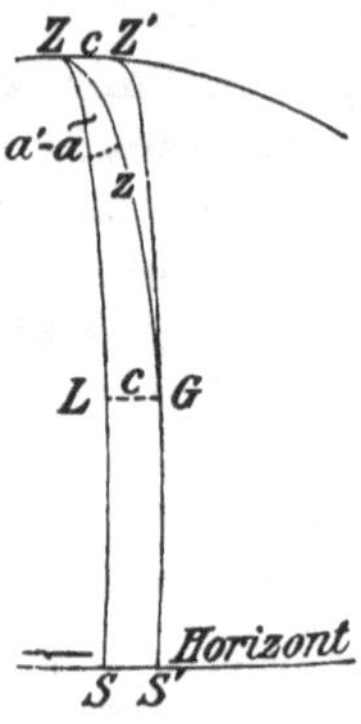

Fig. 33.

$$\sin(a - a') = -\sin c \operatorname{cosec} z$$

$$a - a' = -c \operatorname{cosec} z\,.$$

Vereinigt man die beiden Fehlerquellen zu einem gemeinsamen Ausdruck, so wird schließlich:

$$\text{(D)} \qquad a - a' = \mp (i \cot g z + c \operatorname{cosec} z) \quad \left(\frac{\text{Kreis rechts}}{\text{Kreis links}}\right).$$

Gegenüber der Einwirkung auf die Zenitdistanzen wird der Einfluß von i und c auf die Azimute bei Sternen unweit des Zenits sehr groß. Die Abhängigkeitstabelle, die vorhin für $z - z'$ aufgestellt wurde, lautet für die Azimutkorrektion $a - a'$ bei $z = 1°$ wie folgt:

$z = 1°$

i	c	$a - a'$
1′	1′	1″9
2	2	3. 8
3	3	5. 7
4	4	7. 6

d. h. die Azimute von zenitnahen Sternen werden durch die Instrumentalfehler derartig verfälscht, daß die Ergebnisse selbst für einfache terrestrische Zwecke völlig unbrauchbar werden. Je weiter man sich vom Zenit entfernt, desto kleiner werden die Koeffizienten von i und c, bis sie am Horizonte die Grenzwerte 0 bzw. 1 erreichen. Für $z = 90°$ wird dann

$$a - a' = c\,,$$

woraus hervorgeht, daß der Kollimationsfehler auch im günstigsten Falle mindestens mit seinem vollen Betrage in die Azimutmessungen eingeht. Durch Beobachtung in beiden Kreislagen kann er wieder eliminiert werden, doch dürfte es nach dem Obigen klar sein, daß bei größerer Höhenlage der Visierlinie korrekte horizontale Winkel nur bei sehr genauer Kenntnis der Instrumentalfehler zu erzielen sind. Berücksichtigt man bei dieser Gelegenheit die großen Schwierigkeiten, die eine genaue Bestimmung des Südpunktes am Horizontalkreise mit sich bringt, so wird es erklärlich, warum man in der Praxis der geographischen Ortsbestimmung auf eine direkte Messung von Azimuten nach Art der Zenitdistanzbestimmungen meist ganz verzichtet und den Horizontalkreis fast ausschließlich für geodätische Zwecke verwendet, wobei die Vorzüge einer großen Zenitdistanz voll zur Geltung kommen. Man beschränkt sich also in erster Linie auf die Messung von Azimutdifferenzen terrestrischer Objekte und schließt lediglich einen terrestrischen Normalpunkt an ein Himmelsobjekt (Sonne, Polarstern usw.) an, wie später des näheren auseinandergesetzt werden soll.

Zum Schluß mögen noch einmal die Punkte zusammengefaßt werden, die der Beobachter vor und während der Benutzung des Universals, des allgemeinsten Instruments für Ortsbestimmungsaufgaben, zu beachten hat:

1. Die Reiterlibelle ist zu prüfen und eventuell zu korrigieren, bis sie in beiden Lagen die gleiche Neigung der horizontalen Achse anzeigt.
2. Das Instrument ist vor jeder Benutzung sorgfältig zu nivellieren.
3. Alle Ablesungen des Höhenkreises sind auf die horizontale Lage des Nonienträgers zu beziehen.
4. Die Lage des Zenitpunktes am Höhenkreise ist des öfteren zu bestimmen.
5. Sämtliche Beobachtungen sind symmetrisch in beiden Kreislagen auszuführen, der Sicherheit halber auch dann, wenn die Instrumentalfehler ermittelt sind und in Rechnung gezogen werden können.

§ 12. Das Durchgangsinstrument.

Abgesehen vom Universalinstrument, das die Beobachtung von horizontalen und vertikalen Winkeln im Bereiche der ganzen sichtbaren Himmelshalbkugel gestattet, verwendet man in der astronomischen Praxis noch Instrumente, die im wesentlichen auf demselben Prinzip beruhen, aber entsprechend ihren speziellen Aufgaben nur in einem bestimmten Vertikal benutzt werden. Von Interesse für die allgemeineren Zwecke der geographischen Ortsbestimmung ist hiervon nur das Passagen- oder Durchgangsinstrument, das zu Beobachtungen im Nord-Süd-Vertikal, d. h. im Meridian benutzt wird und dort am Platze ist, wo bei längerem Aufenthalt auf einer Station genaueste Zeitbestimmungen, z. B. zur Ermittelung der geographischen Länge des Beobachtungsortes, erwünscht sind. Auf Sternwarten ist das Passageninstrument infolge der Einfachheit seiner Theorie und der hohen Genauigkeit der mit ihm erlangten Zeitwerte nach und nach unentbehrlich geworden, und der reinen astronomischen Forschung hat es in der Form des Meridiankreises trotz seiner scheinbar beschränkten Verwendbarkeit im Laufe der Zeit unschätzbare Dienste geleistet.

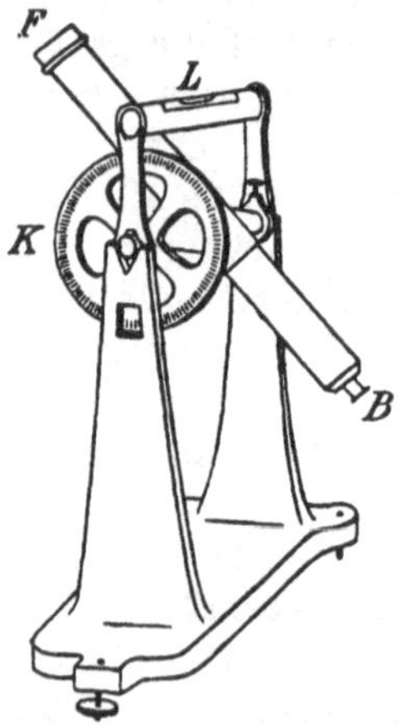

Fig. 34. Durchgangsinstrument (G. Heyde-Dresden).

Schon bei der Erläuterung der Bestimmungsstücke des Poldreiecks ist auf die überaus einfachen Beziehungen zwischen der Ortssternzeit und der Rektaszension der kulminierenden Gestirne hingewiesen worden. Ein Instrument, das derartig aufgestellt ist, daß es die Beobachtung des Meridiandurchganges der Gestirne gestattet, gewährt somit im Prinzip die Möglichkeit, ohne nennenswerte Rechnung die Sternzeit und damit auch die Ortszeit jederzeit zu bestimmen.

Ein nach dem Meridian gerichtetes und in der Horizontalbewegung geklemmtes Universalinstrument stellt bereits ein Durchgangsinstrument dar und könnte dementsprechend auch als solches Verwendung finden. Für den speziellen Gebrauch zu Zeitbestimmungen im Meridian hat jedoch das Universal noch zu viel unnötiges Beiwerk. Der Horizontalkreis kann vollständig entbehrt werden und an Stelle des Höhenkreises mit genauer Teilung ein kleiner Orientierungskreis treten, der dem Beobachter nur die Möglichkeit bieten soll, die Kulminationshöhe eines bestimmten Sternes schon vor dessen Durchgang einzustellen und das Überschreiten des Mittelfadens im Gesichtsfelde des Fernrohrs in Ruhe abzuwarten (Fig. 34). Somit bleibt beim Durchgangsinstrument von dem Universal nur ein festes, in der Regel sehr massiv gehaltenes Lagersystem mit einem um eine horizontale Achse drehbaren Fernrohr übrig. Aus später zu besprechenden Gründen ist für die Möglichkeit eines leichten Umlegens der Achse in ihren Lagern Sorge getragen. Zur

Nivellierung, die hier strenggenommen nur in der Ost-West-Richtung zu erfolgen braucht, dienen wie beim Theodoliten die Fußschrauben und ein Achsenniveau, das dem vorliegenden Zweck entsprechend nur empfindlicher gehalten ist.

Die Aufstellung des Durchgangsinstruments soll, wenn möglich, auf einem festen gemauerten Backsteinpfeiler, mindestens aber auf einem kräftigen, in den Boden eingelassenen Holzbock, auf einem Baumstumpf od. dgl. erfolgen. Eine vorläufige Orientierung nach dem Ortsmeridian wird man selbst ohne Kenntnis der genaueren Zeit mit Hilfe eines Kompasses, des Polarsterns oder auf anderem Wege leicht erzielen, und die schließliche Abweichung des Instruments von der Nord-Süd-Richtung durch entsprechend angeordnete Beobachtungen von Sterndurchgängen ermitteln.

Ist das Instrument als solches sowie seine Aufstellung fehlerfrei, so muß offenbar die horizontale Achse genau in die Richtung Ost-West fallen, die Visierrichtung muß genau senkrecht zur horizontalen Achse liegen, und der von der Visierrichtung beschriebene Kreis das Azimut Null haben. Diese Bedingungen werden nie streng erfüllt sein; man wird notgedrungen auch hier mit Fehlern zu rechnen haben, die sich als Neigungs-, Kollimations- und Azimutfehler zusammenfassen lassen. Ihr Einfluß auf die Beobachtung der Sterndurchgänge soll hier zunächst untersucht werden.

Bezeichnet man wieder mit α die Rektaszension des kulminierenden Gestirns, mit ϑ' die Angabe einer Sternzeituhr und mit $\Delta\vartheta$ die gesuchte Korrektion derselben, so wird für den Idealfall

$$\Delta\vartheta = \alpha - \vartheta',$$

während beim Vorhandensein der obigen Instrumentalfehler, die nacheinander mit i, c, k bezeichnet werden sollen, die Beobachtung strenggenommen nicht im Meridian, sondern in einem Stundenwinkel τ erfolgt, der offenbar von i, c und k abhängig ist.

Es soll zunächst im Interesse einer klareren Darstellung vorausgesetzt werden, daß die Instrumentalfehler, die natürlich nur klein sein dürfen, bereits numerisch vorliegen. Nach der früheren Vereinbarung (vgl. S. 66) sollen i, c, k positiv gerechnet werden, wenn das Westende der Achse zu hoch steht, der Winkel, den das Objektivende des Fernrohrs mit dem Westende der Achse bildet, größer als 90° ist, und wenn bei Abwesenheit von c und i die Horizontalachse derartig von der Ost-West-Richtung abweicht, daß der von der Visierlinie des Fernrohrs beschriebene Kreis den Horizont östlich vom Südpunkte trifft. Auf Grund dieser Voraussetzungen verschieben die positiven Fehler i, c, k bei Sternen südlich vom Zenit die Visierrichtung ohne Ausnahme nach Osten,

d. h. entgegen der täglichen Bewegung der Gestirne. Dadurch gewinnt man den Vorteil, daß später, beim Übergange von dem Instrumental- auf den wahren Meridian, die Vorzeichen von i, c, k unmittelbar auch die Vorzeichen der an die meisten Sterndurchgänge anzubringenden Verbesserungen ergeben.

Zur näheren Entwicklung der Theorie des Durchgangsinstruments sei angenommen, daß dieses bereits für die Beobachtungen vorbereitet ist, also annähernd im Meridian steht. Weiterhin möge zur Vermeidung von Mißverständnissen bezüglich der Achsenlage verabredet werden, daß in der Ausgangsstellung des Instruments der Einstellkreis sich im Westen befindet.

Wir bezeichnen wieder (Fig. 35) mit Z das Zenit, mit P den Pol, mit W' die wegen der Neigung i und des Azimutfehlers k vom Westpunkte W ein wenig abweichende Stelle des Himmels, nach der das Westende der Instrumentalachse gerichtet ist. Da der eine dieser Fehler in vertikalem, der andere in horizontalem Sinne wirkt, liegt W' nicht unmittelbar über W, sondern ein wenig, und zwar um den Azimutfehler k, in der Richtung nach dem Südpunkte S zu verschoben.

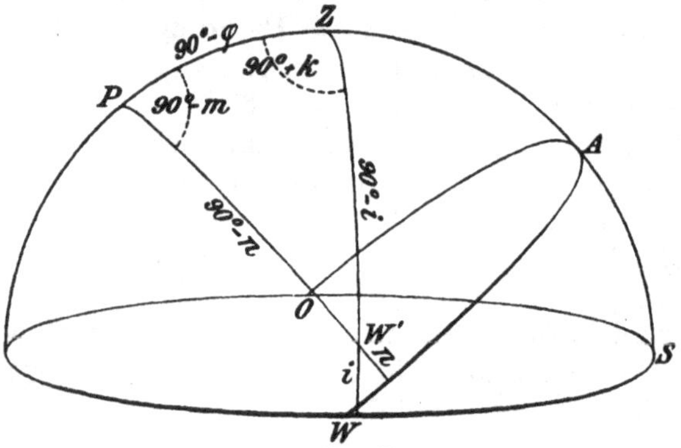

Fig. 35.

Verbindet man W' mit P und Z durch größte Kreise, so erhält man ein Poldreieck, in dem zwei Seiten, ZW' und PW', und zwei Winkel, PZW' und ZPW', von 90° nur wenig abweichen: die Zenitdistanz von W' ist $= 90° - i$ und die Poldistanz desselben Punktes $90° - n$, wenn man mit n die Deklination von W' bezeichnet. Der Winkel bei Z ist entsprechend den bisherigen Definitionen $= 90° + k$ und der Stundenwinkel bei P um eine kleine Größe m kleiner als 90°. Der Polabstand PZ des Zenits ist wieder $= 90° - \varphi$.

Es erscheint zunächst zweckmäßig, die unbekannten, im Äquatorialsystem wirkenden Fehler n und m auf das Horizontalsystem zu übertragen, d. h. die Beziehungen von n und m zu i und k festzustellen. Zu diesem Zweck wenden wir die sphärischen Sätze (3) und (5) auf die Seite PW' an und erhalten:

$$\sin n = \sin i \sin\varphi - \cos i \cos\varphi \sin k,$$
$$\cos n \sin m = \sin i \cos\varphi + \cos i \sin\varphi \sin k\,.$$

Da es sich bei einem nahezu richtig aufgestellten Instrument in beiden Ausdrücken, abgesehen von φ, lediglich um kleine Winkel handelt, so können nach (13) die Sinusfunktionen von n, m, i und k proportional den Winkeln und die Kosinusfunktionen gleich 1 gesetzt werden. Man kann somit die gesuchten Beziehungen einfacher und doch mit ausreichender Genauigkeit durch

$$n = i \sin\varphi - k \cos\varphi, \quad m = i \cos\varphi + k \sin\varphi$$

ausdrücken.

Um auch noch den Kollimationsfehler c einzuführen, sei angenommen (Fig. 36), daß ein Gestirn G gerade den Instrumentalmeridian PG in oberer Kulmination passiert. Verbindet man wieder G mit P und W', so wird

$$PW' = 90° - n\,, \quad PG = 90° - \delta\,, \quad W'G = 90° + c\,.$$

Zu beachten ist dabei, daß der Stundenkreis PG der Blickrichtung mit dem Meridian PZS nicht genau zusammenfällt, sondern um den gesuchten Winkel τ von diesem nach Osten zu abweicht. Der Winkel bei P ist somit $90° - m + \tau$, und das Dreieck PGW' bietet jetzt die Möglichkeit, τ durch die Instrumentalfehler n, m, c und weiterhin durch i, k und c auszudrücken. Durch Anwendung von Satz (3) auf GW' erhält man nämlich

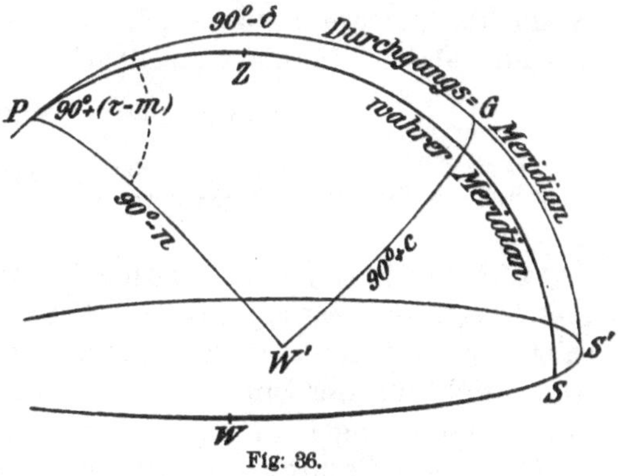

Fig. 36.

$$-\sin c = \sin\delta \sin n - \cos\delta \cos n \sin(\tau - m)$$

oder $$c = -n \sin\delta + (\tau - m)\cos\delta\,,$$

d. h. $$\tau = m + n \operatorname{tg}\delta + c \sec\delta\,.$$

Setzt man für m und n die vorhin gefundenen Ausdrücke ein, so wird

$$\tau = +i\,(\cos\varphi + \sin\varphi \operatorname{tg}\delta) + k\,(\sin\varphi - \cos\varphi \operatorname{tg}\delta) + c \sec\delta\,.$$

Multipliziert man beide Seiten der Gleichung mit $\frac{\cos\delta}{\cos\delta}$, so erhält man definitiv

$$\tau = i\,\frac{\cos(\varphi - \delta)}{\cos\delta} + k\,\frac{\sin(\varphi - \delta)}{\cos\delta} + c \sec\delta\,.$$

Dieser einfache Ausdruck, die sog. Mayersche Reduktion auf den Meridian (benannt nach Tobias Mayer, †1762), ermöglicht es, aus den numerischen Werten der Instrumentalfehler den Winkel zu bestimmen.

um den ein Sterndurchgang zu früh (τ positiv) oder zu spät (τ negativ) beobachtet worden ist. Um die Korrektion gleich in Zeit zu erhalten, ist es nur nötig, i, k und c von vornherein durch 15 zu dividieren, d. h. in Zeitsekunden anzusetzen.

Eine einfache Überlegung zeigt, daß die für τ aufgestellte Formel zunächst nur für die obere Kulmination der Gestirne und für die vorausgesetzte Achsenlage (Kreis West) des Instruments gilt. Legt man das Fernrohr in den Lagern um (Kreis Ost), so bleibt bei absoluter Gleichheit der Achsenzapfen offenbar der Einfluß der Fehler i und k ungeändert, da dieselben gewissermaßen dem in ursprünglicher Stellung verbliebenen Lagersystem anhaften. Dagegen bildet jetzt das Ostende der Achse mit dem Objektivende des Fernrohrs den Winkel $90° + c$, es wird somit eine Verschiebung der Blickrichtung nach Westen, also in der Bewegungsrichtung der Gestirne, hervorgerufen. Das Vorzeichen von c kehrt sich um, man erhält also unter Berücksichtigung dieses Umstandes als vollständigen Ausdruck zur Ableitung der Uhrkorrektion für

die obere Kulmination:

$$\Delta\vartheta = \alpha - \left(\vartheta' + i\,\frac{\cos(\varphi-\delta)}{\cos\delta} + k\,\frac{\sin(\varphi-\delta)}{\cos\delta} \pm c\sec\delta\right)\ \text{Kreis}\ \frac{\text{West}}{\text{Ost}}\,.$$

Für den Fall der unteren Kulmination ist zu beachten, daß in der Kreislage West ein positiver Fehler c die Absehnslinie des Fernrohrs nicht wie bei der oberen Kulmination gegen, sondern mit der Drehungsrichtung der Sphäre verschiebt. Für die untere Kulmination ist also gerade umgekehrt die Korrektion τ dann positiv, wenn die Visierrichtung des Fernrohrs zu weit nach Westen abweicht, nach der bisherigen Verabredung somit c negativ ist. In dem Dreieck PGW' (Fig. 37) wird jetzt der Winkel bei $P = 90° + (m - \tau)$ und dementsprechend

$$c = -n\sin\delta + (m-\tau)\cos\delta\,,$$

$$\tau = i\,\frac{\cos(\varphi+\delta)}{\cos\delta} + k\,\frac{\sin(\varphi+\delta)}{\cos\delta} - c\sec\delta\,,$$

also der Ausdruck für die Uhrkorrektion

in unterer Kulmination:

$$\Delta\vartheta = \alpha + 12^{h} - \left(\vartheta' + i\,\frac{\cos(\varphi+\delta)}{\cos\delta} + k\,\frac{\sin(\varphi+\delta)}{\cos\delta} \mp c\sec\delta\right)\ \text{Kreis}\ \frac{\text{West}}{\text{Ost}}\,.$$

Vergegenwärtigt man sich, daß in der für die obere Kulmination, also für den häufigsten Fall abgeleiteten Formel der Winkel $\varphi - \delta$ die Meridianzenitdistanz des beobachteten Sterns darstellt, so erkennt man leicht, daß die Koeffizienten von i und k in bestimmten Fällen Null werden. Ist nämlich ein Stern in der Nähe des Horizontes beobachtet, so wird $90° - \varphi = -\delta$ und $\varphi = 90° + \delta$, somit

$$i \frac{\cos(\varphi - \delta)}{\cos\delta} = 0 .$$

Im Zenit dagegen ist $\varphi = \delta$, somit

$$k \frac{\sin(\varphi - \delta)}{\cos\delta} = 0 .$$

Der Koeffizient $\sec\delta$ von c ist dagegen im günstigsten Falle, und zwar bei Äquatorsternen, gleich 1, d. h. der Fehler c geht bei allen Beobachtungen mindestens mit seinem vollen Betrage in das Resultat ein. Außerdem lassen die Koeffizienten erkennen, daß wegen des gemeinsamen Faktors $\sec\delta$ der Einfluß eines jeden der drei Fehler bei $\delta = 90°$, also am Pol, unendlich groß wird.

Es folgt aus diesen Betrachtungen, daß man bei der Auswahl der Sterne zu genauen Zeitbestimmungen nicht willkürlich über den ganzen Meridian verfügt, sondern in dieser Beziehung seine Anordnungen schon vorher, je nach der Zuverlässigkeit der Zahlenwerte i, c und k, treffen muß. Je weniger die Hauptfehlerquelle, die horizontale Abweichung k der Blickrichtung vom Meridian, gesichert ist, desto näher muß man an das Zenit, je unsicherer die Neigung i, desto näher an den Horizont und, je unsicherer c, desto näher an den Himmelsäquator herangehen.

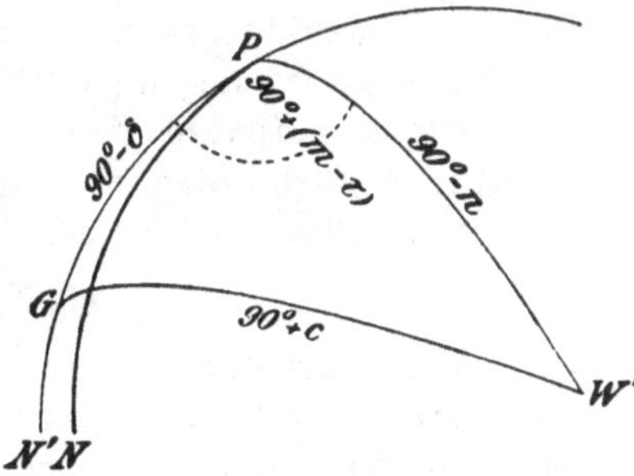

Fig. 37.

Bevor jetzt der Weg gezeigt wird, auf dem man die Grundwerte der bisherigen Formeln, also die Instrumentalfehler i, c und k ermitteln kann, muß noch mit einigen Worten auf die Beobachtungsweise der Sterndurchgänge am Passageninstrument eingegangen werden.

Die Verwendbarkeit des Durchgangsinstruments wäre zu eng begrenzt, wollte man bei jedem Stern sich lediglich auf die Beobachtung seines Antrittes an den Mittelfaden beschränken. Man nutzt vielmehr nach Möglichkeit einen größeren Teil des Fernrohrgesichtsfeldes für die Beobachtungen aus, indem man links und rechts vom Mittelfaden noch eine Anzahl meist symmetrisch angeordneter senkrechter Fäden anbringt und die Durchgänge eines Sterns an denselben gleichfalls notiert und mitberücksichtigt. Kennt man einmal den Abstand dieser Seitenfäden vom Mittelfaden, so ist es dann leicht, alle Antritte auf diesen zu reduzieren und durch Mittelbildung die Beobachtungsgenauigkeit des Durchgangsmomentes eines Sterns durch den Meridian wesentlich zu erhöhen. Andererseits ist man imstande, einen Durchgang, den man wegen eintretender Bewölkung u. dgl. nicht mehr am Mittelfaden erhalten hat, zu verwerten, was besonders bei polnahen Sternen, die eine sehr langsame Bewegung zeigen, von Wert ist.

Zur Ermittelung der **Fadendistanzen** in Zeitsekunden geben die Durchgänge selbst ein Mittel an die Hand. Man brauchte z. B. nur eine Reihe von helleren Sternen mehrmals im Meridian zu beobachten, um für diese dann ein für allemal die gewünschten Fadendistanzen zu erhalten. In Wirklichkeit verfährt man so, daß man an einem ruhigen, klaren Abend eine größere Reihe polnaher, also langsam durchgehender Sterne die Fäden passieren läßt und die Durchgänge dann sämtlich auf den Äquator reduziert. Sind die äquatorialen Distanzen einmal sicher genug festgelegt, so ist es ein leichtes, sie nunmehr auf die Deklination jedes beliebigen Sterns zu reduzieren.

Ist F ein zwischen dem Mittel- und einem anderen Faden gelegenes Stück der scheinbaren Bahn eines Sterns am Himmelsäquator, ausgedrückt in Zeitsekunden, f der entsprechende Bogen eines Parallelkreises von der Deklination δ, so ist offenbar streng

$$\sin F = \sin f \cos\delta .$$

Nun umfaßt das Bogenelement f auch bei recht großen Fadenabständen stets nur einen so kleinen Teil der scheinbaren Bahn eines Sterns, daß man bis zu einem Äquatorabstand von etwa 80° den im Gesichtsfelde beschriebenen Bogen als geradlinig annehmen, ihn somit seiner Sehne gleichsetzen darf. Die Formeln zur Reduktion der Fadenintervalle auf den Äquator lauten somit:

$$F = f \cos\delta \qquad (\text{für } \delta = 0^\circ \text{ bis } 80^\circ),$$

$$\sin F = \sin f \cos\delta \qquad (\text{für } \delta = 80^\circ \text{ bis } 90^\circ).$$

Sind einmal aus einer größeren Reihe von Sterndurchgängen die äquatorialen Fadendistanzen F festgelegt, so ergibt sich umgekehrt für jeden Stern von der Deklination δ der zugehörige Fadenabstand f aus

$$\text{(A)} \qquad \boldsymbol{f = F \sec\delta}$$

bzw. von 80° an aus

$$\text{(A')} \qquad \boldsymbol{\sin f = \sin F \sec\delta} .$$

Soll ein Durchgangsinstrument mehrere Jahre hindurch zu Zeitbestimmungen auf einer festen Station dienen, so ist es zweckmäßig, für die 40 bis 50 helleren Sterne der ersten beiden Größenklassen, die in mittleren Breiten für diesen Zweck in Frage kommen, je eine Fadendistanztafel zu rechnen nebst den Koeffizienten

$$\left.\begin{aligned} J &= \frac{\cos(\varphi \mp \delta)}{\cos\delta} \\ K &= \frac{\sin(\varphi \mp \delta)}{\cos\delta} \end{aligned}\right\} \frac{\text{obere}}{\text{untere}} \text{ Kulmination}$$

$$C = \pm \sec\delta ,$$

die bei jeder Reduktion gleichfalls gebraucht werden. In den Tafelsammlungen von Albrecht, Ambronn-Domke und Palisa-Bidschof findet man die Koeffizienten J, K, C für die nördlichen Breiten $+30°$ bis $+65°$ (bei Ambronn-Domke für $\varphi = -70°$ bis $+70°$) im voraus berechnet vor, so daß bei Benutzung dieser Tabellen die zu leistende Arbeit in einer einfachen Interpolation besteht.

Was nun die Bestimmung der Instrumentalfehler i, c, k anbetrifft, so erfolgt die Feststellung der **Neigung** i genau wie beim Universal mit Hilfe des Achsenniveaus. Ist also die Libelle von der Mitte aus nach links und rechts geteilt, so braucht man bei bekanntem Teilwert nur die beiden Blasenenden zu notieren, die Ablesung nach Umsetzen des Niveaus zu wiederholen, die östlichen Blasenstellungen negativ, die westlichen positiv zu setzen und das arithmetische Mittel zu bilden. Dieser Mittelwert der vier Libellenablesungen in beiden Lagen der Achsenlibelle multipliziert mit dem in Zeitsekunden ausgedrückten Winkelwert eines Libellenteils ergibt direkt die Neigung i mit dem richtigen Vorzeichen.

Zur Ermittelung des **Kollimationsfehlers** c stehen dem Benutzer eines Durchgangsinstruments eine terrestrische und eine astronomische Methode zur Verfügung. Bringt man, wie beim Universal, wieder in größerer Entfernung einen Maßstab horizontal an und bemerkt auch nach Umlegen der Achse keine Änderung der Fadenstellung, so liegt die Visierlinie genau in der Senkrechten zur Fernrohrachse, und c ist gleich Null. Ist keine Übereinstimmung vorhanden und beträgt der abgelesene Unterschied e mm, der Abstand des Maßstabes vom Instrument dagegen E mm, so ist offenbar (vgl. S. 64)

$$\operatorname{tg} 2c = \frac{e}{E}$$

oder wegen der Kleinheit von c

$$c = \pm \frac{e}{2E \sin 1''} ,$$

wo bezüglich des Vorzeichens wieder zu beachten ist, daß dieses für die Kreislage West dann positiv anzusetzen ist, wenn der Mittelfaden bei richtiger Stellung des Instruments zu weit östlich (im umkehrenden Fernrohr zu weit rechts) steht.

Genauer und in mancher Beziehung auch einfacher erhält man c, wenn man einen Polstern, am besten den Polarstern selbst, in der Meridianstellung beobachtet, und zwar so, daß man ihn an einigen Fäden in der einen Lage durchgehen läßt, das Instrument dann umlegt und den Rest der Fadenantritte in der anderen Lage notiert. Reduziert man beide Gruppen auf den Mittelfaden und korrigiert die Zeiten wegen eventueller Neigungsänderung, so müssen offenbar bei vollkommener Kollimation beide Durchgangsmomente gleich sein. Sind sie voneinander verschieden, und ist ϑ'_o die Zeit des oberen Durchgangs bei Kreis Ost, ϑ'_w diejenige bei Kreis West, so ist der gesuchte Kollimationsfehler offenbar gleich ihrer halben auf den Äquator reduzierten Differenz, d. h.

$$c = \frac{\vartheta'_o - \vartheta'_w}{2} \cos\delta . \tag{B}$$

Da der Ausdruck ein positives c voraussetzt, wenn ϑ'_o zu groß und ϑ'_w zu klein ist, so erhält man den Kollimationsfehler hier bereits mit dem richtigen Vorzeichen.

Etwas umständlicher gestaltet sich die Ableitung des **Azimutfehlers** $\boldsymbol{k}$, d. h. der Abweichung der Achsenrichtung des Instruments von der Verbindungslinie Ost-West. Während die Neigung gewissermaßen im Handumdrehen bestimmt ist, und der einmal zahlenmäßig vorliegende Kollimationsfehler für längere Zeit als konstant gelten kann, muß der Azimutfehler (falls man sich nicht auf die Beobachtung zenitnaher Objekte beschränkt, was praktisch nicht immer durchführbar ist) jedesmal durch eine besondere Beobachtungsanordnung ermittelt werden. Es geschieht dies am einfachsten dadurch, daß man an die Zeitbestimmung den Durchgang eines oder zweier polnaher Sterne unmittelbar anschließt.

Am besten werden zur Ermittelung von k die Durchgangszeiten eines Polsterns in oberer und eines zweiten in unterer Kulmination bei unveränderter Kreislage miteinander vereinigt. Verbessert man die Zeitmomente für Neigung und Kollimation, so erhält man offenbar zwei Daten ϑ'_o und ϑ'_u, die mit der gesuchten Uhrkorrektion in der Beziehung stehen:

$$\Delta\vartheta = \alpha - (\vartheta'_o + k K_o),$$

$$\Delta\vartheta = \alpha' + 12^h - (\vartheta'_u + k K_u)$$

oder

$$\Delta\vartheta + k K_o = \alpha - \vartheta'_o = \Delta\vartheta_o,$$

$$\Delta\vartheta + k K_u = \alpha' + 12^h - \vartheta'_u = \Delta\vartheta_u .$$

Die ohne Rücksicht auf k aus den beiden Polsternen abgeleiteten Uhrkorrektionen $\Delta\vartheta_o$ und $\Delta\vartheta_u$ lassen nunmehr eine einfache Bestimmung von k zu, denn man erhält aus den beiden Gleichungen, die nur k als Unbekannte enthalten:

$$k = \frac{\Delta\vartheta_o - \Delta\vartheta_u}{K_o - K_u}. \tag{C}$$

Ist nur ein Polstern beobachtet, so bildet man zunächst wieder ohne Rücksicht auf k aus den Sternen mit geringem Äquatorabstand einen Mittelwert $\Delta\vartheta_a$ und vereinigt ihn mit dem entsprechenden $\Delta\vartheta_p$, den der Polstern ergibt. Sind K_a und K_p die zugehörigen Azimutkoeffizienten, so ist wieder

$$k = \frac{\Delta\vartheta_a - \Delta\vartheta_p}{K_a - K_p}. \tag{C'}$$

Der Azimutfehler ergibt sich demnach durch einfache Division der Differenz der ohne ihn erhaltenen Uhrkorrektionen durch die Differenz der K-Faktoren für die benutzten Sterne. Die Formel gilt ganz allgemein für zwei Sterne verschiedener Deklinationen, sie ergibt jedoch praktisch nur dann ein sicheres Resultat, wenn Zähler und Nenner nicht zu kleine Zahlen sind. In der Nähe des Pols erreicht K einen hohen Wert und ist hier außerdem bei oberer Kulmination negativ, bei unterer positiv. $K_o - K_u$ wird somit eine große Zahl, desgleichen der Unterschied $\Delta\vartheta_o - \Delta\vartheta_u$, und die Fehler in der Bestimmung von $\Delta\vartheta_o$ und $\Delta\vartheta_u$ üben den geringsten Einfluß auf das Ergebnis aus. Bei der Verbindung eines Polsterns mit äquatornahen Objekten liegen die Verhältnisse weniger günstig, doch erhält man auch hier ein ausreichendes Ergebnis, da der Koeffizient K bei Sternen in der Nähe des Äquators die Einheit nicht erreicht, jedenfalls gegenüber dem Koeffizienten K der Polsterne klein bleibt.

Bezüglich der näheren Einzelheiten, die bei den Beobachtungen selbst in Frage kommen, muß auf einen späteren Paragraphen des Abschnitts, der von der Bestimmung der Uhrkorrektion handelt, sowie auf das Beispiel 10 des Anhangs verwiesen werden. Daß man bei genäherten Zeitbestimmungen mit kleinen Instrumenten die Neigung i nahezu auf Null halten und den Kollimationsfehler c durch Umlegen der Achsenenden und symmetrische Verteilung der Beobachtungen auf beide Kreislagen praktisch fast unschädlich machen kann, braucht kaum besonders erwähnt zu werden. Der Azimutfehler k läßt sich nur bei fest aufgestellten Durchgangsinstrumenten für längere Zeit sichern, und zwar durch eine in möglichst weiter Ferne im Süden oder Norden angebrachte feste Meridianmarke oder sog. Mire, die mit einem der Vertikalfäden genau zusammenfällt und die Azimutlage der Absehnslinie in bezug auf ihre etwaigen Änderungen kontrolliert.

Die Ableitung der Uhrkorrektion mit Hilfe des Durchgangsinstruments stellt jedenfalls die genaueste und, was Ökonomie der Rechnung anbelangt, entschieden einfachste Methode der Zeitbestimmung dar. Da die Feststellung der geographischen Länge lediglich auf guten Zeitbestimmungen in Verbindung mit einem zuverlässigen Chronometer beruht, so können Durchgangsinstrument und das noch näher zu besprechende Chronometer als spezielle Instrumente zur Längenbestimmung gelten, während Universalinstrument und Chronometer in erster Linie für die Breitenbestimmung in Frage kommen.

§ 13. Uhren und Chronometer.

Da die Grundlage aller Orts- und Zeitbestimmungen für geographische Zwecke in der Feststellung der jeweiligen Lage der Gestirne zu bestimmten Punkten und Kreisen der sichtbaren Himmelskugel beruht, und die Sphäre zu diesen ideellen Punkten und Linien, soweit sie im Horizontalsystem liegen, in jedem Zeitmoment eine andere Stellung einnimmt, so ist die Zuhilfenahme eines zuverlässigen Zeitmessers bei allen astronomischen Beobachtungen unbedingt erforderlich. Wohl gibt es einige wenige, später an erster Stelle zu besprechende Fälle, in denen man auch ohne Uhr leidliche Polhöhenwerte erhalten kann, die meisten Aufgaben der Ortsbestimmung erfordern jedoch zu ihrer Lösung neben den Winkelmessungen am Instrument auch noch eine genaue Notierung der zugehörigen, wenn auch zunächst vielleicht noch nicht richtigen Zeit. Da es nun bekanntlich ein unbedingt zuverlässiges Zeitmeßinstrument, das tage-, ja wochenlang seinen Gang unveränderlich beibehält, nicht gibt, so muß man sich in der astronomischen Praxis mit Uhren behelfen, die dem erstrebten Idealfall möglichst nahekommen und wenigstens für kürzere Zeitabschnitte, zum mindesten für die Stunden der Beobachtung, eine sichere Kontrolle ihres Ganges gestatten.

Für den hier in Betracht kommenden Genauigkeitsgrad der Breitenresultate genügt es bei zweckmäßiger Auswahl der Einstellobjekte, wenn man über Zeitangaben verfügt, die innerhalb einiger Sekunden richtig sind. Im allgemeinen kann man, soweit das Universalinstrument in der üblichen Anwendung in Frage kommt, das kleinste am Höhenkreise ablesbare Winkelmaß, in Zeit übertragen, als den Genauigkeitsgrad ansehen, innerhalb dessen für volle Ausnutzung des Instruments in allen Lagen die Zeit bekannt bzw. bestimmt sein sollte. Es ist also bei einer Ablesegenauigkeit von $1'$ eine Unsicherheit von etwa $1' = 4^s$, bei einer Ablesegenauigkeit von $30''$ eine solche von 2^s in Zeit noch völlig belanglos. Anforderungen der genannten Art lassen sich heutzutage unter normalen Verhältnissen durch Anwendung von Boxchronometern, wie sie auf Schiffen benutzt werden (Fig. 38), und durch Präzisionstaschenuhren ohne Schwierigkeit erfüllen. Zu genauen Längenbestimmungen auf Reisen ist schon eine größere Anzahl von Chronometern oder Taschenuhren erforderlich, während auf Sternwarten und anderen festen Stationen als Zeitmeßinstrumente fast ausschließlich sorgfältig aufgestellte, womöglich in luft- und temperaturdichten Gehäusen untergebrachte Präzisionspendeluhren in Frage kommen. Die letzteren interessieren hier schon insofern nicht, als ihre Aufstellung, Behandlung usw. besondere Erfahrungen des Beobachters erfordert, und weil ihre direkte Benutzung bei den Messungen sich meist nur durch Vermittelung elektrischer Registriervorrichtungen erzielen läßt.

Aber auch bezüglich der Taschenuhren und Chronometer wird sich der Beobachter mit einigen allgemeinen Kenntnissen begnügen müssen, da eine Regelung des Ganges oder Reparaturen am besten dem Verfertiger des Werkes oder, wenn dies nicht möglich ist, einem erfahrenen Uhrmacher übertragen werden.

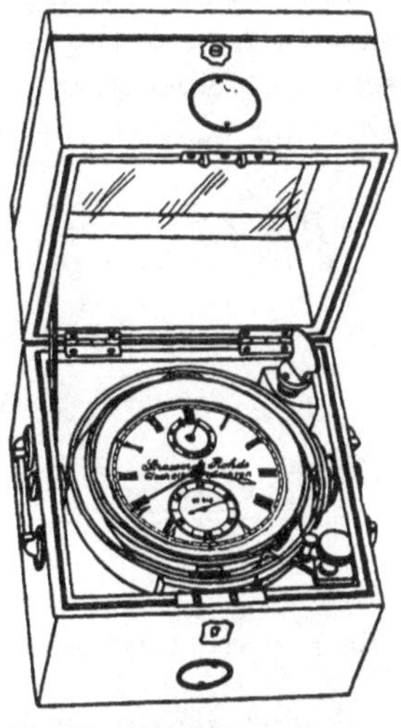

Fig. 38. Schiffschronometer.

Zwischen dem Werk eines Taschen- und demjenigen eines Boxchronometers besteht bekanntlich kein sehr wesentlicher Unterschied. Bei beiden bildet eine kräftige elastische Zugfeder die Triebkraft. Das eine Ende derselben ist an einer festen Achse, das andere an der Innenwand eines Metallzylinders befestigt. Der Druck der zusammengerollten (aufgezogenen) Feder gegen die drehbare Zylinderwand wird bei Chronometern auf die sog. Schnecke und von hier aus auf das eigentliche Räderwerk übertragen, dessen Bewegungen sich schließlich in der Drehung des Sekunden-, Minuten- und Stundenzeigers widerspiegeln. Das plötzliche Ablaufen des Werkes wird dabei durch die Hemmung verhindert, die bewirkt, daß nur in ganz bestimmten regelmäßigen Zeitintervallen, z. B. alle $0^s.5$, $0^s.4$ oder $0^s.2$ der Zahn eines von der Schnecke aus betätigten Steigrades von einem Anker oder einer sinnreichen Sperrklinke (Anker- bzw. Chronometerhemmung) freigegeben wird. Die Regulierung dieser Zeitintervalle besorgt die Unruhe, ein horizontales Metallrädchen, dem durch den Druck des hin und her pendelnden Ankers eine leichte Verdrehung um die vertikale Achse erteilt wird; nach Freigabe der eingreifenden Klaue des Ankers wird die Unruhe durch eine dünne Spiralfeder sofort wieder in die ursprüngliche Stellung zurückgedreht.

Dieses Hinundherschwingen der nach besonderen Prinzipien hergestellten und gebogenen, mit der Unruhe fest verbundenen Spiralfeder erfolgt im Idealfalle, also bei gleichbleibender Temperatur, bei unveränderlicher Molekularstruktur der Feder usw. isochron, d. h. die Schwingungen folgen einander in genau gleichen Zwischenzeiten, unabhängig davon, ob die Schwingungsweite der Unruhe kleiner oder größer wird. Die Spiralfeder mit der Unruhe bildet somit den Regulator des ganzen sonst recht einfachen Uhrwerks und stellt daher den feinsten und die sorgsamste Ausführung erfordernden Teil der Uhr dar. Nur bei ganz einfachen, billigen Taschenuhren gewöhnlichster Art besteht der Unruhreifen aus einem glatten Metallrädchen, bei Präzisionswerken dagegen ist eine komplizierte Anordnung an der Unruhe getroffen. Da nämlich die Schwingungsdauer eines einfachen Metallreifens bei steigender Temperatur wegen der wachsenden Entfernung des Unruhreifens vom Drehungsmittelpunkte, wegen der Erschlaffung der Spiralfeder usw. zunimmt, so muß gegen diese Einflüsse[1]) eine Kompensation vorgesehen sein. Dieselbe besteht darin, daß man den Unruhreifen aus zwei miteinander zusammengeschweißten Metallstreifen, innen Stahl und außen Messing (neuerdings auch oft aus einer gegen Temperatureinflüsse fast unempfindlichen Legierung von Nickelstahl), herstellt und außerdem, um eine freie Ausdehnung der Metallteile zu ermöglichen, die Unruhe an zwei gegenüberliegenden Stellen durchbricht (Fig. 39). Da Messing sich bei steigender Temperatur stärker ausdehnt als Stahl, so krümmen sich dabei die Reifenenden nach innen, so daß eine Änderung des Trägheitsmoments des Ringes verhindert wird. Die zahlreichen Schrauben an den Unruhreifen haben in erster Linie den Zweck, das Gleichgewicht innerhalb der schwingenden Masse herzustellen, d. h. ihren Schwerpunkt genau in die Achse zu verlegen, z. T. ermöglichen sie auch noch nachträgliche kleine Änderungen der Schwingungsdauer der Unruhe.

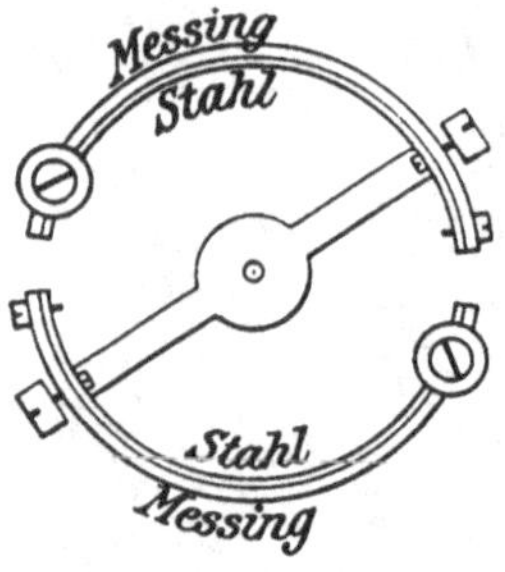

Fig. 39.
Einfache kompensierte Unruhe.

Die Form der Spiralfeder, die meist aus gehärtetem, blau angelaufenem Stahl (auch Nickelstahl, Palladium und Gold wird hierzu verwendet) hergestellt wird, ist sehr verschieden. Soll die Spirale beim Öffnen und Schließen keinen seitlichen Zug auf die Unruhachse ausüben, so ist die übliche Befestigung der letzten Federwindung an einem außerhalb der Unruhachse liegenden Kloben nicht statthaft. Bei guten Taschenuhren wird daher heute fast allgemein die sog. Breguetspirale verwendet, deren letzte Windung umgebogen und in möglichster Nähe der Unruhachse oberhalb der Spiralebene befestigt ist. Bei Boxchronometern, bei

[1]) Ein unkompensiertes Chronometerwerk würde täglich bei 1° Temperaturzunahme, im Gang etwa 11ˢ verlieren, also für wissenschaftliche Zwecke völlig unbrauchbar sein.

denen ein Raummangel nicht vorliegt, werden die Windungen der Spirale schraubenförmig angeordnet, so daß diese die Form eines Zylinders oder eines Tönnchens erhält. Jedenfalls ist es oft schon bei oberflächlichem Einblick in den Mechanismus eines Chronometers oder einer Uhr möglich, an der Form der Unruhe und der Spirale ihren größeren oder geringeren Wert zu erkennen. Der reine, scharfe Schlag einer Uhr, wie ihn eine massige, gut äquilibrierte Unruhe beim Auslösen des Ankers erzeugt, bildet für den Kenner gleichfalls das untrügliche Zeichen eines guten Werkes.

Eine vollständige Beseitigung des Wärmeeinflusses an Uhren und Chronometern ist auch durch die geschilderte Kompensierung nicht möglich. Bei größeren Temperaturunterschieden erleiden die Ausdehnungs- und Elastizitätskoeffizienten der Feder und der schwingenden Metalle Änderungen, die eigentlich noch weitere Hilfskompensationen erfordern (Fig. 40). Glücklicherweise läßt sich aber ein großer Teil dieser Einflüsse zweiter Ordnung in einen mathematischen Ausdruck kleiden. Die Gangänderungen eines kompensierten Chronometers erfolgen nämlich für längere Zeiträume den Temperaturänderungen und deren Quadrat proportional; sie sind durch die Formel

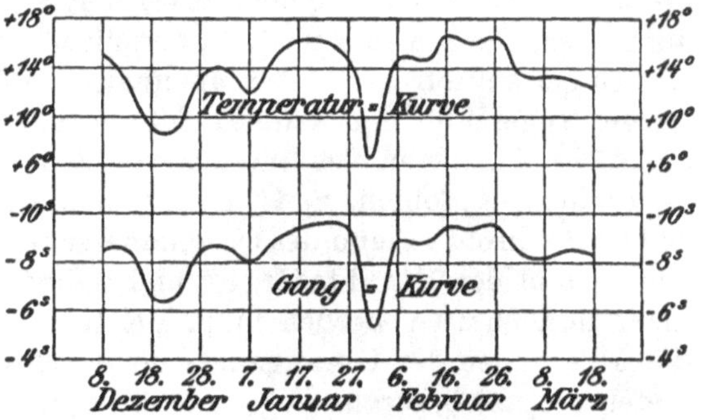

Fig. 40. Temperatur und Gangkurve eines unvollständig kompensierten Chronometers.

$$g = g_0 + a(t - t_0) + b(t - t_0)^2$$

darstellbar, wobei g_0 den täglichen Gang bei einer mittleren Temperatur t_0, für gewöhnlich bei 15° C, g den gesuchten Gang für eine Temperatur t, a und b schließlich nur für das betr. Chronometer geltende, auf einer Prüfungsstelle zu ermittelnde konstante Größen bedeuten. Für gewöhnlich berücksichtigt man in der Gangformel noch ein weiteres von der Zeit abhängiges Glied, indessen hat eine so scharfe Vorausberechnung des Chronometerganges nur dann Sinn, wenn es sich um Verwertung der Uhrangaben zur Längenbestimmung durch sog. Chronometerübertragung handelt. Die Erfahrung zeigt jedenfalls, daß eine zwar nicht vollkommen zuverlässige, aber einfachen Ansprüchen genügende Vorausberechnung des Ganges eines guten, keinen Störungen ausgesetzten Chronometers auf einige Zeit hinaus durchaus im Bereiche der Möglichkeit liegt.

Da das Chronometer das empfindlichste bei astronomischen Beobachtungen benutzte Instrument darstellt und, einmal beschädigt, vom Beobachter selbst nicht repariert werden kann, so muß auch seine Behandlung eine besonders sorgfältige sein. Vor raschen Temperaturänderungen schützt das Werk der jedem Boxchronometer mitgegebene gepolsterte Kasten, und Lageänderungen werden durch die zweiachsige, sog. kardanische Aufhängung des Uhrgehäuses unschädlich gemacht. Die Unruhe schwingt dann zwar dauernd in horizontaler Lage, vor Stößen, Drehungen usw. ist sie jedoch dadurch noch keineswegs geschützt. Jedes plötzliche Hochheben, Beiseiteschieben, besonders aber ein Drehen der Chronometer ist daher aufs sorgfältigste zu vermeiden. Bei längeren Land- oder Schiffsreisen, bei denen die Verwendung des Instruments vielleicht nicht in Frage kommt, und die erwähnten mechanischen Störungen womöglich unvermeidlich erscheinen, ist es dringend anzuraten, die Unruhe nach fast völligem Ablaufen des Chronometers mit einem staubfreien Pinsel anzuhalten und durch untergelegte, keilförmig zugeschnittene saubere Korkstreifen festzustellen. Auch vollständiges Aufziehen des Werkes vor dem Anhalten der Unruhe wird neuerdings empfohlen. Es ist ferner nicht zu vergessen, daß jede Feuchtigkeit der größte Feind des Chronometerwerkes, insbesondere der Stahlachsen und der Unruhfeder, ist und daher unbedingt von dem Instrument ferngehalten werden muß. Bei feuchter Witterung sollten daher die Ablesungen der Uhrangaben nur durch den Glasdeckel des Chronometerkastens hindurch erfolgen. Daß magnetisch gewordene Uhren kaum wieder in Ordnung zu bringen sind, ist bekannt; so manche schöne Taschenuhr ist bei Besichtigung von elektrischen Anlagen, Fahrten auf elektrischen Bahnen u. dgl. gänzlich verdorben worden. Eine merkliche Magnetisierung einer Uhr durch Gewitterentladungen ist dagegen bis jetzt noch nicht mit Sicherheit beobachtet worden.

Das Aufziehen einer jeden Uhr mit Federantrieb, mag es sich um ein Boxchronometer oder eine Taschenuhr handeln, muß täglich zu derselben Zeit, also in einer ganz bestimmten Stellung des Uhrmechanismus erfolgen, wenn sich nicht neue Fehlerquellen, die in Änderungen der Antriebskraft der Schnecke, kleinen Fehlern der Zahnräder usw. ihren Grund haben, einschleichen sollen, und wenn eine zuverlässige Interpolation der Uhrstände für die Beobachtungen gewünscht wird. Bei Boxchronometern wird die seit dem letzten Aufziehen verflossene Stundenzahl an einem besonderen kleinen Zifferblatt durch einen Zeiger angegeben.

Zur Vermeidung von Mißverständnissen muß noch betont werden, daß man als **Stand** eines Chronometers dessen Abweichung von der richtigen Zeit und als **Gang** die tägliche, also in 24 Stunden erreichte Änderung der Abweichung zu bezeichnen pflegt. Das Vorzeichen des Uhrstandes wird stets so gewählt, daß der betreffende Zahlenwert, zur abgelesenen Uhrangabe addiert, die richtige Zeit ergibt, also +, wenn die Uhr nachgeht, und —, wenn sie voreilt. Eine Uhr, die am 1. Juli $2^m 15^s.4$, am 2. Juli $2^m 16^s.5$ und am 3. Juli $2^m 17^s.6$ hinter der richtigen Zeit zurück war, hatte somit den Stand:

Juli 1	$+ 2^m 15^s.4$	
		$+ 1^s.1$
» 2	$+ 2^m 16^s.5$	
		$+ 1^s.1$
» 3	$+ 2^m 17^s.6$	

und, wie man aus den Differenzen ersieht, einen täglichen Gang von $+ 1^s.1$. Für die Güte eines Uhrwerkes ist lediglich die Konstanz des Ganges von Bedeutung. Ein großer Stand läßt sich jederzeit durch vorsichtige Zeigerverschiebung, ein größerer Gang durch Neuregulierung des Werkes beseitigen. Kleine Gänge von 0^s bis etwa 5^s läßt man an Chronometern am besten nicht wegregulieren, sondern berücksichtigt sie entsprechend bei den Beobachtungen; wird der Gang jedoch merklich größer, so ist ein Eingriff in den Regulierungsmechanismus der Unruhe seitens eines erfahrenen Uhrmachers kaum zu umgehen. Selbstverständlich sind im Notfall, also beispielsweise auf Expeditionen, auch Chronometer mit sehr großen Gängen verwendbar, doch werden dann die Reduktionen zuweilen recht umständlich.

Jedes nach mittlerer Zeit gehende Chronometer kann selbstverständlich von einem Uhrmacher auf Sternzeit einreguliert werden und umgekehrt. Bei den astronomischen Arbeiten am Abend erspart die Verwendung eines Sternzeitchronometers dem Beobachter mancherlei Rechnungen, während für den sonstigen Gebrauch auf Reisen, also für Routenaufzeichnungen, meteorologische Beobachtungen usw. die Verwendung einer nach mittlerer Zeit regulierten Taschenuhr mehr am Platze ist. Schon aus diesem Grunde sollte man auf Expeditionen mindestens zwei Uhren, und zwar ein nach mittlerer und ein nach Sternzeit reguliertes Werk, bei sich führen und bei Sternbeobachtungen stets das letztere benutzen.

Die Vergleichung der beiden verschieden regulierten Chronometer gestaltet sich sehr einfach. In einer Stunde eilt das Sternzeitwerk der mittleren Zeit um rund 10^s voraus. Die Sekunden- bzw. Halbsekundenschläge der beiden Uhren fallen somit etwa alle 6^m und die Halbsekundenschläge alle 3^m zusammen. Man achtet also beim Vergleichen lediglich auf die Koinzidenz der Schläge beider Uhren und notiert die zugehörigen Zeitangaben. Ist der Stand $\Delta\vartheta$ der Sternzeituhr durch Beobachtungen ermittelt, so kann man durch Umwandlung der jetzt bekannten richtigen Sternzeit

$$\vartheta = \vartheta' + \Delta\vartheta$$

auch die Korrektion der anderen Uhr gegen Ortszeit ableiten. Die näheren Einzelheiten der Uhrvergleichung und deren Ausrechnung sind aus dem Beispiel 3 des Anhangs I zu ersehen.

Bei den Beobachtungen selbst wird man nach Überwindung der ersten Schwierigkeiten danach streben, die zu einer Sterneinstellung im Fadenkreuz gehörige Zeitablesung nicht nur auf volle oder halbe, sondern möglichst auf noch kleinere Bruchteile der Sekunden zu notieren. Es gehört überhaupt schon eine gewisse Übung dazu, eine Erscheinung im Fernrohr zu verfolgen und gleichzeitig die Schläge der Uhr weiter zu zählen, und zwar so, daß über die Koinzidenz von Fadendurchgang und Sekundenschlag kein Zweifel besteht. Bald überzeugt man sich jedoch, daß innerhalb der scharfen, abgerissenen Chronometerschläge eine Schätzung von Unterabteilungen von etwa $0^s.2$ oder gar $0^s.1$ Dauer durchaus keine Schwierigkeiten bietet.

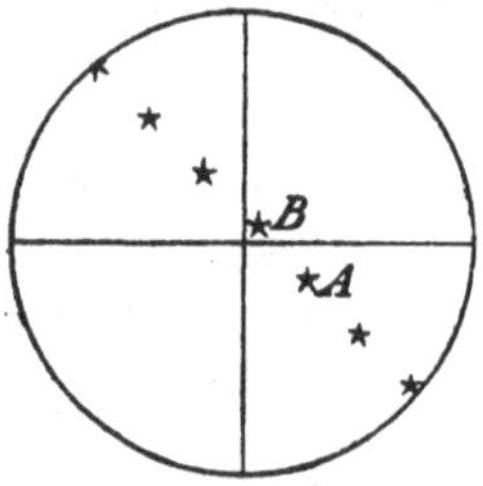

Fig. 41.

Soll beispielsweise an einem Universalinstrument die Zenitdistanz eines Sterns gemessen werden, so stellt man das Objekt mit der Feinbewegung so ein, daß die Blickrichtung seiner scheinbaren Bewegung voraus ist, d. h. daß der Stern unterhalb des Horizontalfadens steht, wenn der Stern im Gesichtsfelde steigt, und oberhalb des Horizontalfadens, wenn der Stern das Gesichtsfeld von oben nach unten passiert. In dem Zeitmoment zwischen den beiden Sekundenschlägen A und B ist offenbar die anvisierte und am Höhenkreise angezeigte Zenitdistanz von dem Stern erreicht worden; prägt man sich die Lage A und B des Sterns gegenüber dem Horizontalfaden bei den beiden Schlägen ein, so fällt es nicht schwer, den Sekundenschlag ($A + 0^s.8$) bzw. ($B - 0^s.2$) als den Moment des Fadendurchganges aufzufassen. Liegt der Faden genau horizontal, wovon man sich durch Einstellung eines scharf markierten irdischen Punktes und Drehung des Instruments im Azimut mittels der Feinbewegung leicht überzeugen kann, so braucht der Durchgang, da der ganze horizontale Faden eine bestimmte Zenitdistanz definiert, nicht absolut durch den Kreuzungspunkt der Fäden zu erfolgen; man wird jedoch, wie das auch in Fig. 41 angedeutet ist, der Sicherheit halber den Stern dem eigentlichen Fadenkreuz möglichst nahebringen. Ganz ähnlich liegen die Verhältnisse, wenn es sich, wie beim Passageninstrument, um horizontale Sterndurchgänge handelt, nur daß hier die Einschätzung der Zeitmomente zwischen die Uhrschläge wegen der unveränderlichen, horizontalen Bewegungsrichtung der Sterne sich noch leichter einüben läßt.

Bei Beobachtungen am Universal, bei denen meist nur ein oder zwei Momente an der Uhr abzulesen sind, ist es im Interesse eines rascheren

Arbeitens vorteilhaft, den Antritt des Sterns ans Fadenkreuz abzuwarten, dann sofort die Sekundenzählung mit 0, 1, 2, 3 usw. zu beginnen und jetzt erst unter Weiterzählen nach dem Chronometer zu schauen. Entspricht zum Beispiel die 10. gezählte Sekunde der Uhrzeit $10^h\,4^m\,38^s$, so fand der beobachtete Durchgang offenbar im Moment $10^h\,4^m\,28^s$ statt, hatte man um die abgelesene Zeit dagegen schon bis 20 gezählt, so wäre die Uhrablesung $10^h\,4^m\,18^s$ zu notieren usf. Gewöhnt man sich von Anfang daran, mit der Zählung der Sekunden nur bei vollen Zehnern und nicht eher abzubrechen, als bis man sich über die Chronometerzeit genau vergewissert hat, so wird man später bei der Reduktion nur selten falschen Uhrangaben begegnen.

Diese sog. Auge- und Ohrmethode der Beobachtung erfährt eine wesentliche Vereinfachung, wenn sich mehrere Personen an der Arbeit beteiligen, und das Ablesen des Chronometers sowie die Aufzeichnung der Beobachtungsnotizen von einem Gehilfen übernommen wird. Eine völlige Entlastung des Beobachters von der Gedächtnisarbeit wird erzielt, wenn die Beobachtungsuhr — wie dies auf Sternwarten heute ganz allgemein geschieht — mit einem registrierenden Apparat, einem sog. Chronographen, verbunden ist, der auf einem Telegraphenstreifen die Chronometerschläge und die Signale des Beobachters nebeneinander aufzeichnet.

Daß eine Arbeitsteilung die Leistungsfähigkeit des Beobachters und die Genauigkeit der Messungen wesentlich zu erhöhen vermag, ist ohne weiteres klar. Besonders auf Expeditionen, wo man angesichts der vielen anderweitigen Arbeiten oft schon ermüdet zu den astronomischen Messungen schreitet, ist jedenfalls eine geeignete Hilfe nicht nur zur Entlastung des Beobachters sehr erwünscht, sondern im Interesse der Sicherheit der Resultate oft unbedingt geboten.

Dritter Abschnitt.

Ermittelung genäherter Werte von Polhöhe, Zeit, Länge und Azimut.

§ 14. Bestimmung der genäherten Breite ohne Kenntnis der Zeit.

Die grundlegenden Aufgaben der geographischen Ortsbestimmung, also die Ableitung der Breite, Zeit und Länge, lassen sich nur in einigen wenigen Fällen ganz unabhängig voneinander lösen. Es liegt dies daran, daß im Poldreieck die gemessene Zenitdistanz z sowie die Deklination δ des Gestirns zwar direkt (als z bzw. $90° - \delta$) vorkommen, dagegen die dritte gegebene Größe, nämlich die Rektaszension α, nur in der Verbindung mit der Sternzeit ϑ ein Bestimmungsstück, und zwar den Stundenwinkel τ, ergibt. Somit muß bei einer Polhöhenbestimmung stets die Zeit, bei einer Zeitbestimmung stets die Polhöhe vorausgesetzt werden; andererseits steht die Länge, die im Poldreieck direkt nicht vorkommt, mit der Zeit in innigstem Zusammenhange, kurz, ohne Voraussetzung wenigstens eines genäherten Wertes der Polhöhe oder der Zeit ist die allgemeine Aufgabe, für einen beliebigen Ort beide geographischen Koordinaten zu ermitteln, praktisch nicht unmittelbar lösbar. Es genügt hier zu bemerken, daß man sich jedoch gerade von der Polhöhe und von der Zeit sehr leicht Näherungswerte verschaffen kann, die für viele Zwecke vollständig ausreichen, wenn man nur bei den Messungen ganz bestimmte Lagen des beobachteten Gestirns zur Meridianlinie abwartet.

Infolge der täglichen Bewegung der Fixsternsphäre erreichen z. B. alle Gestirne einmal in 24^h ihren geringsten und — bei sichtbarer unterer Kulmination — einmal ihren größten Abstand vom Scheitelpunkte des Beobachters. Eine einfache Überlegung zeigt, daß diese kleinsten bzw. größten Zenitdistanzen nur noch von den Äquatorabständen des Sterns am Himmel und des Beobachters auf der Erde, also von Sterndeklination und geographischer Breite des Beobachtungsortes abhängen. Für den Meridiandurchgang eines Sterns hat man nämlich bei oberer Kulmination:

$$\varphi = z + \delta \text{ (* südlich vom Zenit)},$$
$$\varphi = \delta - z \text{ (* nördlich vom Zenit)},$$

wobei, wie bisher, südliche Deklinationen mit dem Minuszeichen zu versehen sind. Für die untere Kulmination wird

$$z = (90° - \varphi) + (90° - \delta) ,$$

also

$$\varphi = 180° - (\delta + z).$$

Man braucht somit allgemein nur die Zenitdistanz z eines Sterns in oberer oder unterer Kulmination mit einem geeigneten Winkelmeßinstrument zu bestimmen, um ohne jede nennenswerte Rechnung die Breite zu erhalten. An einem Universal würde eine solche Beobachtung so auszuführen sein, daß man das Instrument nivelliert, den Nullpunkt am Höhenkreise (s. S. 61) ermittelt und dann in einer bestimmten Kreislage einen bekannten Stern einstellt, der kurz vor seiner Kulmination steht, dessen Zenitdistanz also noch abnimmt. Diesen Stern verfolgt man so lange, bis er das Gesichtsfeld längs eines Horizontalfadens passiert, somit sich in einer Stellung befindet, in der seine Zenitdistanz weder ab- noch zunimmt. Die nunmehr ausgeführte Ablesung am Höhenkreise, korrigiert für Zenitpunktfehler und Strahlenbrechung, ergibt die Meridianzenitdistanz z des Sterns, die, mit seiner scheinbaren Deklination δ vereinigt, nach einer der obengenannten Formeln unmittelbar auf die Breite φ führt (Anhang I, Beispiel 4).

Ein solches Verfahren ist naturgemäß ziemlich ungenau, da eine Beseitigung der Instrumentalfehler durch Umlegen und Wiederholung der Beobachtung in der anderen Kreislage nicht ohne weiteres möglich ist. Will man schärfere Resultate erzielen, so ist es schon notwendig, unter dauerndem Umlegen des Instruments eine ganze Reihe von Zenitdistanzen des Sterns um die Zeit seines Meridiandurchganges zu messen und diese dann graphisch auszugleichen, wie das in dem Beispiel 5 des Anhangs geschehen ist. Messungen dieser letzteren Art sind so einfach auszuführen und ergeben bei einigermaßen geschickter Handhabung des Instruments so brauchbare Resultate, daß sie auf Forschungsreisen häufiger angewendet werden sollten. Die genauere Zeitnotierung (M. Z. oder St. Z.) ist dabei, wenn man nur das Minimum der Zenitdistanz erlangen will, strenggenommen nicht notwendig, sie ist aber nützlich zur Nachprüfung eventueller Ablesefehler, vor allen Dingen aber deshalb, weil dann die graphische Darstellung, wie gleich gezeigt werden soll, auch die Korrektion der benutzten Uhr abzuleiten gestattet und weiterhin die Verwertung jeder einzelnen Höhenmessung für die Breite ermöglicht.

Wenn man von einem Nachteil dieser Methode überhaupt sprechen darf, so liegt er darin, daß die Beobachtung eine längere Zeit (kaum weniger als $^1/_2{}^h$) erfordert, und daß Lücken in der Beobachtungsreihe, wie sie z. B. durch vorübergehende Bewölkung hervorgerufen werden.

unter Umständen das Resultat in Frage stellen. Hat man jedoch die Zeit einer jeden Messung sorgfältig notiert, so sind die erhaltenen Zahlen vielfach auch dann noch zu verwerten.

Der Nachteil, daß die gemessenen Zenitdistanzen mit ihrem vollen Betrage, also auch mit allen ihren Fehlern ungekürzt in das Resultat eingehen, haftet leider allen Aufgaben, die auf Zenitdistanzmessungen beruhen, an, so daß er als ein besonderer Übelstand der vorliegenden Methode nicht empfunden werden kann.

Bei entsprechender Anordnung der Beobachtungen gestattet übrigens gerade die Breitenbestimmung aus Meridianzenitdistanzen ein wesentliches Herabdrücken der Messungsfehler. Beobachtet man nämlich einen Stern (δ_s, z_s) südlich und einen anderen (δ_n, z_n) nördlich vom Zenit in oberer bzw. unterer Kulmination, so wird

$$\varphi = z_s + \delta_s \text{ (südl. Stern)}$$
$$\varphi = \delta_n - z_n \text{ (nördl. Stern in ob. Kulmination)}$$
$$\varphi = \frac{z_s - z_n}{2} + \frac{\delta_s + \delta_n}{2}$$

bzw.

$$\varphi = z_s + \delta_s \text{ (südl. Stern)}$$
$$\varphi = 180^\circ - \delta_n - z_n \text{ (nördl. Stern in u. Kulmination)}$$
$$\varphi = 90^\circ + \frac{\delta_s - \delta_n}{2} + \frac{z_s - z_n}{2}.$$

Hierbei gehen, wie man sieht, nicht mehr die vollen Zenitdistanzen in die Breite ein, sondern nur ihre halbe Differenz, ja, wenn es gelingt, z_s genau $= z_n$ zu wählen, so wird φ von den Zenitdistanzen völlig unabhängig und beruht dann einzig und allein auf der halben Differenz der meist mit jeder beliebigen Genauigkeit zur Verfügung stehenden scheinbaren Deklination der benutzten Sterne. Die Bedingung der völlig gleichen Zenitdistanz wird sich im allgemeinen nur sehr selten erfüllen lassen, doch ist dabei schon angenäherte Gleichheit von Vorteil. Bei Verwendung stabiler und sorgfältigst gearbeiteter Instrumente ermöglicht das geschilderte Meßverfahren heute überhaupt die genauesten Polhöhenmessungen. Bei dieser sog. Horrebow - Talcott - Methode werden die übrigbleibenden Zenitdistanzunterschiede der Süd- und Nordsterne nicht mehr an Kreisen, sondern an sehr empfindlichen, mit der Drehungsachse des Fernrohrs fest verbundenen Niveaus gemessen.

Da die Polhöhe gleich der geographischen Breite und die Zenitdistanz des Pols gleich dem Komplement der Breite ist, so eignen sich Zenitdistanzmessungen eines polnahen Sterns, z. B. des Polarsterns (α Ursae min.), um die Zeit seiner Kulmination gut zur Breitenbestimmung.

Stünde der Polarstern genau im nördlichen Pol, so brauchte man nur seine Zenitdistanz zu messen, um das Komplement der Polhöhe zu erhalten. Da jedoch sein Polabstand etwa $1^1/_2$° beträgt, so läßt sich die Aufgabe ohne Rechnung und ohne Benutzung entsprechender Tafeln nur in der Weise lösen, daß man den Stern in der oberen und nach 12 Stunden in der unteren Kulmination beobachtet. Das Mittel der Zenitdistanzen, korrigiert für Indexfehler und Strahlenbrechung, liefert dann nach Subtraktion von 90° unmittelbar die Polhöhe. Da auch hier die gemessenen Winkel in der Form der halben Summe in das Resultat eingehen, so kann man auf diesem Wege ohne Zweifel ein günstiges Resultat erzielen; die lange Zwischenzeit und die ausschließliche Anwendbarkeit der Methode in einer Jahresperiode, in der beide Kulminationen des betr. Polsterns in die Nachtstunden fallen, verleiht jedoch dem Verfahren kein besonderes praktisches Interesse. Es wird später noch darzulegen sein, wie man ohne nennenswerten Aufwand an Rechenarbeit jede beliebige Zenitdistanzmessung des Polarsterns zu Breitenbestimmungen verwenden kann.

§ 15. Ermittelung der genäherten Zeit aus Stern- und Sonnenkulminationen.

Die vorhin skizzierte Methode der Bestimmung der Polhöhe durch fortgesetzte Messung der Zenitdistanzen eines bekannten Himmelsobjektes um die Zeit seiner Kulmination kann auch unmittelbar dazu dienen, die Korrektion der benutzten Uhr, m. a. W. die Zeit des Beobachtungsortes bis auf wenige Sekunden zu bestimmen.

Die Beobachtung der Meridianstellung eines Gestirns würde hier allerdings nicht recht zum Ziele führen. Die Kulmination eines Himmelsobjektes ist zwar nur eine Augenblickserscheinung, die Höhen- bzw. Zenitdistanzänderung in der unmittelbar vorangehenden und folgenden Zeit (siehe Beispiel 4 und 5) ist jedoch so geringfügig, daß es selbst bei schärfster Beobachtung unmöglich ist, auf diesem Wege den genaueren Zeitpunkt der Kulmination eines Gestirns anzugeben. Da jedoch die Bewegung eines Sterns vor und nach seinem Meridiandurchgange vollkommen symmetrisch erfolgt, so kann der Kulminationsaugenblick auch durch Beobachtung von gleichen Zenitdistanzen vor und nach dem Meridiandurchgange ein und desselben Gestirns durch einfache Mittelbildung der Beobachtungszeiten bestimmt werden.

Selbstverständlich werden die Messungen um so genauer ausfallen, je weiter man vom Meridian abgeht, d. h. je größer die Abhängigkeit der Zenitdistanzänderungen von der Zeit ist. Die Genauigkeit, die man dabei erreicht, läßt sich schon während der Beobachtung einigermaßen beurteilen, denn man braucht nach erfolgter Einstellung eines Sterns nur zu beachten, wieviel Sekunden vergehen, bis der Stern deutlich vom Horizontalfaden abweicht; die betreffende Zeit kann dann ungefähr als Anhalt dafür dienen, innerhalb welcher Grenzen die Uhrkorrektion sich schließlich ergeben wird.

Sind ϑ_o bzw. ϑ_w die zu gleichen Zenitdistanzen östlich und westlich vom Meridian gehörenden, am besten aus mehreren aufeinanderfolgenden Messungen graphisch oder rechnerisch abgeleiteten Angaben einer Sternzeituhr, so ist offenbar

$$\vartheta' = \frac{\vartheta_o + \vartheta_w}{2}$$

die Chronometerzeit der Kulmination des Sterns, und der Uhrfehler wird dementsprechend

$$\varDelta\vartheta = \alpha - \vartheta' .$$

Für diese Methode lassen sich unter Umständen auch Instrumente ohne Höhenkreis verwenden, und zwar dann, wenn man sich darauf beschränkt, nur zwei gleiche Höhen zu kombinieren. Man kann in diesem Falle nach Einstellung eines Sternes vor seinem Meridiandurchgange den Zeitmoment notieren, in dem der Stern das Fadenkreuz passiert und nach vorsichtiger horizontaler Drehung des Instruments nach Westen hier nach einigen Stunden die Überschreitung derselben Höhe durch den Stern abwarten. Mit wenig stabilen Instrumenten erreicht man allerdings auf diesem Wege nur recht ungenaue Resultate.

Ausgezeichnet eignet sich für die Methode der gleichen Höhen der Sextant. Man überzeugt sich zunächst, bei Landbeobachtungen natürlich unter Verwendung eines künstlichen Horizonts, von der Geschwindigkeit der Höhenänderung des emporsteigenden Gestirns, am besten der Sonne, stellt den Nonius auf nächstliegende volle oder halbe Grade der Teilung ein und notiert die Zeiten, zu denen das Gestirn die eingestellten Höhen erreicht, d. h. die Momente, in denen sich z. B. die Sonne und ihr Spiegelbild decken. Wird das Verfahren am Nachmittag wiederholt, so erhält man zu den korrespondierenden Höhen am Westhimmel wieder entsprechende Uhrzeiten, deren Vereinigung ohne jede Nebenrechnung (also ohne Berücksichtigung von Refraktion, Parallaxe, Indexfehler usw.) die Uhrzeit des wahren Mittags ergibt.

Bei Benutzung der Sonne wäre höchstens zu beachten, daß infolge der Ortsverschiebung derselben in einer schrägen Bahn, der Ekliptik, ihr Vor- und Nachmittagsbogen im allgemeinen keine absolute Symmetrie aufweist. Da die scheinbare Bewegung vom Aufgang bis zum Untergang bei unveränderter Stellung des Beobachters nur von der Deklination der Sonne abhängt, so ist die erwähnte Unsymmetrie dann am größten, wenn die tägliche Deklinationsänderung der Sonne den größten Betrag erreicht, d. h. im März und September. Näheres über die Berücksichtigung dieser Bewegung wird später mitzuteilen sein, für genäherte Zeitbestimmungen wird man bei nicht allzu großen Zwischenzeiten die Abweichungen meist ganz außer acht lassen können.

Ist also wieder U_o die Uhrzeit vor und U_w die Uhrzeit nach dem Meridiandurchgange der Sonne, bezogen auf gleiche Zenitdistanzen, so ist die genäherte Uhrzeit der Sonnenkulmination gegeben durch

$$U' = \frac{U_o + U_w}{2}$$

und die Korrektion der benutzten M. Z.-Uhr:

$$\Delta U = 12^h\,0^m\,0^s + \text{Zeitgleichung} - U'.$$

Da die Bestimmung der genauen Zeit auch in so manchen Fällen, bei denen ein besonderer wissenschaftlicher Zweck nicht vorliegt, von Bedeutung ist, hat man diesem Bedürfnis durch Herstellung einfacherer Apparate und Vorrichtungen, als sie hier bisher behandelt wurden, entgegenzukommen versucht. Einige dieser unter besonderen Namen patentierten Instrumente sind nichts weiter als genauer gearbeitete Sonnenuhren mit Schattenzeiger; doch fehlt es dabei auch nicht an recht sinn- und lehrreichen Apparaten, unter denen das englische Dipleidoskop, das Chronodeik, der in Rußland verbreitete Sonnenkreis, der deutsche Sonnensextant von Eble u. a. sich gut eingeführt haben. Da die meisten dieser Vorrichtungen in erster Linie für eine feste Station berechnet sind, kommen sie für die allgemeinere Aufgabe der Ortsbestimmung nur beiläufig in Frage. Zu betonen wäre jedoch, daß die mit ihnen erzielten Beobachtungen die Zeit bis auf wenige Sekunden, z. T. bis auf weniger als 1^s, ergeben. In geeigneten Fällen können somit diese Instrumente ohne Bedenken empfohlen werden.

§ 16. Bestimmung der genäherten Länge eines Beobachtungsortes.

Während es im allgemeinen keine Schwierigkeiten bereitet, mit Hilfe der eben angegebenen Methoden die Breite bis auf Bruchteile einer Bogenminute und die Zeit bis auf wenige Sekunden genau zu ermitteln, muß sich der Beobachter, wenn er rasch in den Besitz der geographischen Länge gelangen will, mit einem wesentlich dürftigeren Resultat begnügen. Zur Ableitung der Breite und der Zeit stehen ihm des Tages die Sonne, des Abends eine große Anzahl Sterne zur Verfügung, deren Meridianhöhen zur Breite und deren Kulminationsmomente zur Sternzeit in äußerst einfachen Beziehungen stehen. Man sucht dagegen vergeblich unter den Kreisen an der scheinbaren Himmelskugel nach irgendwelchen Winkeln, die auch zu der geographischen Länge des Beobachtungsortes in irgend einer direkten Beziehung stehen.

Wollte man die geographische Länge durch die bisher betrachteten Kreise an der Himmelskugel ausdrücken, so könnte man sie nur definieren als den Unterschied der Stundenwinkel eines Gestirns in Greenwich und am Beobachtungsorte. Da die erste Größe uns nicht ohne weiteres zugänglich ist, so bleibt die Bestimmung der Länge durch direkte Messungen am Himmel eine unlösbare Aufgabe. Hat man jedoch ein Chronometer zur Verfügung, das den Stundenwinkel der mittleren Sonne (mittlere Zeit) oder den Stundenwinkel des Frühlingspunktes (Sternzeit) für den Meridian von Greenwich genau genug angibt, und sind die entsprechenden Zeiten am Beobachtungsorte bekannt oder durch eine Zeitbestimmung ermittelt, so stellt der Unterschied: Ortszeit minus Greenwicher Zeit direkt die geographische Länge in Zeit dar.

Diese sog. Längenbestimmung durch Chronometerübertragung würde alle anderen Methoden überflüssig machen, wenn es möglich wäre, Uhren und Chronometer so zu regulieren, daß sie für Wochen oder gar für Monate einen regelmäßigen, von Temperaturwechsel, Stößen u. dgl. unabhängigen Gang zeigten. Da dies sich auch heute nur in sehr beschränktem Maße erzielen läßt, so bietet die Methode der Längenbestimmung durch Chronometerübertragung nur dann Aussicht auf Erfolg, wenn man auf die Expedition nicht nur mehrere Chronometer mitnimmt, sondern auch deren täglichen Gang durch möglichst häufige Zeitbestimmungen dauernd unter Kontrolle hält. Die Methode kann somit, wenigstens praktisch, nicht gerade zu den einfachsten Verfahren der Längenbestimmung gezählt werden und soll erst in einem späteren Abschnitt näher behandelt werden.

Sieht man hiervon ab, so kommen für genäherte Längenbestimmungen fast ausschließlich einige Himmelserscheinungen in Betracht, die sich für alle Punkte der Erde ohne Rücksicht auf die geographische Lage des Beobachtungsortes gleichartig abspielen. Ist der Zeitmoment einer solchen Erscheinung außer an dem Beobachtungsorte mit zweifelhafter Länge auch noch auf Stationen mit gesicherter geographischer Lage beobachtet oder im Jahrbuch für den Meridian von Greenwich berechnet, so ergibt der Zeitunterschied wiederum die Längendifferenz zwischen dem Beobachtungsort und dem betreffenden Vergleichsmeridian.

Wenn man von den seltenen, stets unvorhergesehenen Erscheinungen der Feuerkugeln oder helleren Sternschnuppen absieht, eignen sich von den himmlischen Erscheinungen lediglich die Verfinsterungen der Planetentrabanten durch den Schatten der Hauptkörper und hiervon wiederum nur die Verfinsterungen des Erdmondes und der vier hellen Satelliten des Jupiter für den vorliegenden Zweck. Die Trabanten des Mars und des Saturn sind schon wegen ihrer Lichtschwäche für Längenbestimmungen gänzlich ungeeignet.

Es ist zunächst klar, daß sowohl der Eintritt in den Schatten als auch der Austritt aus demselben als eine rein physische Erscheinung für jeden Punkt der Erdoberfläche in dem gleichen Moment stattfinden muß. Ist also der Himmel klar, und steht der Mond bzw. der Planet Jupiter nicht gerade unter dem Horizont, so kann ein im Jahrbuch angezeigter Schattenantritt überall gleichzeitig und gleichartig beobachtet werden. Ist also U_g der in der Ephemeride gegebene Moment für M. Z. Greenwich, U dagegen die durch eine vorangegangene oder nachfolgende Zeitbestimmung gesicherte Ortszeit der Beobachtung, so ist die Länge λ gegeben durch

$$\lambda = U_g - U .$$

Würde der Erdschatten eine scharfe Begrenzung haben und die Bewegung des Mondes etwas rascher erfolgen, als es in Wirklichkeit der Fall ist, so würden bei jeder partiellen Mondfinsternis die erste und letzte Berührung mit dem Erdschatten zwei, bei einer totalen Mondfinsternis außerdem noch der Moment des Verschwindens und des ersten Wiedererscheinens vier Zeiten ergeben, die in Verbindung mit den vorausberechneten Jahrbuchsdaten ohne weiteres brauchbare Längenwerte ergeben müßten. Die Erfahrung lehrt jedoch, daß der Übergang des Mondes aus dem Halbschatten der Erde in deren Kernschatten kein so plötzlicher ist, wie wir ihn für unsere Zwecke brauchen, sondern sich oft so abspielt, daß der Beobachter bezüglich des Beginns und naturgemäß auch bezüglich des Endes einer Mondfinsternis oft bis auf mehr als eine Minute im ungewissen bleibt.

Etwas günstiger liegen die Verhältnisse bei den Jupitertrabanten. Zwar lassen diese Himmelskörper in kleineren Fernrohren keine Scheibe erkennen, so daß man von der Erde aus bei den Schattendurchgängen nur ihr Unsichtbarwerden und Wiederaufblitzen erfassen kann; dafür ist aber die Bahnbewegung des ersten, am häufigsten verfinsterten Mondes so schnell, daß bei einiger Aufmerksamkeit und Übung die gewünschten Momente sich tatsächlich bis auf wenige Bruchteile einer Minute ermitteln lassen. Die Genauigkeit der Beobachtungen nimmt naturgemäß ab, je mehr man zu den entfernteren Jupitermonden übergeht, was schon aus der nachstehenden Zusammenstellung der Umlaufszeiten der vier großen Satelliten hervorgeht.

I. Trabant	$1^d\,18^h\,28^m$	III. Trabant	$7^d\ \ 3^h\,43^m$
II. „	$3^d\,13^h\,14^m$	IV. „	$16^d\,16^h\,32^m$.

Der vierte, übrigens nur zeitweise in den Jupiterschatten eindringende Trabant wird am besten gar nicht verwertet, und auch bei den übrigen

Monden wird man guttun, danach zu streben, wenn es möglich ist, sowohl den Eintritt als auch den Austritt zu erhalten. In den kleinen Fernrohren, wie man sie im allgemeinen auf Expeditionen mitzunehmen pflegt, verschwinden die Monde schon bei beginnender Lichtabnahme und werden erst wieder sichtbar, wenn sie nahezu ganz den Jupiterschatten verlassen haben. Gegenüber der Vorausberechnung des Jahrbuchs wird somit der erste Moment zu früh, der zweite zu spät beobachtet; nimmt man beide mit, so kann das arithmetische Mittel der beiden Längenbestimmungen im wesentlichen als richtig gelten, wobei allerdings von der während des Durchgangs erfolgten Änderung des Luftzustandes und von der veränderten Stellung des Planeten gegenüber dem Horizont abgesehen wird.

Im allgemeinen geben die Jupitertrabanten, vereinzelt beobachtet, nur unsichere Längen. Da sie jedoch so überaus einfach zu verwerten sind und nur sehr genäherte Zeitbestimmungen, die um mehrere Sekunden unsicher sein können, erfordern, so läßt sich nicht einsehen, warum man diese Beobachtungen, zu denen sich in günstigen Monaten fast täglich Gelegenheit bietet, so wenig zu Längenbestimmungen verwertet. Der Vorwurf mangelnder Genauigkeit kann der Methode übrigens nur gemacht werden, solange es sich um Beobachtungen in der Nähe des Erdäquators handelt, wo die Unsicherheit einer Zeitminute in Länge noch volle 28 km ausmacht. Infolge der Konvergenz der Meridiane nach den Polen zu verringert sich jedoch der Fehler bei 42° Breite auf $^3/_4$, bei 60° auf $^1/_2$ und bei 75° bereits auf $^1/_4$ des angegebenen Betrages, so daß für höhere Breiten, also insbesondere für die Polarforschung, die Jupitermonde bei der Längenbestimmung durchaus noch die Beachtung verdienen, die man ihnen früher geschenkt hat.

§ 17. Bestimmung des genäherten astronomischen Azimuts eines terrestrischen Punktes.

Weniger für astronomische als für geodätische Messungen kommt die Bestimmung des Azimutes, also des Winkelabstandes eines Gestirns von der Nord-Süd-Richtung in Frage. Für kartographische Arbeiten auf Expeditionen ist die Kenntnis des astronomischen Azimutes terrestrischer Punkte von großer Bedeutung, und an solchen Orten der Erdoberfläche, an denen die Abweichung der Magnetnadel von der Nord-Süd-Linie nicht bekannt ist, wird eine astronomische Azimutbestimmung zur Kontrolle der ausgeführten Kompaßpeilungen geradezu unentbehrlich.

Es braucht kaum besonders hervorgehoben zu werden, daß es bei sog. Rundpeilungen, d. h. bei Messungen einer Reihe von Azimuten von ein und demselben Punkte aus, genügt, das Azimut eines einzigen, scharf einstellbaren fernen Objektes astronomisch festzulegen; die Azimute aller anderen Punkte ergeben sich dann unmittelbar durch einfachen Anschluß der Horizontalkreisablesungen an den astronomisch bestimmten Normalpunkt. Die Ermittelung eines astronomischen Azimutes hat also gewissermaßen nur den Zweck, den Indexfehler des Horizontalkreises, d. h. die Abweichung seines Nullpunktes von der Südrichtung, zu bestimmen. Daß dieser Indexfehler je nach der Aufstellung des Instruments viele Grade betragen kann, ist natürlich für die Messungen belanglos.

Da die astronomische Azimutbestimmung in erster Linie geographischen Zwecken dient, so sollen hier zunächst einige einfache Methoden mitgeteilt werden, bei denen die Orientierung am Tage, also mit Hilfe der Sonne, erfolgen kann.

Zur Kontrolle der magnetischen Deklination der Kompaßnadel am Beobachtungsorte genügt es für topographische Aufnahmen gewöhnlicher Art vollkommen, wenn die Bestimmung des astronomischen Azimuts etwa innerhalb eines viertel Grades gelingt. Die Symmetrie der scheinbaren Gestirnsbahnen gegenüber der Meridianlinie kann auch hier wieder sinngemäß verwertet werden, indem man zwei zu dem gleichen östlichen und westlichen Stundenwinkel oder zu der gleichen östlichen und westlichen Höhe gehörige Azimute mittelt.

In ebenem Terrain wird es oft genügen, an einem klaren Tage einfach die auf- und die untergehende Sonne (nicht den Mond!) mit dem Kompaß anzupeilen und durch Bildung des arithmetischen Mittels der Ablesungen das magnetische Azimut der Meridianrichtung abzuleiten. Auch eine einzelne derartige Beobachtung, z. B. die Anpeilung des Sonnenunterganges, kann dabei zur Bestimmung der astronomischen Nord-Süd-Richtung verwendet werden. In dem betreffenden Moment ist nämlich in unserem Poldreieck PZG (vgl. Fig. 6) die Seite ZG, d. h. die Zenitdistanz des Sonnenmittelpunktes $= 90°$, und man erhält somit durch Anwendung des Kosinussatzes (3) auf die Seite $PG = 90° - \delta$

$$\sin\delta = -\cos\varphi \cos a_0 ,$$

somit

$$\cos a_0 = -\frac{\sin\delta}{\cos\varphi} .$$

Ein Vergleich der Peilung a mit a_0 ergibt dann Sinn und Betrag der magnetischen Deklination am Beobachtungsorte.

Die soeben abgeleitete Azimutformel für den Auf- bzw. Untergang eines Gestirns nimmt keine Rücksicht auf die Wirkung der Strahlenbrechung, deren Einfluß es zuzuschreiben ist, daß die Gestirne bei ihrem Aufgang sich in Wirklichkeit noch 0°.6 (vgl. S. 25) unter dem Horizont befinden. Wartet man jedoch ab, bis der untere Rand der Sonne sich etwa um die Hälfte ihres Durchmessers über die Horizontlinie erhoben hat, so entspricht die obige Formel fast genau den wirklichen Verhältnissen und kann ungeändert Anwendung finden. Übrigens ist die Berücksichtigung der Refraktion sehr leicht ausführbar, wenn man bedenkt, daß der Seite ZG eigentlich ein Bogen $= 90° +$ Horizontalrefraktion zukommt. Es ist also

$$ZG = 90° + R = 90°.6 \,.$$

Die strenge Formel für $\sin\delta$ lautet dann:

$$\sin\delta = -\sin\varphi \sin R - \cos\varphi \cos R \cos a_0 \,.$$

Im Bereiche einer vierstelligen Rechnung ist

$$\cos R = 1 \,,$$

so daß

$$\cos a_0 = -\frac{\sin\delta}{\cos\varphi} - \operatorname{tg}\varphi \sin 0°.6$$

gesetzt werden kann.

Sowohl aus der Formel als auch aus der Tatsache, daß die Gestirne in äquatorialen Gegenden senkrecht aufgehen, ist ersichtlich, daß der Korrektionsausdruck für Refraktion nur in höheren Breiten nennenswerte Beträge erreicht.

Die Messungen zum Zwecke der Zeitbestimmung aus zwei gleichen Höhen vor und nach dem Meridiandurchgang eines Gestirns lassen sich unmittelbar auch zur Ableitung der Meridianrichtung und damit auch der Azimute verwerten, wenn man ein Universalinstrument benutzt. Es ist dann nichts weiter nötig, als für die von dem Gestirn (Planet, Fixstern) überschrittenen gleichen Höhen außer den Uhrzeiten auch noch die Stellung des Horizontalkreises abzulesen. Da zu gleichen Höhen auch gleiche Meridianabstände gehören, so ergibt das Mittel der korrespondierenden Ablesungen am Horizontalkreise sofort die Lage der Meridianlinie auf diesem. Daß dabei in der Zwischenzeit an der ursprünglichen Aufstellung des Instruments nichts geändert werden darf, braucht kaum besonders betont zu werden.

Vierter Abschnitt.

Strengere Methoden zur Bestimmung der Uhrkorrektion und der Polhöhe.

§ 18. Bestimmung der Uhrkorrektion aus Zenitdistanzen in der Nähe des Ost-West-Vertikals.

In dem vorangehenden Abschnitt ist gezeigt worden, wie sich der Beobachter an einem unbekannten Orte rasch in den Besitz von genäherten Werten der Zeit, Polhöhe und Länge setzen kann. Aufgabe der nächsten Paragraphen ist es nun, die strengeren Vorschriften zur Ableitung dieser Ortskonstanten zu entwickeln, wobei also das Hauptgewicht weniger auf die rasche und bequeme Gewinnung des Resultates, als auf eine möglichst ausgiebige Ausnutzung der instrumentellen Hilfsmittel gelegt werden soll.

Aus dem Poldreieck ist ersichtlich, daß man nach Ausschaltung des Azimuts a und des parallaktischen Winkels q, die sich, wie bereits mehrfach erwähnt wurde, nicht unmittelbar mit der erforderlichen Genauigkeit messen lassen, direkte Beziehungen nur zwischen den vier Stücken

$$\varphi,\ \delta,\ z \text{ und } \tau$$

aufstellen kann, und zwar so, daß je drei gegebene Größen die vierte bestimmen. Ist somit die Breite φ gesucht, so müssen die Deklination δ, die Zenitdistanz z und der Stundenwinkel τ bekannt sein, wobei die letzte Größe erst aus der Rektaszension α und der Sternzeit ϑ nach

$$\tau = \alpha - \vartheta \quad (\text{* östlich vom Meridian}),$$
$$\tau = \vartheta - \alpha \quad (\text{* westlich vom Meridian})$$

berechnet werden muß. Es ist also eine genaue Breitenbestimmung ohne Kenntnis der richtigen Zeit nicht möglich, und umgekehrt erfordert die Bestimmung der Zeit mindestens eine genäherte Kenntnis der Breite.

Verfügt man, wie dies auf Expeditionen häufiger vorkommen wird, weder über die eine noch über die andere der beiden Größen, so ist die Aufgabe strenggenommen nicht lösbar, da δ und z allein das Poldreieck nicht eindeutig bestimmen. Nun ist aber, wie gleich gezeigt werden soll, der Einfluß eines Breitenfehlers bei Stundenwinkeln, die in der Nähe von 90° liegen, sehr gering, so daß bei Berücksichtigung dieses Umstandes auch mit beträchtlich fehlerhaften Werten der Polhöhe brauchbare Zeitbestimmungen erzielt werden können. Genügt hierzu die ungefähre Kartenposition des Beobachtungsortes nicht, so wird jedenfalls eine der im dritten Abschnitt mitgeteilten genäherten Methoden dem Beobachter die genügende Grundlage für seine weiteren genaueren Berechnungen bieten. Mit dem neuen Resultat kann dann die Rechnung eventuell wiederholt werden, ein Verfahren, das in der Astronomie oft verwendet wird, hier jedoch bei einigermaßen geschickter Berücksichtigung der günstigsten Beobachtungsbedingungen kaum je erforderlich sein wird.

Zur Ermittelung des Stundenwinkels τ sei im Poldreieck somit wieder δ, z und φ, letzteres mehr oder weniger genähert, gegeben, dann hat man nach (3)

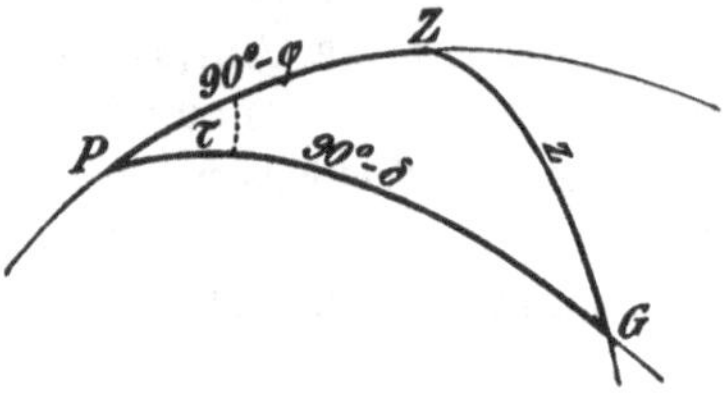

Fig. 42.

$$\cos z = \sin\varphi \sin\delta + \cos\varphi \cos\delta \cos\tau$$

und hieraus

$$\cos\tau = \frac{\cos z - \sin\varphi \sin\delta}{\cos\varphi \cos\delta}$$

oder

$$\text{(A)} \qquad \cos\tau = \frac{\cos z}{\cos\varphi \cos\delta} - \operatorname{tg}\varphi \operatorname{tg}\delta\,.$$

Diese für die logarithmische Berechnung anscheinend unvorteilhafte, aber nicht unbequeme Formel — bei mehreren Einstellungen ein und desselben Sterns bleibt der Summand $\operatorname{tg}\varphi \operatorname{tg}\delta$ konstant — gestattet verschiedene Umformungen, die in erster Linie den Zweck haben, die Berechnung des Stundenwinkels mit der sin- oder tg-Funktion zu ermöglichen. Um zur Tangentenformel zu gelangen, addiere und subtrahiere man beide Seiten der Gleichung für $\cos\tau$ von dem identischen Ausdruck:

$$1 = \frac{\cos\varphi \cos\delta}{\cos\varphi \cos\delta}\,.$$

Nach (9) erhält man dann

$$2\cos^2\frac{\tau}{2} = \frac{\cos(\delta+\varphi) + \cos z}{\cos\varphi \cos\delta}\,,$$

$$2\sin^2\frac{\tau}{2} = \frac{\cos(\delta-\varphi) - \cos z}{\cos\varphi \cos\delta}\,,$$

somit

$$\operatorname{tg}^2\frac{\tau}{2} = \frac{\cos(\delta-\varphi) - \cos z}{\cos(\delta+\varphi) + \cos z}\,,$$

d. h. nach (10)

$$\mathrm{tg}^2\frac{\tau}{2} = -\frac{\sin\left(\frac{\delta-\varphi+z}{2}\right)\sin\left(\frac{\delta-\varphi-z}{2}\right)}{\cos\left(\frac{\delta+\varphi+z}{2}\right)\cos\left(\frac{\delta+\varphi-z}{2}\right)}.$$

Setzt man also

$$\frac{\varphi+\delta+z}{2} = \sigma\,,$$

so wird

$$\text{(B)}\qquad \mathrm{tg}\frac{\tau}{2} = \sqrt{\frac{\sin(\sigma-\varphi)\sin(\sigma-\delta)}{\cos\sigma\cos(\sigma-z)}}\,.$$

Die Anwendung der Formel (6) auf die Gleichung für $\cos\tau$ würde unmittelbar einen ähnlichen Ausdruck für $\sin\frac{1}{2}\tau$ ergeben haben (S. 159).

Betrachtet man die Formel für $\cos\tau$ genauer, so erkennt man zunächst, daß sie die genauesten Werte in der Nähe von $\tau = 90°$ liefert, also dort, wo die cos-Funktionen die stärksten Änderungen aufweisen. Schon aus diesem Grunde ist es erforderlich, zu Zeitbestimmungen aus Zenitdistanzmessungen Sterne zu verwenden, deren Stundenkreis möglichst rechtwinklig zur Meridianlinie steht. Da man dabei überhaupt nur rasch auf- bzw. absteigende, d. h. äquatornahe Sterne benutzt, so wird man demnach die günstigsten Beobachtungsobjekte in der Nähe des Ost-West-Vertikals zu suchen haben. Auf den geringen Einfluß des Polhöhenfehlers auf die Zeit in der gleichen Stellung der Gestirne ist bereits vorhin kurz hingewiesen worden.

Um beides noch näher zu begründen, soll mit Hilfe der Formel (11) das Abhängigkeitsverhältnis zwischen dem Stundenwinkel τ und einer kleinen Zenitdistanz- bzw. Breitenveränderung dz und $d\varphi$ ermittelt werden. Man erhält zunächst:

$$\cos\varphi\sin a\,d\tau = dz - \cos a\,d\varphi + \cos q\,d\delta\,.$$

Bei ungeändertem δ fällt der hiervon abhängige Ausdruck fort, so daß

$$\text{(C)}\qquad d\tau = \frac{1}{\cos\varphi\sin a}dz - \frac{1}{\cos\varphi\,\mathrm{tg}\,a}d\varphi$$

wird. Hieraus ist ersichtlich, daß der Einfluß der Fehler dz bzw. $d\varphi$ auf den Stundenwinkel am geringsten ist, wenn die Nenner der Koeffizienten möglichst groß werden, und das ist dann der Fall, wenn das Azimut a nahe an $90°$ gewählt wird. Da

$$\mathrm{tg}\,90° = \infty\,,$$

verschwindet sogar der Einfluß eines Polhöhenfehlers im Ost-West-Vertikal ganz, so daß man in dieser Lage mit ganz rohen Annahmen von φ auskommt. Selbst in einem Azimut, das um 10° vom Ost- bzw. Westpunkte abweicht, wird in unseren Breiten ($\varphi = 50°$)

$$\frac{1}{\cos\varphi \operatorname{tg} a} = \frac{1}{0.6 \cdot 5.7} = 0.3\,,$$

d. h. ein Fehler $d\varphi$ geht dann nur noch mit kaum $^1/_3$ seines Betrages in das Resultat ein. Nimmt man also den möglichen Breitenfehler

$$d\varphi = 3'$$

an, so wird hierdurch τ in unseren Breiten nur um $1' = 4^s$ verfälscht. Aus dem Ausdruck ist auch ersichtlich, daß die Verhältnisse in der Nähe des Äquators, wo $\cos\varphi$ nahezu $= 1$ wird, sich günstiger gestalten als in höheren Breiten, wo die Methode, wie schon die bloße Anschauung lehrt, zuletzt in der Nähe der Pole ganz versagt.

Der Koeffizient

$$\frac{1}{\cos\varphi \sin a}$$

von dz erreicht, wie man sich leicht überzeugt, nirgends den Wert Null. Der Ausdruck kann günstigstenfalls am Äquator ($\varphi = 0°$) und bei strenger Innehaltung des Ost-West-Vertikals ($a = 90°$) gleich 1 werden, d. h. ein Fehler in der Zenitdistanz wird in der Regel mit einem vergrößernden Faktor in den Stundenwinkel eingehen. Selbst wenn es gelingt, den genannten Vertikal bis auf $\pm 10°$ innezuhalten, so wird doch wieder in unseren Breiten

$$\frac{1}{\cos\varphi \sin a} = \frac{1}{0.6 \cdot 1.0} = 1.67\,,$$

mit anderen Worten, der Zenitdistanzfehler geht bei uns günstigstenfalls mit dem $1^2/_3$ fachen Betrage in das Ergebnis ein. Ein Sextant oder ein Universal, die vertikale Winkel bis auf $\pm 1'$ abzulesen gestatten, ermöglichen somit durch Benutzung einer Einzelmessung bei uns im günstigsten Falle Zeitbestimmungen bis auf $\pm 7^s$; die vorliegende Methode liefert also selbst bei einer einzelnen Zenitdistanzmessung bis auf $\pm 10''$ noch nicht die volle Sekunde.

Was die Ausführung der Messungen anbetrifft, so bedarf es hierzu nach dem Vorangehenden kaum einer besonderen Anleitung. Um möglichst alle zufälligen und systematischen Fehler zu vermeiden, benutze man zwei Sterne, einen im Osten und einen im Westen und beobachte jeden von ihnen mehrere Male in beiden Lagen des Instruments. Man erhält dann etwa das folgende Beobachtungsschema:

∗ Ost	Uhrablesg.	Höhenkr.	∗ West	Uhrablesg.	Höhenkr.
Kreis links	ϑ_1'	z_1'	Kreis links	ϑ_1'	z_1'
	ϑ_2'	z_2'		ϑ_2'	z_2'
	ϑ_3'	z_3'		ϑ_3'	z_3'
	.	.		.	.
	.	.		.	.
Kreis rechts	ϑ_1''	$360° - z_1''$	Kreis rechts	ϑ_1''	$360° - z_1''$
	ϑ_2''	$360° - z_2''$		ϑ_2''	$360° - z_2''$
	ϑ_3''	$360° - z_3''$		ϑ_3''	$360° - z_3''$
	.	.		.	.
	.	.		.	.

Verwendet man zur Berechnung die Formel

$$\cos\tau = \frac{\cos z}{\cos\varphi \cos\delta} - \operatorname{tg}\varphi \operatorname{tg}\delta\,,$$

die man in die Form

$$\cos\tau = A\cos z - B$$

kleiden kann, so erfordert bei der Unveränderlichkeit von A und B die Reduktion jeder weiteren Beobachtung ein und desselben Gestirns nur sehr geringen Arbeitsaufwand.

In dem Beispiel 9 des Anhangs ist neben der direkten Auflösung (Beispiel 8) noch eine differentielle Reduktion der Einzelmessungen angegeben. Da nämlich die Rechnungen für alle Reihen mit einem unveränderlichen Wert φ durchgeführt werden, so ist $d\varphi = 0$. Der Ausdruck (C) lautet somit:

$$d\tau = \frac{1}{\cos\varphi \sin a}\, dz$$

oder, da im Poldreieck nach (4) die Beziehung

$$\sin a = \frac{\cos\delta \sin\tau}{\sin z}$$

besteht, so wird

(D) $$\boldsymbol{d\tau = \frac{\sin z}{\cos\varphi \cos\delta \sin\tau}\, dz}\,,$$

wobei der Koeffizient von dz für jede zusammenhängende Messungsreihe als konstant angenommen werden kann. Die Änderung des Stundenwinkels zwischen den einzelnen Beobachtungen ergibt sich dann unmittelbar durch Multiplikation der Zenitdistanzänderung mit einem konstanten Faktor.

Ist der Stundenwinkel $\tau > 90°$, so wird $\cos\tau$ negativ. Man hat dann, da

$$-\cos\tau = \sin(\tau - 90°)$$

ist, in der Logarithmentafel an Stelle von τ den Wert von $\tau - 90°$ aus der Reihe der sin-Funktionen zu entnehmen.

Ist die Sonne beobachtet, so muß für jeden Moment die Deklination des eingestellten Randpunktes aus den Angaben des Jahrbuchs bestimmt werden. Für die Reduktion empfiehlt sich hier die Anwendung der vorhin abgeleiteten tg-Formel (B), umsomehr, als man bei Sonnenbeobachtungen vielfach gezwungen sein wird, merklich vom Ost-West-Vertikal abzuweichen und sich dem Meridian bis auf 2^h oder 3^h zu nähern, also bis zu Stundenwinkeln, die mit Hilfe des Kosinus sich nicht mehr genau genug ermitteln lassen. Das resultierende τ stellt bei der Sonne wieder den wahren Stundenwinkel dar. Wurde also nach einer Uhr beobachtet, die für M. Z. reguliert war (U'), so wird die richtige Zeit durch eine der Gleichungen:

$$U = 12^h + \text{Zeitgleichung} + \tau \qquad \text{(Nachmittagsbeobachtung)},$$

$$U = 12^h + \text{Zeitgleichung} - \tau \qquad \text{(Vormittagsbeobachtung)}$$

gegeben, wobei aus Rücksicht auf die bürgerliche Zeitrechnung für den wahren Mittag nicht 0^h, sondern 12^h angenommen ist. Wie bei den genäherten Zeitbestimmungen ergibt sich auch hier die Uhrkorrektion aus

$$\Delta U = U - U'.$$

Eine für die Kalenderrechnung wichtige Form erhalten die Bestimmungsgleichungen für τ, wenn man $z = 90°$ setzt. Das aus

$$\cos\tau_0 = -\operatorname{tg}\varphi \operatorname{tg}\delta$$

folgende τ_0 stellt dann den Stundenwinkel für das Erscheinen und Verschwinden des Gestirns am Horizonte dar. Bei bekannter Kulminationszeit ergibt somit die letzte Gleichung die Auf- und Untergangszeit eines Sterns, allerdings zunächst ohne Berücksichtigung der Strahlenbrechung. Wünscht man letztere mitzunehmen, so ist $z = 90°.6$ (vgl. S. 98) zu setzen und τ_0 aus

$$\cos\tau_0 = -\frac{\sin 0°.6}{\cos\varphi \cos\delta} - \operatorname{tg}\varphi \operatorname{tg}\delta$$

streng zu berechnen.

Bei Fixsternen und Planeten ist dann

$$\vartheta_0 = \alpha - \tau_0 \quad \text{die Sternzeit des Aufganges,}$$

$$\vartheta_0 = \alpha + \tau_0 \quad \text{die Sternzeit des Unterganges;}$$

dagegen bei der Sonne

$U_0 = 12^h + \text{Zeitgl.} - \tau_0$ die mittlere Zeit des Aufganges des Sonnenmittelpunktes,

$U_0 = 12^h + \text{Zeitgl.} + \tau_0$ die mittlere Zeit des Unterganges des Sonnenmittelpunktes.

Die Formel für die Sterne gilt auch für den Mond, doch beeinflußt hier die Parallaxe und die beträchtliche Eigenbewegung das Resultat so merklich, daß genauere Auf- und Untergangstermine des Erdtrabanten nur bei strenger Berücksichtigung dieser Faktoren zu erzielen sind.

§ 19. Ermittelung des Uhrstandes aus korrespondierenden Zenitdistanzen.

In dem Kapitel über genäherte Zeitbestimmungen ist bereits auf die Ausnutzung gleicher Zenitdistanzen vor und nach der Kulmination zur Bestimmung der Durchgangszeit eines Gestirns durch den Meridian und damit zur Ableitung der Uhrkorrektion hingewiesen worden. Die daselbst (S. 92) mitgeteilte Formel

$$\Delta\vartheta = \alpha - \vartheta',$$

wo

$$\vartheta' = \frac{\vartheta_o + \vartheta_w}{2}$$

das arithmetische Mittel der zu den gleichen Zenitabständen gehörenden Uhrablesungen darstellt, ist völlig streng, kann also unter der Voraussetzung, daß ϑ_o und ϑ_w gehörig weit auseinanderliegen, ohne weiteres auch für genaue Zeitbestimmungen verwendet werden. Hier soll nur noch gezeigt werden, in welcher Weise die Methode in strengerer Form auch auf die Sonne, die in der Zwischenzeit ihre Deklination geändert hat, ausgedehnt werden kann.

Um den Einfluß der Deklinationsänderung auf den Stundenwinkel zu ermitteln, gehe man wieder von der Differentialformel (S. 101)

$$\cos\varphi \sin a \, d\tau = dz - \cos a \, d\varphi + \cos q \, d\delta$$

aus. Bei unverändertem z und φ erhält man

$$d\tau = \frac{\cos q}{\cos\varphi \sin a} d\delta .$$

Multipliziert man Zähler und Nenner mit $\sin z$ und wandelt darauf den ersteren nach dem dritten Hauptsatz (5) um, so wird

$$d\tau = \frac{\sin\varphi \cos\delta - \cos\varphi \sin\delta \cos\tau}{\sin z \cos\varphi \sin a} d\delta$$

oder, da im sphärischen Dreieck

$$\sin z \sin a = \cos\delta \sin\tau$$

ist,

$$d\tau = \left(\frac{\operatorname{tg}\varphi}{\sin\tau} - \frac{\operatorname{tg}\delta}{\operatorname{tg}\tau}\right) d\delta .$$

Wünscht man $d\tau$ in Zeitsekunden zu erhalten, während $d\delta$ für die Zeit $U_w - U_o$ in Bogensekunden einem Jahrbuch entnommen ist, so wäre zu setzen:

$$d\tau^s = \frac{1}{15}\left(\frac{\operatorname{tg}\varphi}{\sin\tau} - \frac{\operatorname{tg}\delta}{\operatorname{tg}\tau}\right) d\delta .$$

Ist U' wieder die gesuchte Uhrzeit der Sonnenkulmination, aber verbessert für die Deklinationsänderung $d\delta$, so ist offenbar diese Zeit definiert durch die beiden Gleichungen:

$$U' = U_o + \tau ,$$
$$U' = U_w - (\tau + d\tau) .$$

Somit ist

$$U' = \frac{U_o + U_w}{2} - \frac{d\tau}{2}$$

oder in der definitiven Form:

$$U' = \frac{U_o + U_w}{2} - \frac{1}{30}\left(\frac{\operatorname{tg}\varphi}{\sin\tau} - \frac{\operatorname{tg}\delta}{\operatorname{tg}\tau}\right) d\delta .$$

Die Uhrkorrektion ΔU ist dann gegeben durch

$$\Delta U = 12^h + \text{Zeitgleichung} - U' .$$

Die Methode der gleichen Höhen wird besonders zur See häufiger angewendet. In jedem größeren nautischen Tafelwerk findet man daher zur Vermeidung jeglicher Berechnung den Klammerausdruck

$$\left(\frac{\operatorname{tg}\varphi}{\sin\tau} - \frac{\operatorname{tg}\delta}{\operatorname{tg}\tau}\right)$$

tabuliert vor, so daß die Reduktion der Beobachtungen nach der Methode fast gar keine Rechnung erfordert, zumal angesichts der Symmetrie der Gestirnslage alle Korrektionen (Refraktion, Sonnenhalbmesser, Parallaxe) in Fortfall kommen. Bezüglich der Strahlenbrechung gilt das letztere nur insofern, als eine Vernachlässigung der Thermometer- und Barometeränderung statthaft erscheint. Da das Temperaturmaximum auf dem Lande nicht um die Mittagszeit, sondern erst gegen 2^h nachmittags eintritt, ist jedenfalls eine Symmetrie der Wärmekurve zum Meridiandurchgang der Sonne nicht ohne weiteres zu erwarten.

Selbstverständlich wird man sich bei den Beobachtungen nicht mit je einer korrespondierenden Zenitdistanz begnügen, sondern das Instrument — der Sextant eignet sich hierzu am besten — nach einer rohen Orientierungsmessung auf volle Noniusteile, also z. B. auf

$$\left.\begin{array}{l} n^\circ \\ n^\circ - 10' \\ n^\circ - 20' \end{array}\right\}\begin{array}{l}\text{vor der} \\ \text{Kulmination}\end{array}\qquad \left.\begin{array}{l} n^\circ - 20' \\ n^\circ - 10' \\ n^\circ \end{array}\right\}\begin{array}{l}\text{nach der} \\ \text{Kulmination}\end{array}$$

einstellen und das Überschreiten der betr. Zenitdistanzen durch die Sonne abwarten. Je zwei korrespondierende Durchgänge eines Sonnenrandes durch die eingestellte Höhenlage ergeben dann je einen Moment für die Uhrzeit der Sonnenkulmination am Beobachtungsorte und müssen nach Berücksichtigung der vorhin abgeleiteten Korrektion untereinander übereinstimmen.

§ 20. Bestimmung des Uhrstandes mit Hilfe des Passageninstruments.

Auf die zuweilen nicht ausreichende Genauigkeit der Zeitbestimmung aus direkten Zenitdistanzmessungen ist bereits aufmerksam gemacht worden. Im Grunde genommen liegen die Nachteile der Methode darin, daß der Zeitmoment des Sternantritts an den horizontalen Faden bei dem mehr oder weniger schrägen Durchgang des Gestirns sich nicht sicher genug erfassen läßt, sowie ferner darin, daß die korrekte Zeit der gemessenen Sternlage auf dem Umwege über die Zenitdistanzmessung berechnet werden muß, der erst recht eine größere Anzahl von Fehlerquellen anhaftet.

Die Schattenseiten der bisher besprochenen Zeitbestimmungsmethoden fallen nun sämtlich fort, wenn man die Uhrkorrektion aus Sternkulminationen mit Hilfe des Durchgangsinstruments bestimmt. Beim Überschreiten der Mittagslinie kreuzen die Sterne in allen Deklinationen und in allen Breiten die vertikalen Fäden des Gesichtsfeldes unter einem rechten Winkel, die Schärfe der Beobachtung hängt also lediglich von der Geschwindigkeit ab, mit der die eingestellten Objekte je nach ihrem Äquatorabstand die Fäden überschreiten. Zur völligen Ausnutzung des Instruments ist es allerdings notwendig, die Fehler der Neigung, der Kollimation und des Azimutes, also die Größen i, c, k des öfteren zu bestimmen und zu berücksichtigen, wofür in § 12, bei der Beschreibung des Instruments die notwendigen Weisungen erteilt worden sind.

An dieser Stelle sei nur daran erinnert, daß die für ein völlig fehlerfrei gebautes und genau im Meridian stehendes Instrument gültige Uhrkorrektionsformel

$$\varDelta\vartheta = \alpha - \vartheta'$$

bei Berücksichtigung des Neigungs-, Kollimations- und Azimutfehlers die Form annimmt:

$$\Delta\vartheta = \alpha - [\vartheta' + iJ + kK \pm cC] \qquad \left(\text{ob. Kulmination, Kreis } \frac{\text{West}}{\text{Ost}}\right),$$

$$\Delta\vartheta = \alpha + 12^h - [\vartheta' + iJ + kK \mp cC] \left(\text{unt. \quad » \quad » } \frac{\text{West}}{\text{Ost}}\right),$$

wo die Koeffizienten J, K, C durch

$$\left.\begin{aligned} J &= \frac{\cos(\varphi-\delta)}{\cos\delta} \\ K &= \frac{\sin(\varphi-\delta)}{\cos\delta} \\ C &= \sec\delta \end{aligned}\right\} \text{obere Kulmination} \qquad \left.\begin{aligned} J &= \frac{\cos(\varphi+\delta)}{\cos\delta} \\ K &= \frac{\sin(\varphi+\delta)}{\cos\delta} \\ C &= \sec\delta \end{aligned}\right\} \text{untere Kulmination}$$

definiert sind und am zweckmäßigsten unmittelbar einer Tafelsammlung entnommen werden. Die Instrumentalfehler selbst, also das Azimut k der Visierrichtung, die Neigung i der horizontalen Drehungsachse und der Zielachsen- oder Kollimationsfehler c, werden in der Weise bestimmt, daß zunächst die Neigung mit Hilfe des Achsenniveaus ermittelt wird (positiv, wenn das Westende der Achse zu hoch liegt). Ein polnaher Stern, am besten der Polarstern selbst, während dessen Durchgangs man das Instrument umlegt, ergibt dann zwei Kulminationszeiten für den Mittelfaden ϑ_o' und ϑ_w', deren Kombination zu

$$c = \pm \frac{\vartheta_o' - \vartheta_w'}{2} \cos\delta \quad \left(\frac{\text{obere}}{\text{untere}} \text{ Kulmination}\right)$$

den Kollimationsfehler bestimmt (positiv, wenn beim Anvisieren des Gestirns der Winkel: Gestirn—Fernrohrmitte—westliches Achsenende $> 90°$ ist). Der Azimutfehler k ist schließlich nach

$$k = \frac{\Delta\vartheta_p - \Delta\vartheta_a}{K_p - K_a}$$

durch Verbindung der aus einem oder mehreren Polsternen folgenden Uhrkorrektion $\Delta\vartheta_p$ mit dem entsprechenden für die Äquatorgegend gültigen Wert $\Delta\vartheta_a$ nebst den zugehörigen Azimutkoeffizienten K_p und K_a zu berechnen.

Bei fest und sicher aufgestellten Durchgangsinstrumenten bleiben erfahrungsgemäß die Fehler k und c, insbesondere der letztere, längere Zeit konstant, so daß bei fortlaufenden Arbeiten nur i jedesmal am Horizontalniveau abzulesen, die Fehler c und k dagegen nur in bestimmten Zeitintervallen neu zu ermitteln wären. Kommt es weniger auf eine völlige Ausnutzung des Instruments als auf eine rasche Erledigung der Zeitbestimmungen an, so ist es ratsam, die mangelhafte Kollimation durch Beobachtung von zwei Sterngruppen in beiden Achsenlagen zu eliminieren und die Unveränderlichkeit der Azimutkonstante k lediglich durch Einstellung einer Fernmire zu kontrollieren. Auf die jedesmalige Ablesung der Neigung am Niveau wird man selbstverständlich nicht verzichten.

Eine vollständige Zeitbestimmung setzt sich jedenfalls, wie aus dem Obigen ersichtlich, nicht aus einer Reihe beliebiger Sterndurchgänge zusammen. Da die Uhrkorrektion desto genauer ausfällt, je rascher die Sterne den Meridian passieren, so muß die Beobachtung einiger Sterne in der Nähe des Himmelsäquators (δ etwa zwischen $+20°$ und $-20°$) stets den Grundstock einer jeden Zeitbestimmung bilden. Zur Ermittelung des Azimutfehlers k ist die Beobachtung mindestens eines Polsterns erforderlich und zur Bestimmung des Kollimationsfehlers eine Polsternbeobachtung in beiden Achsenlagen. Da k auf Durchgänge von zenitnahen Objekten keinen merklichen Einfluß hat (der Koeffizient K wird im Zenit selbst Null), empfiehlt es sich, zur Kontrolle des Resultates noch den Durchgang von ein oder zwei Sternen, deren Deklination nahe gleich φ ist, zu beobachten. Das mitgeteilte Beispiel (Anhang I, Beisp. 10) veranschaulicht im übrigen alle bei kleinen Durchgangsinstrumenten vorkommenden Beobachtungs- und Reduktionsvorschriften besser als eine umständliche Beschreibung.

§ 21. Bestimmung der Polhöhe aus Zenitdistanzmessungen von Südsternen.

Die Breite oder Polhöhe ist die einzige geographische Koordinate, die unmittelbar aus dem Poldreieck berechnet werden kann. Sind nämlich wieder α und δ die scheinbaren Koordinaten eines Gestirns G, dessen Zenitdistanz z zur korrekten Sternzeit ϑ gemessen worden ist, so hat man, da der Stundenwinkel τ durch eine der beiden Gleichungen:

$$\tau = \alpha - \vartheta \quad (* \text{ östlich vom Meridian}),$$

$$\tau = \vartheta - \alpha \quad (* \text{ westlich vom Meridian})$$

definiert ist, zur Berechnung von φ in dem erwähnten Dreieck die Stücke z, δ und τ zur Verfügung.

Die Anwendung eines der drei Hauptsätze der sphärischen Trigonometrie auf die Seite $90° - \varphi$ ist dabei nicht zweckmäßig, da der gegenüberliegende Winkel q unbekannt ist. Man muß daher, wie bei der Auflösung der gleichartigen Zeitbestimmungsaufgabe, zunächst von der gemessenen Zenitdistanz z ausgehen, die mit φ, δ und τ durch die mehrfach zitierte Formel

$$\cos z = \sin\varphi \sin\delta + \cos\varphi \cos\delta \cos\tau$$

zusammenhängt.

Zur bequemeren Umformung fälle man (Fig. 43) das Perpendikel $GL = N$ von dem Gestirn aus auf den Meridian und bezeichne den Äquatorabstand oder die Deklination von L mit M. Sie Seite PL des rechtwinkligen Dreiecks PGL wird dann $90° - M$ und man erhält durch Anwendung der Sätze (3) und (5) auf die Seite PG für die Hilfsgrößen N und M die Bestimmungsgleichungen

$$\cos N \sin M = \sin \delta,$$
$$\cos N \cos M = \cos \delta \cos \tau.$$

Setzt man diese beiden Ausdrücke in die Gleichung für $\cos z$ ein oder, was dasselbe bedeutet, drückt man jetzt in dem Hilfsdreieck ZGL die Funktion $\cos z$ durch die Seiten N und $\varphi - M$ aus, so erhält man

$$\cos z = \cos N \cos(\varphi - M)$$

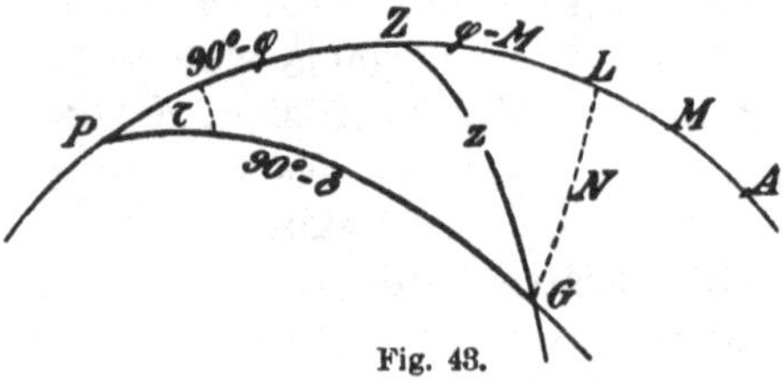

Fig. 43.

oder, nach Eliminierung von $\cos N$,

$$\cos z = \frac{\sin \delta \cos(\varphi - M)}{\sin M},$$

d. h.

$$\cos(\varphi - M) = \frac{\cos z \sin M}{\sin \delta}, \tag{B}$$

wobei M durch

$$\operatorname{tg} M = \frac{\operatorname{tg} \delta}{\cos \tau} \tag{A}$$

definiert ist. Die Endgleichung (B) ergibt $\varphi - M$ und nach Addition des Hilfswinkels M unmittelbar die Polhöhe.

Auch ohne Benutzung eines Hilfsdreiecks gelangt man rein analytisch zu demselben Ausdruck für φ, wenn man nach (7) für die beiden bekannten, auf der rechten Seite der Gleichung für $\cos z$ stehenden Größen $\sin \delta$ und $\cos \delta \cos \tau$

$$x = \sin \delta \qquad = n \sin M,$$
$$y = \cos \delta \cos \tau = n \cos M$$

einsetzt. Dann wird

$$\cos z = n (\sin \varphi \sin M + \cos \varphi \cos M),$$
$$\cos z = n \cos(\varphi - M),$$

d. h. wieder

$$\cos(\varphi - M) = \frac{\cos z \sin M}{\sin \delta}.$$

Diese Formel gilt, wie man sich leicht überzeugt, zunächst nur für Südsterne. Ist ein Objekt in der Nähe der nördlichen Meridianhälfte beobachtet, so tritt an Stelle von $(\varphi - M)$ der Winkel $(M - \varphi)$, man erhält also allgemein:

(B)
$$\cos(\varphi - M) = \frac{\cos z \sin M}{\sin \delta} \quad \text{(Stern südlich vom Zenit)},$$
$$\cos(M - \varphi) = \frac{\cos z \sin M}{\sin \delta} \quad \text{(Stern nördlich vom Zenit)}.$$

Zur Aufsuchung der günstigsten Beobachtungsbedingungen möge in dem Poldreieck nach (11) wieder die Differentialformel

$$\cos\varphi \sin a \, d\tau = dz - \cos a \, d\varphi + \cos q \, d\delta$$

herangezogen werden. Da bei Fixsternen δ konstant, $d\delta$ also wieder $= 0$ ist, und ein Fehler in φ untersucht werden soll, so kann man den Ausdruck schreiben:

(C)
$$d\varphi = \sec a \, dz - \cos\varphi \operatorname{tg} a \, d\tau .$$

Hieraus ersieht man zunächst, daß der Einfluß eines Fehlers in der Zenitdistanzmessung am kleinsten ist, wenn $\sec a$ den kleinsten Wert erreicht, d. h. $= 1$ wird, mit anderen Worten, wenn die Messungen möglichst in kleinen Azimuten, d. h. in der Nähe des Meridians vorgenommen sind. Ähnliches gilt für den Fehler $d\tau$ im Stundenwinkel oder in der Uhrangabe, der die Breite proportional $\operatorname{tg} a$ verfälscht, somit gleichfalls in der Meridiangegend auf das Polhöhenresultat am wenigsten einwirkt.

Daß auch die Auswahl der Sterne für die Methode nicht ganz willkürlich ist, zeigt die Endgleichung (B) selbst. Um $\varphi - M$ aus der cos-Funktion möglichst genau zu ermitteln, muß man danach streben, den Winkel möglichst groß zu erhalten. Da die geographische Breite φ des Beobachtungsortes eine unveränderliche Größe darstellt, so läßt sich die Bedingung nur in der Weise erfüllen, daß man M möglichst klein, womöglich negativ wählt. Nun ist, wie aus Fig. 43 und der Gleichung (A) unmittelbar folgt, in kleinen Stundenwinkeln M von derselben Größenordnung, wie die Deklination des Gestirns; die günstigsten Resultate wird man somit in unseren Breiten dann erzielen, wenn man für die Methode Sterne mit negativer (südlicher) Deklination um die Zeit ihrer oberen Kulmination verwertet.

Für die Beurteilung des Resultates ist es von Wichtigkeit, daß ein Fehler dz, wie die Differentialformel zeigt, mindestens voll in das Resultat eingeht. Der Faktor $\sec a$ weicht dabei allerdings erst in größeren Azimuten von der Einheit ab. Ist beispielsweise die Beobachtung eine volle Stunde vor oder nach der Kulmination des Sterns, also etwa in 15° Azimutabstand vom Südpunkte ausgeführt, so wird

$$\sec a = 1.035 .$$

Der Faktor des Zeitfehlers $d\tau$ würde in $+50°$ Breite unter denselben Umständen

$$\cos\varphi \operatorname{tg} a = 0.172$$

betragen, also erst bei einem Zeitfehler von 4^s einen Breitenfehler von etwa 10″ verursachen. Es folgt hieraus, daß man in dem erwähnten Abstande vom Meridian noch zuverlässige Resultate erhält, auch wenn die Zeit nur innerhalb einiger Sekunden gesichert ist. Je geringer der Verlaß auf die Uhr ist, in desto größerer Nähe des Meridians muß man somit die Zenitdistanzmessungen, die die Polhöhe ergeben sollen, ausführen, während für die Zeitbestimmungen gerade umgekehrt eine große Entfernung vom Meridian, also die Nähe des Ost-West-Vertikals, als die am meisten erstrebenswerte Lage hervorzuheben war.

§ 22. Ermittelung der Polhöhe aus Zenitdistanzen des Polarsterns.

Schon die Identität zwischen der geographischen Breite und der Polhöhe eines Ortes führt auf den Gedanken, diesen Winkel direkt am Himmel zu messen. Stünde beispielsweise der Polarstern (α Ursae min.) genau am nördlichen Himmelspol, so würde jede Zenitdistanzmessung desselben unmittelbar den Winkel $90° - \varphi$ und damit die Breite φ selbst ergeben. Nun ist der Abstand des Polarsterns vom nördlichen Drehungspunkt der Himmelsachse zwar nicht Null, aber doch so klein, daß bei oberflächlicher Beobachtung der Stern an der Sphäre stillzustehen scheint. Außer durch direkte Messung wird der kleine Kreis, den er um den Himmelspol beschreibt, sofort bemerkbar, wenn man in einer klaren Nacht einen photographischen Apparat schräg gegen den Nordhimmel richtet und die Gegend auf einer lichtempfindlichen Platte einige Stunden exponiert. Man erhält dann auf der Photographie eine Reihe von Sternspuren, die um den Himmelspol konzentrisch verlaufen, und deren innerste dem Polarstern selbst angehört, wenn nicht die Lichtstärke des Objektivs einige teleskopische Sterne in noch größerer Polnähe abgebildet hat.

Da infolge der Präzession der Tagundnachtgleichen die beiden Polpunkte am Himmel ihre Lage unter den Sternen nicht unverändert beibehalten, sondern sich mit der Zeit verschieben, so lassen sich zwei solche Aufnahmen, die zeitlich um mehrere Jahrzehnte auseinanderliegen, nicht absolut zur Deckung bringen. Gegenwärtig beträgt der Abstand des Polarsterns vom Pol 1°.2 und wird bis zum Jahre 2100 noch weiter bis 0°.4 abnehmen, von welchem Termin an die Entfernung wieder zunehmen wird. Wünscht man also den Polarstern zu Polhöhenbestimmungen zu verwenden, so hat man jedenfalls an die direkten Messungen noch eine Verbesserung anzubringen, die offenbar nicht nur von der jeweiligen, durch die Sternzeit gegebenen Drehungsphase des Sterns gegenüber dem Pol, sondern auch von seinem Polabstand abhängen wird.

Die im vorangehenden Paragraphen für nördlich vom Zenit kulminierende Sterne abgeleiteten Formeln

(A) $$\operatorname{tg} M = \frac{\operatorname{tg}\delta}{\cos\tau},$$

(B) $$\cos(M - \varphi) = \frac{\cos z \sin M}{\sin\delta}$$

sind selbstverständlich allgemeingültig, doch gestattet die geringe Poldistanz des Polarsterns noch eine spezielle Behandlung der Aufgabe.

Es wird somit ein Korrektionsausdruck x so zu bestimmen sein, daß die für den Polpunkt gültige Breitenformel

$$\varphi = 90° - z$$

übergeht in

$$\varphi = 90° - z + x.$$

Führt man noch an Stelle von δ die Poldistanz

$$\pi = 90° - \delta$$

ein, so nimmt die Gleichung für $\cos z$, von der auch jetzt wieder ausgegangen wird, die Form an:

$$\cos z = \cos(90 - \varphi + x) = \sin(\varphi - x) = \sin\varphi\cos\pi + \cos\varphi\sin\pi\cos\tau,$$

d. h. nach (8)

$$\sin\varphi\cos x - \cos\varphi\sin x = \sin\varphi\cos\pi + \cos\varphi\sin\pi\cos\tau.$$

Dividiert man links und rechts durch $\cos\varphi$, so wird

$$\sin x = -\sin\pi\cos\tau - \operatorname{tg}\varphi(\cos\pi - \cos x).$$

Diese Gleichung könnte bereits in der Weise aufgelöst werden, daß man zunächst x aus dem Hauptausdruck

$$\sin x = -\sin\pi\cos\tau$$

berechnet, den Kosinus des abgeleiteten Winkels in die Klammer einsetzt und dann x durch Mitnahme des zweiten Summanden unter Voraussetzung eines genäherten Wertes für φ strenger berechnet. Indessen erhält man für x einen wesentlich einfacheren Ausdruck, wenn man die Größen $\sin x$ und $\sin\pi$ sowie $\cos x$ und $\cos\pi$ nach (15) in eine Reihe nach Potenzen von x bzw. π in der Form:

$$\sin\pi = \pi\sin 1'' - \frac{\pi^3}{1\cdot2\cdot3}\sin^3 1'' + \frac{\pi^5}{1\cdot2\cdot3\cdot4\cdot5}\sin^5 1'' - \ldots,$$

$$\cos\pi = 1 - \frac{\pi^2}{2}\sin^2 1'' + \frac{\pi^4}{1\cdot2\cdot3\cdot4}\sin^4 1'' - \ldots$$

entwickelt und berücksichtigt, daß bei der Kleinheit von π und x, die im Maximum 1°.2 werden können, es genügt, wenn nach (13)

$$\sin\pi = \pi \sin 1'', \qquad \sin x = x \sin 1'',$$

$$\cos\pi = 1 - \frac{\pi^2}{2} \sin^2 1'', \qquad \cos x = 1 - \frac{x^2}{2} \sin^2 1''$$

gesetzt wird. Man erhält dann

$$x \sin 1'' = -\pi \cos\tau \sin 1'' + \tfrac{1}{2} \operatorname{tg}\varphi (\pi^2 - x^2) \sin^2 1'',$$

$$x = -\pi \cos\tau + \tfrac{1}{2} \operatorname{tg}\varphi (\pi^2 - x^2) \sin 1''.$$

Die rechte Seite der Gleichung enthält auch jetzt noch zwei Unbekannte, φ und x, für die jedoch die Näherungswerte

$$(x) = -\pi \cos\tau,$$

$$(\varphi) = 90° - z$$

genügen, falls φ nicht anderweitig schon genauer bekannt oder aus $(\varphi) = 90° - z + (x)$ bestimmt ist. Es wird dann nach (9)

$$\pi^2 - x^2 = \pi^2 (1 - \cos^2\tau) = \pi^2 \sin^2\tau,$$

und die Gleichung für die gesuchte Breite lautet somit endgültig:

(A) $\quad (\varphi) = (90° - z) - \pi \cos\tau \quad$ (1. Näherung),

(B) $\quad \varphi = (90° - z) - \pi \cos\tau + \frac{1}{2} \pi^2 \sin 1'' \operatorname{tg}(\varphi) \sin^2\tau \quad$ (2. Näherung).

In allen astronomisch-nautischen Ephemeriden findet man zu dieser Reduktionsmethode einfache Tafeln mitgeteilt, die dem Beobachter die Berechnung der einzelnen Ausdrücke ersparen. Obwohl diese Tafeln nicht überall gleichartig angelegt sind, so beruhen sie doch durchweg auf der Überlegung, daß eine Tabulierung der an die Höhe

$$h = 90° - z$$

anzubringenden Korrektionen

$$\mathrm{I} = -\pi \cos\tau,$$

$$\mathrm{II} = +\tfrac{1}{2} \pi^2 \sin 1'' \operatorname{cotg} z \sin^2\tau$$

nur dann möglich ist, wenn man für die veränderlichen scheinbaren Koordinaten des Polarsterns zunächst konstante, etwa für die Jahresmitte gültige Werte annimmt, und die jeweilige Abweichung in Form einer Korrektion III berücksichtigt. Auf diese Weise wird Korrektion I allein von der Ortssternzeit, Korrektion II von der Ortssternzeit und von der gemessenen Zenitdistanz, Korrektion III schließlich von der Ortssternzeit und dem Datum der Beobachtung abhängig. Ähnlich eingerichtet, aber für längere Zeiträume gültig sind die Tabellen in den Albrechtschen Tafeln, die sogar nach dieser Methode eine Berechnung der Polhöhe bis auf Bruchteile einer Bogensekunde ermöglichen, da dabei noch weitere Glieder der Reihe für φ mitgenommen sind.

In der Nautik und bei Orientierungsmessungen, wo ein Fehler von 1′ im Resultat noch keine merkliche Rolle spielt, wird man sich mit der Reduktionsformel für die erste Näherung

$$\varphi = (90° - z) - \pi \cos \tau$$

meist begnügen können. Der Ausdruck setzt dann (s. Fig. 44) voraus, daß in dem sphärischen Dreieck: Zenit-Polarstern-Pol (ZGP) das durch das Lot GL gebildete rechtwinklige Dreieck PGL als eben betrachtet und $ZL = ZG$ gesetzt werden kann. In diesem Falle ist nämlich

$$ZP = ZG + LP,$$

$$90° - \varphi = z + \pi \cos \tau,$$

$$\varphi = (90° - z) - \pi \cos \tau.$$

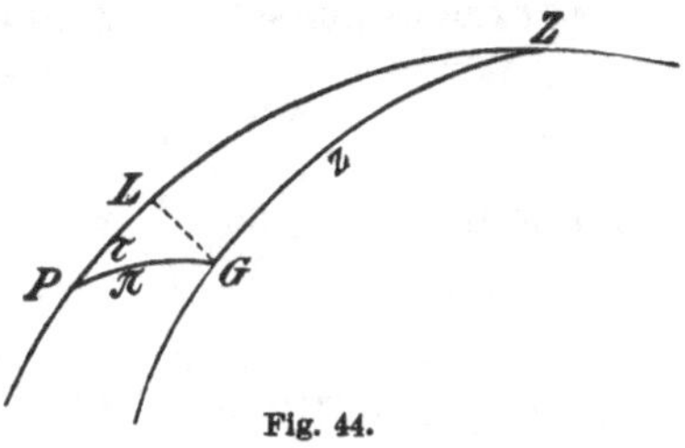

Fig. 44.

Erst bei Polhöhenwerten von 60° und darüber erreicht die Vernachlässigung der sphärischen Form des Dreiecks oder, was auf dasselbe hinauskommt, des Gliedes zweiter Ordnung in der Reihe zuweilen Beträge, die 1′ merklich übersteigen.

§ 23. Bestimmung der Polhöhe aus Zirkummeridianzenitdistanzen.

Die Ableitung der geographischen Breite aus Zenitdistanzen von südlichen Sternen, die sich unweit des Meridians befinden, ist im § 21 ausführlich behandelt worden. Liegen nun die Beobachtungen in besonders kleinen Stundenwinkeln, die nur wenige Minuten betragen, so ist es zweckmäßig, die Berechnung der Polhöhe aus den Einzelwerten nicht auf dem direkten Wege, sondern durch Reduktion der gemessenen Zenitdistanzen auf die Meridianzenitdistanz des betreffenden Sterns auszuführen.

Ist wieder z die einige Minuten vor bzw. nach dem Meridiandurchgange eines Gestirns gemessene Zenitdistanz, z_0 die Meridianzenitdistanz desselben, so ist also die Korrektion $z_0 - z$ abzuleiten, derart, daß sich die Polhöhe nach bekannten Beziehungen (vgl. S. 88ff.) aus

$$\varphi = \delta + z_0 = \delta + z + (z_0 - z)$$

(obere Kulmination, Stern südlich vom Zenit),

$$\varphi = \delta - z_0 = \delta - z - (z_0 - z)$$

(obere Kulmination, Stern nördlich vom Zenit)

ergibt.

Nun war aber

$$\cos z = \sin\varphi \sin\delta + \cos\varphi \cos\delta \cos\tau$$

oder, wenn man für $\cos\tau$ nach (9) den quadratischen Ausdruck einsetzt,

$$\cos z = \cos(\varphi - \delta) - 2 \cos\varphi \cos\delta \sin^2\frac{\tau}{2},$$

$$\cos z = \cos z_0 \qquad - 2 \cos\varphi \cos\delta \sin^2\frac{\tau}{2}.$$

Werden die Zenitdistanzen auf die linke Seite gebracht und Satz (10) berücksichtigt, so erhält man

$$\sin\frac{z_0 + z}{2} \sin\frac{z_0 - z}{2} = -\cos\varphi \cos\delta \sin^2\frac{\tau}{2}.$$

Ist nun τ klein, so ist es statthaft zu setzen

$$\frac{z_0 + z}{2} = z_0 = \varphi - \delta,$$

ferner nach (13) und (14)

$$\sin\frac{z_0 - z}{2} = \frac{z_0 - z}{2} \sin 1'',$$

$$\sin^2\frac{\tau}{2} = \frac{\tau^2}{4} \sin^2 1''.$$

Dementsprechend erhält die gesuchte Korrektion $z_0 - z$ nacheinander die Form:

$$\sin\frac{z_0 - z}{2} = -\frac{\cos\varphi \cos\delta \sin^2\frac{\tau}{2}}{\sin(\varphi - \delta)},$$

$$z_0 - z = -\frac{\tau^2}{2} \frac{\cos\varphi \cos\delta}{\sin(\varphi - \delta)} \sin 1'',$$

wobei τ in Bogensekunden angenommen ist. Hat man τ, wie es naheliegender ist, in Zeitminuten und deren Bruchteilen ausgedrückt, so wird

$$z_0 - z = -\frac{(15 \cdot 60)^2}{2} \frac{\cos\varphi \cos\delta}{\sin(\varphi - \delta)} \tau^2 \cdot \sin 1'',$$

d. h. schließlich

$$\boldsymbol{\varphi = \delta + z - 1''.9635 \frac{\cos\varphi \cos\delta}{\sin(\varphi - \delta)} \tau^2.}$$

Hieraus ist ohne weiteres ersichtlich, daß in der Nähe des Meridians die Zenitdistanzen sich proportional dem Quadrate des Stundenwinkels ändern.

Wie bei der Methode der Polarisbeobachtungen erfordert auch dieser spezielle Fall der Ortsbestimmung die Kenntnis eines genäherten Wertes von φ und eine Wiederholung der Rechnung, falls sich die erste Annahme als merklich fehlerhaft herausstellt. Im übrigen ist die Formel sehr vorteilhaft, da sie in unseren Breiten bei günstiger Auswahl der Sterne erst etwa 30^m vor und nach dem Meridiandurchgange Fehler erreicht, die $10''$ übersteigen und bei Stundenwinkeln unter 15^m als streng gelten kann. Ihre Anwendung wird bei Benutzung von Tafeln für τ^2 und für den Faktor

$$1''.9635 \frac{\cos\varphi \cos\delta}{\sin(\varphi - \delta)},$$

die man z. B. in den Sammlungen von Albrecht, Bidschof-Vital und Ambronn-Domke vorfindet, besonders einfach und bequem.

Wie früher, so ist auch jetzt darauf zu achten, daß der Einfluß eines Zeitfehlers $\Delta\tau$ auf das Resultat desto kleiner wird, je mehr sich der Nenner $\sin(\varphi - \delta)$ seinem Maximalwerte, d. h. der Einheit nähert, mit anderen Worten, wenn in unseren Breiten Sterne mit möglichst südlicher Deklination bei den Beobachtungen bevorzugt werden.

Daß die Methode auch auf die Sonne Anwendung finden kann, bedarf keiner besonderen Erwähnung. Zu beachten ist dabei nur, daß wegen der veränderlichen Sonnendeklination in die Gleichung

$$\varphi = \delta + z - 1''.9635 \frac{\cos\varphi \cos\delta}{\sin(\varphi - \delta)} \tau^2$$

für jede Zenitdistanz und für jeden Stundenwinkel der wahren Sonne die entsprechende, aus dem Jahrbuch interpolierte Deklination der Sonne einzusetzen ist. Der Faktor

$$1''.9635 \frac{\cos\varphi \cos\delta}{\sin(\varphi - \delta)}$$

kann dabei ohne weiteres mit einem mittleren Wert von δ berechnet oder den vorhin genannten Tafeln entnommen werden.

§ 24. Breitenbestimmung aus Beobachtungen gleicher Zenitdistanzen.

Wie die Methoden der Zeitbestimmung aus direkten Zenitdistanzmessungen, so haben auch die entsprechenden Breitenmethoden trotz des großen Vorzuges einer äußerst einfachen Reduktionsweise den schwerwiegenden Nachteil, daß sie im günstigsten Falle das Resultat um den vollen Betrag des Ablesefehlers verfälschen. Wohl gibt es große Universalinstrumente, sog. Altazimute, die Winkel bis zu einer Bogensekunde und darunter zu messen gestatten; die damit verbundenen vervollkommneten Visier- und Meßvorrichtungen machen dann aber zwecks Ausnutzung der vollen Leistungsfähigkeit dieser Instrumente eine feste Aufstellung derselben auf gemauerten Pfeilern unbedingt erforderlich. Jedenfalls handelt es sich dann nicht mehr um transportable Instrumente in gewöhnlichstem Sinne und schon aus diesem Grunde gehören sie nicht mehr in den Kreis dieser Betrachtungen, ganz abgesehen davon, daß die bisher eingeschlagene Fehlerbestimmung und -ausgleichung für Altazimute mit mikrometrischen Meßvorrichtungen noch eine beträchtliche Erweiterung erfahren müßte.

Verweilt man bei der bisher betrachteten Form eines Universals, so bleibt zur Erhöhung der Genauigkeit des Resultates der Messungen nur noch der gleiche Ausweg übrig, der bei den Zeitbestimmungen eingeschlagen wurde: ein vollständiges Aufgeben der unmittelbaren Kreisablesungen zugunsten der Zeitnotierungen — mit anderen Worten, eine Messung von Winkeln mit Hilfe der Uhr.

Daß man die Breite mit einem Passageninstrument ähnlich wie die Zeit ermitteln kann, mag nur nebenher erwähnt sein; baut man nämlich ein solches rechtwinklig zu der für Zeitbestimmungen günstigsten Lage, d. h. genau im Ost-West-Vertikal auf, so wird im Poldreieck PZG für jedes den mittleren Vertikalfaden des Fernrohrs passierende Gestirn G der Winkel bei $Z = 90°$. Die Anwendung des dritten sphärischen Hauptsatzes (5) auf die Zenitdistanz z ergibt dann

$$\cos\varphi \sin\delta - \sin\varphi \cos\delta \cos\tau = 0$$

oder

$$\operatorname{tg}\varphi = \frac{\operatorname{tg}\delta}{\cos\tau},$$

mithin eine direkte Abhängigkeit der Polhöhe von der Sterndeklination und dem Zeitmoment des Vertikaldurchgangs. So einfach das Verfahren in der Theorie auch ist, so erfordert es in der Praxis wieder die Berücksichtigung aller Instrumentalfehler auf die nunmehr schräg durch das Gesichtsfeld verlaufenden Sterndurchgänge. Außer bei ständigen Polhöhenbeobachtungen auf Sternwarten in höheren Breiten hat diese Methode für transportable Instrumente auch keine allgemeinere Bedeutung erlangt.

Wesentlich häufiger werden heute sorgfältige Aufzeichnungen von Zeitmomenten zu Breitenbestimmungen dann verwertet, wenn es sich darum handelt, φ aus zwei oder mehreren genau gleichen Zenitdistanzen ein und desselben oder verschiedener Himmelsobjekte abzuleiten. Die Resultate, die mit dieser Beobachtungsweise erzielt werden, übertreffen tatsächlich die aus Zenitdistanzmessungen erhaltenen Werte der Polhöhe und — da die Methode ebensogut für Zeitbestimmungen verwertet werden kann — auch der Zeit beträchtlich an Genauigkeit. Dabei hat das benutzte Instrument nur die eine Forderung zu erfüllen: der Winkel zwischen der Zenit- und der Visierrichtung muß für beide Sterne absolut gleich sein.

Ein gewöhnliches, in der üblichen Weise aufgestelltes Universalinstrument wird auch nach sorgsamster Nivellierung bei der horizontalen Drehung die gestellte Bedingung kaum je völlig erfüllen, und selbst wenn es der Fall sein sollte, fehlt dem Beobachter ein Nachweis für die Unveränderlichkeit der Höhe der Visierlinie, ohne die natürlich auch die Resultate unkontrollierbar werden. Ein Universalinstrument wird somit erst dann für die Methode der gleichen Zenitdistanzen brauchbar, wenn ihm eine Vorrichtung beigegeben wird, die jede, auch die geringste Änderung der Blickrichtung dem Beobachter nach Größe und Richtung sofort anzeigt. Eine derartige, ebenso bequeme, wie einfache Vorrichtung besitzen wir in der Wasserwage oder dem Niveau, dessen Empfindlichkeit sich nahezu beliebig steigern läßt. Wird eine solche Libelle mit der horizontalen Drehungsachse des Fernrohrs (Horrebowniveau) verbunden, an diese fest angeklemmt und vor der ersten Einstellung zum Einspielen gebracht, so muß beim Beobachten des zweiten Sterns für genau die gleiche Stellung der Blase gesorgt bzw. die Abweichung an das Resultat in entsprechender Weise angebracht werden.

Das älteste speziell für diese Arbeiten gebaute Instrument ist das Zenitteleskop. Die optische Kraft des Fernrohrs ist hier auf Kosten der anderen Teile stark in den Vordergrund gedrängt. Zur Erweiterung der Beobachtungsmöglichkeit sind im Gesichtsfelde mehrere horizontale Fäden ober- und unterhalb des Mittelfadens angebracht und die horizontale Achse mit dem vorhin beschriebenen Horrebow-Talcott-Niveau versehen. Dagegen weisen der Azimutal- und der Höhenkreis nur eine rohe Teilung auf, so daß schon das Äußere des Instruments von einem Theodoliten gewöhnlicher Konstruktion merklich abweicht. Neben dem Zenitteleskop werden heute auch bessere Reiseuniversale mit Klemmniveaus an der Horizontalachse ausgerüstet, so daß sie je nach Bedarf zu Zenitdistanzmessungen oder zu Beobachtungen gleicher Höhen benutzt werden können.

Ein vor kurzem ganz speziell für die vorliegende Methode gebautes Instrument ist das Prismenastrolabium von Claude und Driencourt, bei dem das Fernrohr nur um eine vertikale Achse drehbar ist. Vor dem Objektiv befindet sich in horizontaler Kantenlagerung ein gleichseitiges Prisma. Sein brechender Winkel beträgt somit 60°, und nur die in dieser Höhe befindlichen Gestirne gelangen durch totale Reflexion in das Gesichtsfeld des Fernrohrs. Durch einen Quecksilberspiegel unterhalb des Prismas, der mit dem Instrument fest verbunden ist, erhält man noch ein Spiegelbild des Gestirns, und die im Okular beobachtete Begegnung von Stern und Bild stellt den Moment dar, in dem die beobachteten Objekte genau die gleiche Höhe vom Betrage des brechenden Winkels des Prismas erreicht haben. Der Preis dieser Astrolabien kommt trotz der scheinbar einfacheren Konstruktion demjenigen der Zenitteleskope durchaus gleich. Die Beobachtungen gestalten sich aber wesentlich einfacher, wenngleich die Beschränkung der Messungen auf eine Gestirnshöhe von 60° einen entschiedenen Nachteil gegenüber dem Zenitteleskop darstellt.

Die Entwicklung der theoretischen Grundlagen der Methode der gleichen Zenitdistanzen soll hier nur so weit gegeben werden, als es zu ihrem Verständnis gehört. Eine Reihe von praktischen Formelumwandlungen für das zunächst vorliegende „Zweihöhenproblem" ist überdies ohne weiteres sinngemäß aus dem nächstfolgenden Kapitel, welches das „Dreihöhenproblem" behandelt, zu entnehmen. Die Aufgabe soll also zunächst darauf beschränkt werden, die Polhöhe aus den Zeiten von zwei gleichen Zenitdistanzen herzuleiten.

Es sei demnach vorausgesetzt, daß in der für Polhöhenmessungen günstigsten Lage, also unweit des Meridians, ein südlicher Stern G_s mit den Koordinaten α_s und δ_s und bald darauf ein anderer G_n im Norden mit den Koordinaten α_n und δ_n in genau derselben Zenitdistanz z beobachtet sei, dann gilt offenbar für die Sterne in den beiden Poldreiecken wieder die cos-Formel:

$$\cos z = \sin\delta_s \sin\varphi + \cos\delta_s \cos\varphi \cos\tau_s,$$
$$\cos z = \sin\delta_n \sin\varphi + \cos\delta_n \cos\varphi \cos\tau_n.$$

Subtrahiert man die untere Gleichung von der oberen, so erhält man

$$\operatorname{tg}\varphi\,(\sin\delta_s - \sin\delta_n) = -(\cos\delta_s \cos\tau_s - \cos\delta_n \cos\tau_n),$$

d. h.

$$\operatorname{tg}\varphi = -\frac{\cos\delta_s \cos\tau_s - \cos\delta_n \cos\tau_n}{2\cos\frac{\delta_s+\delta_n}{2}\sin\frac{\delta_s-\delta_n}{2}}.$$

In dem speziellen Falle einer Meridianbeobachtung ($\tau_s = \tau_n = 0$) wird unter Berücksichtigung von (10)

$$\operatorname{tg}\varphi = \operatorname{tg}\frac{\delta_s+\delta_n}{2},$$

folglich

$$\varphi = \frac{\delta_s+\delta_n}{2}$$

in Übereinstimmung mit dem früher (S. 90) abgeleiteten Resultat.

Werden die beiden gleichen Zenitdistanzen bei einem Ost- und einem Weststern beobachtet, so eignen sich die beiden Zeitmomente besonders für eine Ableitung der Unbekannten τ_s bzw. τ_n, also für eine Bestimmung der Uhrkorrektion, in beiden Fällen geht aber die Zenitdistanz selbst in das Resultat nicht mehr ein. Die Auswahl der geeigneten Sterne für Breite und Zeit wird dem Beobachter für höhere nördliche Breiten durch Tafeln erleichtert. Die ausführlichsten dieser Tafeln sind in russischer Sprache erschienen und von Pijewzoff (Breitensterne), Zinger und Schtschëtkin (Zeitsterne) verfaßt[1]).

§ 25. Gleichzeitige Ableitung von Polhöhe und Uhrkorrektion aus drei gleichen Zenitdistanzen.

Wird die Methode der gleichen Zenitdistanzen in der Praxis einmal angewendet, so dürfte es bei gründlicher Kenntnis des Himmels dem Beobachter zuweilen nicht schwer fallen, bald hintereinander drei gleiche Höhenlagen von Gestirnen über dem Horizonte zu erhalten. Damit hat er die Möglichkeit gewonnen, sowohl Zeit als Polhöhe durch eine einheitliche Reduktion zu berechnen. Trotz ihrer geringen praktischen Bedeutung ist die Aufgabe doch so lehrreich, daß ihre Entwicklung hier nicht übergangen werden kann.

Zur Lösung dieses sog. Gaußschen Problems hat man nunmehr die drei Ausgangsgleichungen:

$$\cos z = \sin\varphi \sin\delta_1 + \cos\varphi \cos\delta_1 \cos\tau_1,$$
$$\cos z = \sin\varphi \sin\delta_2 + \cos\varphi \cos\delta_2 \cos(\tau_1 + \varepsilon_1),$$
$$\cos z = \sin\varphi \sin\delta_3 + \cos\varphi \cos\delta_3 \cos(\tau_1 + \varepsilon_2),$$

wo

$$\text{(A)}\qquad \begin{aligned} \varepsilon_1 &= (\vartheta_2' - \vartheta_1') - (\alpha_2 - \alpha_1),\\ \varepsilon_2 &= (\vartheta_3' - \vartheta_1') - (\alpha_3 - \alpha_1). \end{aligned}$$

Subtrahiert man wieder zunächst die zweite Gleichung für $\cos z$ von der ersten, so wird

$$2\,\mathrm{tg}\,\varphi \cos\frac{\delta_1 + \delta_2}{2} \sin\frac{\delta_1 - \delta_2}{2} = -\cos\delta_1 \cos\tau_1 + \cos\delta_2 \cos(\tau_1 + \varepsilon_1).$$

Die weitere Auflösung vereinfacht sich durch Einführung der Substitutionen

$$\delta_1 = \frac{\delta_1 + \delta_2}{2} + \frac{\delta_1 - \delta_2}{2},$$

$$\delta_2 = \frac{\delta_1 + \delta_2}{2} - \frac{\delta_1 - \delta_2}{2},$$

[1]) Eine sehr übersichtliche Darstellung der hier nur angedeuteten Aufgaben findet sich bei C. Stechert, Zeit- und Breitenbestimmungen durch die Methode gleicher Zenitdistanzen, Hamburg 1905.

so daß

$$\cos\delta_1 = \cos\frac{\delta_1+\delta_2}{2}\cos\frac{\delta_1-\delta_2}{2} - \sin\frac{\delta_1+\delta_2}{2}\sin\frac{\delta_1-\delta_2}{2},$$

$$\cos\delta_2 = \cos\frac{\delta_1+\delta_2}{2}\cos\frac{\delta_1-\delta_2}{2} + \sin\frac{\delta_1+\delta_2}{2}\sin\frac{\delta_1-\delta_2}{2}$$

wird. Man erhält auf diese Weise

$$2\,\mathrm{tg}\,\varphi = -\,\mathrm{cotg}\frac{\delta_1-\delta_2}{2}\big(\cos\tau_1 - \cos(\tau_1+\varepsilon_1)\big) + \mathrm{tg}\frac{\delta_1+\delta_2}{2}\big(\cos\tau_1 + \cos(\tau_1+\varepsilon_1)\big)$$

oder nach Auflösung der Klammerausdrücke entsprechend Formel (10)

$$\mathrm{tg}\,\varphi = -\,\mathrm{cotg}\frac{\delta_1-\delta_2}{2}\sin\left(\tau_1+\frac{\varepsilon_1}{2}\right)\sin\frac{\varepsilon_1}{2} + \mathrm{tg}\frac{\delta_1+\delta_2}{2}\cos\left(\tau_1+\frac{\varepsilon_1}{2}\right)\cos\frac{\varepsilon_1}{2}.$$

Aus der Verbindung der dritten Gleichung für $\cos z$ mit der ersten ergibt sich ganz entsprechend:

$$\mathrm{tg}\,\varphi = -\,\mathrm{cotg}\frac{\delta_1-\delta_3}{2}\sin\left(\tau_1+\frac{\varepsilon_2}{2}\right)\sin\frac{\varepsilon_2}{2} + \mathrm{tg}\frac{\delta_1+\delta_3}{2}\cos\left(\tau_1+\frac{\varepsilon_2}{2}\right)\cos\frac{\varepsilon_2}{2}.$$

Für die Bestimmung des Stundenwinkels τ_1 und für eine bequemere logarithmische Berechnung lassen sich die beiden Gleichungen, die nur noch die Unbekannten φ und τ_1 enthalten, durch Einführung von Hilfsgrößen noch merklich vereinfachen.

Zu diesem Zwecke soll für die vier bekannten Ausdrücke

$$\mathrm{cotg}\frac{\delta_1-\delta_2}{2}\sin\frac{\varepsilon_1}{2} \quad \text{bzw.} \quad \mathrm{cotg}\frac{\delta_1-\delta_3}{2}\sin\frac{\varepsilon_2}{2},$$

$$\mathrm{tg}\frac{\delta_1+\delta_2}{2}\cos\frac{\varepsilon_1}{2} \qquad\qquad \mathrm{tg}\frac{\delta_1+\delta_3}{2}\cos\frac{\varepsilon_2}{2}$$

nach (7) gesetzt werden:

$$\text{(B)}\quad \begin{cases} m_1\sin N_1 = \mathrm{cotg}\dfrac{\delta_1-\delta_2}{2}\sin\dfrac{\varepsilon_1}{2} \\ m_1\cos N_1 = \mathrm{tg}\dfrac{\delta_1+\delta_2}{2}\cos\dfrac{\varepsilon_1}{2} \end{cases}$$

und entsprechend

$$\text{(B)}\quad \begin{cases} m_2\sin N_2 = \mathrm{cotg}\dfrac{\delta_1-\delta_3}{2}\sin\dfrac{\varepsilon_2}{2} \\ m_2\cos N_2 = \mathrm{tg}\dfrac{\delta_1+\delta_3}{2}\cos\dfrac{\varepsilon_2}{2}. \end{cases}$$

Nach Berechnung der Größen m_1, m_2, N_1 und N_2 nehmen die Gleichungen für φ und τ_1 die Form

$$\text{(E)}\qquad \begin{cases} \operatorname{tg}\varphi = m_1 \cos\left(N_1 + \tau_1 + \dfrac{\varepsilon_1}{2}\right) \\ \operatorname{tg}\varphi = m_2 \cos\left(N_2 + \tau_1 + \dfrac{\varepsilon_2}{2}\right) \end{cases}$$

an. Um sie weiter aufzulösen, setze man noch

$$N_1 + \tau_1 + \frac{\varepsilon_1}{2} = (\tau_1 + Q) + (P_1 - Q)\,,$$

$$N_2 + \tau_1 + \frac{\varepsilon_2}{2} = (\tau_1 + Q) + (P_2 - Q)\,.$$

Nach Gleichsetzung der rechten Seiten in (E) wird dann

$$m_1 \cos\bigl((\tau_1 + Q) + (P_1 - Q)\bigr) = m_2 \cos\bigl((\tau_1 + Q) + (P_2 - Q)\bigr),$$

$$m_1 \cos(P_1 - Q) - m_1 \operatorname{tg}(\tau_1 + Q) \sin(P_1 - Q)$$
$$=$$
$$m_2 \cos(P_2 - Q) - m_2 \operatorname{tg}(\tau_1 + Q) \sin(P_2 - Q)\,,$$

$$\operatorname{tg}(\tau_1 + Q) = \frac{m_1 \cos(P_1 - Q) - m_2 \cos(P_2 - Q)}{m_1 \sin(P_1 - Q) - m_2 \sin(P_2 - Q)}\,.$$

Hierbei sind die Größen P_1 und P_2 definiert durch

$$\text{(C)}\qquad \begin{cases} P_1 = N_1 + \dfrac{\varepsilon_1}{2} \\ P_2 = N_2 + \dfrac{\varepsilon_2}{2}\,, \end{cases}$$

während Q nur eine provisorisch eingeführte Hilfsgröße ist, die nunmehr $= 0$ gesetzt werden könnte. In diesem Falle hätte man für den Stundenwinkel τ_1 der ersten Beobachtung

$$\operatorname{tg}\tau_1 = \frac{m_1 \cos P_1 - m_2 \cos P_2}{m_1 \sin P_1 - m_2 \sin P_2}\,.$$

Da jedoch die Formel sich logarithmisch nicht bequem genug berechnen läßt, setzt Gauß Q nicht $= 0$, sondern

$$Q = \frac{P_1 + P_2}{2}\,.$$

Hierdurch erhält die Gleichung für $\tau_1 + Q$ die Form

$$\text{(D)}\qquad \operatorname{tg}\left(\tau_1 + \frac{P_1 + P_2}{2}\right) = \frac{m_1 - m_2}{m_1 + m_2} \operatorname{cotg} \frac{P_1 - P_2}{2}\,,$$

die auch ohne die noch weiterhin von Gauß vorgenommenen Umformungen sich für die Berechnung bereits gut eignet.

Wie die Formelfolge (A) bis (E) zeigt, erfordert die Methode zunächst die Berechnung der Hilfswerte ε_1, ε_2, m_1, m_2, N_1, N_2, P_1 und P_2. Der Stundenwinkel τ_1 und damit die Zeit der ersten Beobachtung ist durch (D), die Polhöhe φ durch die Gleichungen (E) gegeben. Die Reduktion der Beobachtungen ist somit auf die Berechnung von 5 Ausdrücken zurückgeführt, deren Bestimmung sich, wie das Beispiel zeigt, recht übersichtlich gestalten läßt.

Das einfachste Instrument für alle Methoden gleicher Höhen, insbesondere für das eben besprochene Dreihöhenproblem, wäre ohne Frage der Sextant. Leider stehen am Himmel genügend helle Sterne nicht in ausreichender Anzahl zur Verfügung; auch die Benutzung der künstlichen Horizonte erschwert die Beobachtungen beträchtlich, so daß die theoretisch so sinnreiche Gaußsche Dreihöhenmethode fast nur noch historische Bedeutung hat und gegenwärtig nur selten praktische Anwendung findet, am wenigsten unter Verwendung des Sextanten, für den sie eigentlich erdacht war.

Fünfter Abschnitt.

Methoden zur Bestimmung von geographischen Längen und Azimuten.

§ 26. Ermittelung der Länge durch Zeitübertragung und durch telegraphische Zeitsignale.

Der Längenunterschied zweier Punkte der Erdoberfläche ist nach der früher gegebenen Definition gleich dem Unterschiede der Ortszeiten an den beiden Beobachtungsstationen. Eine absolut richtig gehende, die Ortszeit von B angebende Uhr wird also, nach dem östlicher gelegenen Punkte B_o übertragen, um den in Zeit ausgedrückten Längenunterschied BB_o gegen die Ortszeit von B_o zurückstehen, an einem westlicher gelegenen Orte B_w dagegen um den Längenunterschied BB_w voraus sein. Würde man nach Übertragung eines solchen idealen Chronometers nach B_o bzw. B_w seine Korrektion gegen die jeweilige Ortszeit bestimmen, so würde der Uhrstand sich in dem ersten Falle positiv, im zweiten negativ ergeben und die erhaltenen Zahlenwerte würden dann direkt mit den Längendifferenzen identisch sein. Bei Uhren oder Chronometern mit einem unveränderlichen täglichen Gange würde die Methode kaum an Einfachheit einbüßen und wie vorhin nichts weiter als gute Zeitbestimmungen in B_o oder B_w erfordern, mit anderen Worten, die Längenbestimmung wäre dann unmittelbar auf die bereits ausführlich behandelte Ableitung der Uhrkorrektion gegen Ortszeit zurückgeführt.

Nun ist bei Behandlung der Eigenschaften unserer gebräuchlichen transportablen Zeitmesser darauf hingewiesen worden, daß selbst bei den besten Chronometern der Gang keine unveränderliche Zahlengröße darstellt, sondern sich infolge verschiedener Einflüsse, unter denen der unvermeidliche Temperaturwechsel die größte Rolle spielt, sehr wesentlich ändert. Die von den Prüfungsstellen für jedes untersuchte Werk beigegebenen Gangformeln gestatten zwar die Vorausberechnung eines mehr oder weniger genäherten Uhrstandes, sie gelten jedoch nur für kurze Zeit, eine verhältnismäßig kleine Temperaturskala und nehmen auch keine Rücksicht auf den Einfluß der Feuchtigkeit und auf die besonders bei Landreisen unvermeidlichen Erschütterungen und Stöße. In der

Schiffahrt läßt sich weit eher ein praktischer Gewinn aus der Gangformel des mitgeführten Zeitmessers erzielen. So kommt es auch, daß bei der jetzigen Vervollkommnung der Chronometerindustrie und der großen Geschwindigkeit moderner Seefahrzeuge die Längenbestimmung durch die mit der Bewegung des Schiffes sich von selbst ergebende Chronometerübertragung in der Nautik gegenwärtig fast ausschließlich angewendet wird.

Auf längeren Expeditionen zu Lande wird man von der geschilderten Zeitübertragung sich nur dann Erfolg versprechen dürfen, wenn man die empfindlichen Boxchronometer möglichst vermeidet, dafür aber mehrere gute Taschenchronometer oder Taschenuhren mitführt und bestimmte Regeln peinlich genau befolgt. Zunächst wären die Uhren am Tage dauernd in Rock- oder Westentaschen zu tragen und des Nachts in der Lage „Bügel oben" an einem der Körpertemperatur möglichst angepaßten Orte aufzubewahren. Daß ein regelmäßiges Aufziehen und darauffolgendes genaues Vergleichen aller Taschenchronometer täglich, und zwar möglichst um dieselbe Zeit, zu erfolgen hat, bedarf eigentlich keiner besonderen Erwähnung. Bei dem Vergleichen der Uhren untereinander sind zur Kontrolle alle möglichen Kombinationen zu beachten, beim Vorhandensein von 4 Uhren a, b, c, d wären somit die sechs Vergleichungen

$$a-b, \quad a-c, \quad a-d, \quad b-c, \quad b-d, \quad c-d$$

auszuführen.

Ist das Uhrtagebuch sorgfältig geführt, und hat man dafür gesorgt, daß zu Beginn und am Schluß der Reise der Gang der Chronometer durch eine fortlaufende Reihe von Zeitbestimmungen gesichert worden ist, so kann man nachträglich für jeden Tag der Route den Uhrstand extrapolieren und jede während der Expedition erhaltene Zeitbestimmung zur Berechnung je einer Länge verwenden. Peinlichste Obhut über die Uhren, Übersichtlichkeit und Ordnung im Uhrjournal und fortlaufende Zeitbestimmungen vor, während und nach der Reise bilden somit die grundsätzliche Bedingung zum Gelingen der Längenbestimmung nach dieser Methode. Eine Reduktion der Beobachtungen während des Marsches ist dabei nicht erforderlich, zum Teil auch nicht in definitiver Form ausführbar.

Besitzen zwei Orte B und B_1, deren genauer Längenunterschied nicht bekannt ist, eine telegraphische Verbindung, und wird auf beiden Stationen je eine Uhr durch Zeitbestimmungen unter Kontrolle gehalten, so läßt sich die Längendifferenz sehr einfach in der Weise ermitteln, daß der Beobachter in B demjenigen in B_1 seine genaue Ortszeit durch ein telegraphisches Signal, z. B. durch Loslassen des Tasters bei der verabredeten vollen Minute, angibt und umgekehrt. Das arithmetische Mittel der Vergleichungen ist dann gleich dem Längenunterschied der beiden Orte.

Diese Methode der telegraphischen Längenübertragung ist zweifellos die genaueste und läßt, wenn auf beiden Stationen zur Ableitung der Uhrkorrektion gleichartige Instrumente und Methoden verwendet und zur Beseitigung persönlicher Auffassungen (beim Fixieren der Sterndurchgänge, Loslassen des heruntergedrückten Tasters usw.) die Beobachter gewechselt werden, theoretisch fast jedes beliebige Maß der Genauigkeit zu. Wenn trotzdem die Längen auf der Erdoberfläche bei weitem nicht die Schärfe der zugehörigen Breiten aufweisen, so liegt das daran, daß die Breite sich aus den Beobachtungen direkt in ihrem absoluten Betrage, die Länge dagegen stets nur als Differenz gegen eine Ausgangsstation ergibt. Bei einer fortlaufenden Kette von Längenanschlüssen können dabei naturgemäß selbst bei Benutzung des Telegraphen die Fehler allmählich zu recht ansehnlichen Beträgen anwachsen.

Mit der Ausgabe drahtloser Zeitsignale von verschiedenen Punkten der Erde aus ist zu einer sehr umfassenden Festlegung des Längennetzes auf der Erde ein vielversprechender Anfang gemacht. Da die Wirkungsweite der ausgesandten elektrischen Wellen bereits mehrere tausend Kilometer erreicht und einfache Empfangsapparate im Handel vorrätig sind, so gehört wohl ohne Zweifel der drahtlosen Längenübertragung die Zukunft. Die störenden Einflüsse der atmosphärischen Elektrizität auf die Wellentelegraphie in den Tropen sind wohl recht bedeutend, doch ist ihre Überwindung voraussichtlich auch nur eine Frage der Zeit.

Es braucht wohl kaum besonders hervorgehoben zu werden, daß auf kleinere Strecken hin Pulver-, Heliotrop- und andere Signale die telegraphische Zeitübertragung ersetzen können; da indessen hierbei eine vorhergehende sorgfältige Verabredung aller Zeichen notwendig ist und über eventuelle durch die Umstände bedingte Änderungen im optischen Signalaustausch sich nur schwer eine Verständigung erzielen läßt, so haben, abgesehen von geodätischen Vermessungen, derartige Vorkehrungen für die spezielle Aufgabe der Längenbestimmung nur ein untergeordnetes Interesse.

§ 27. Allgemeines über die Ableitung der Länge aus Mondbeobachtungen.

Durch Erwähnung der Chronometerübertragung und der telegraphischen Zeitsignale sind die praktisch brauchbaren direkten Methoden der Längenbestimmung erschöpft. Wo diese nicht anwendbar sind, muß man zu einem indirekten Verfahren greifen, das wesentlich umständlicher ist und obendrein noch kein besonders scharfes Resultat verspricht. Das Prinzip dieses auf die Erscheinungen am Himmel zurückgreifenden Verfahrens besteht darin, daß man ein astronomisch im voraus bestimmbares Ereignis nach einer Uhr mit bekanntem Stande beobachtet und die Ortszeit mit der vorausberechneten mittleren Greenwicher Zeit unmittelbar oder mittelbar vergleicht. Soweit dabei Finsterniserscheinungen in Frage kommen, sind dieselben bereits in dem Abschnitt, der von den genäherten Methoden der Längenbestimmung handelte, erledigt worden. Jupiter- und Erdmondfinsternisse können bei der Lösung der Aufgabe allerdings nur als Notbehelf gelten, und Sonnenfinsternisse treten für ein und denselben Ort der Erdoberfläche zu selten ein, als daß es sich lohnte, ihnen für die Längenbestimmung mehr als eine gelegentliche Bedeutung beizumessen.

Schaut man sich unter den anderen, mehr alltäglichen Himmelserscheinungen um, die gewissermaßen als absolute Zeitmesser für alle Punkte der Erde gelten könnten, so bleibt eigentlich nur die Bewegung des Mondes unter den Sternen als Anhaltspunkt für die vorliegende Aufgabe übrig. Der Nautical Almanac und das Nautische Jahrbuch geben für die geozentrische Rektaszension und Deklination des Mondes ausführliche Ephemeriden, die die rasche Bewegung des Erdtrabanten unter den Sternen deutlich erkennen lassen und wenigstens grundsätzlich die Möglichkeit einer Verknüpfung der beobachteten Mondstellung mit der Länge nicht ausschließen.

Von den beiden Koordinatenänderungen des Mondes kommt, wie man sich leicht überzeugt, nur diejenige in Rektaszension in Betracht. Sie umfaßt in einem sog. siderischen Mondumlauf von 27 Tagen volle 360°, während die Verschiebung in Deklination sich in derselben Zeit über höchstens $28^1/_2$° nördlich und südlich vom Äquator erstreckt und je nach der Lage der Mondbahn sehr ungleichmäßig erfolgt.

Durchschnittlich beträgt somit die Zunahme der Mondrektaszension 2^s in einer Zeitminute; gelingt es also, bei genauer Kenntnis der Uhrkorrektion für einen gegebenen Moment die geozentrische Rektaszension des Mondes innerhalb von $\pm 2^s$ durch die Beobachtung zu sichern, so kann man damit rechnen, daß man die Länge λ innerhalb $\pm 1^m$ erhalten hat usw. Die enge Beziehung zwischen Zeit- und Längenbestimmung kommt auch hier wieder deutlich zur Geltung.

Überträgt man das Zeitmaß in das besser verständliche Längenmaß, so würde demnach am Äquator ein derartiger Fehler von 1^m gleich

$$15' = 27.7 \text{ km}$$

entsprechen und selbst in der Breite von 50° noch den Betrag von 18 km erreichen. Da sich nun die Breite schon mit dem einfachsten Instrument mindestens mit der 10fachen Genauigkeit leicht ermitteln läßt, so folgt hieraus, daß man, um in beiden Koordinaten wenigstens einigermaßen gleichwertige Resultate zu erhalten, die Rektaszension des Mondmittelpunktes bis auf wenige Bruchteile einer Sekunde durch die Beobachtung bestimmen müßte.

Eine derartige Aufgabe könnte in Anbetracht der hier vorausgesetzten einfachen Beobachtungshilfsmittel als unausführbar erscheinen. In Wirklichkeit liegt jedoch ihre Bewältigung durchaus im Bereiche der Möglichkeit, wenn man nur die Abhängigkeit zwischen der erhaltenen Ortszeit und der Mondrektaszension so eng wie möglich gestaltet, mit anderen Worten, sorgfältigst darauf achtet, daß die Beobachtungs- und Instrumentalfehler bei der Ermittelung der beiden genannten, hier lediglich in Frage kommenden Größen die Ergebnisse möglichst in dem gleichen Sinne beeinflussen. Die gesuchte Mondkoordinate wird also nach Möglichkeit nicht selbständig, sondern gewissermaßen durch Anschluß an benachbarte Fixsterne erhalten. Da früher als wichtigste Zeitbestimmungsmethoden die Beobachtung von Meridiandurchgängen am Passageninstrument und die Messung von Zenitdistanzen in der Nähe des Ost-West-Vertikals am Universalinstrument genannt wurden, so sollen jetzt die gleichen Methoden auch zur Ableitung des Mondortes am Himmel für eine gegebene Ortszeit herangezogen werden. Ein drittes Verfahren, das offenbar die genauesten Ergebnisse liefert, ergibt sich aus der bisherigen Betrachtung ganz von selbst in denjenigen Fällen, in denen der Mond einen bekannten Fixstern bedeckt. Der beobachtete Augenblick des Ein- und Austritts des Sterns am Mondrande ersetzt dabei jede Messung, so daß diese dritte indirekte Methode eine besondere Behandlung der Aufgabe zulassen wird.

Um nicht in jedem einzelnen Falle auf die Besonderheiten der Aufgaben infolge des geringen Abstandes des Mondes von der Erde zurückkommen zu müssen, mögen hier die wichtigsten Daten, die die Mondparallaxe betreffen, vorausgeschickt werden.

Bereits bei Behandlung der Höhenparallaxe in § 6 wurde darauf hingewiesen, daß die dort abgeleitete Näherungsformel für den Mond nur dann ihre Gültigkeit behält, wenn Fehler bis zu 10″ unberücksichtigt bleiben können. Für die strengere Berechnung der Parallaxe muß dagegen auf die Abplattung der Erde Rücksicht genommen, d. h. beachtet werden, daß der Abstand des Beobachters vom Erdmittelpunkte nicht mehr dem äquatorialen Erdhalbmesser entspricht, und daß strenggenommen die Zenit-Nadir-Richtung am Beobachtungsorte nicht mehr genau durch den Erdmittelpunkt geht.

Es sei in Fig. 45 der Meridianquerschnitt eines Erdquadranten unter Berücksichtigung der Abplattung dargestellt, so schneidet die Normale BN im Beobachtungsorte die große Halbachse EA der Ellipse in N unter dem Winkel φ, d. h. der geographischen Breite von B. Verbindet man B mit dem Erdmittelpunkte E, so werden die Polarkoordinaten von B bezogen auf E und den Äquatorialradius durch den Abstand vom Erdmittelpunkte ϱ und durch den Winkel BEA, die sog. geozentrische Breite φ' ausgedrückt. Bezeichnet man die numerische Exzentrizität des Erdellipsoids mit e, so lassen sich, wie hier nicht näher entwickelt werden soll, nach den Regeln der analytischen Geometrie die rechtwinkligen Koordinaten von B ausdrücken durch

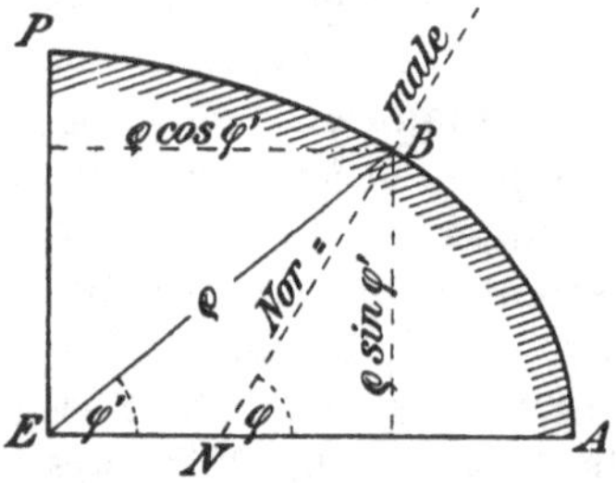

Fig. 45.

$$x = \varrho \cos\varphi' = \frac{\cos\varphi}{\sqrt{1 - e^2 \sin^2\varphi}},$$

$$y = \varrho \sin\varphi' = \frac{(1 - e^2)\sin\varphi}{\sqrt{1 - e^2 \sin^2\varphi}},$$

wobei nach den Besselschen Elementen des Erdellipsoids

$$\log e = 8.91221,$$

$$\log(1 - e^2) = 9.99709$$

ist.

Da die jedesmalige Berechnung von ϱ und φ' immerhin etwas umständlich ist, erscheint es zweckmäßig, die Koordinaten x und y nach φ zu tabulieren. Dies ist tatsächlich leicht möglich. Setzt man nämlich

$$e \sin\varphi = \sin\psi,$$

so wird

$$\text{(A)} \qquad \begin{cases} \varrho \cos\varphi' = \sec\psi \cos\varphi \\ \varrho \sin\varphi' = (1 - e^2) \sec\psi \sin\varphi \end{cases}$$

und die Tabelle erhält die aus Anhang II ersichtliche Form (Tafel 9). Ihre Benutzung ist um so einfacher, als die Differenz der beiden zu einer bestimmten Breite gehörenden Funktionswerte durchweg 291 Einheiten der 5. Dezimalstelle beträgt. In allen Ausdrücken, die sich auf den Mond beziehen, ist somit an Stelle der geographischen Breite φ die geozentrische φ' und an Stelle des Äquatorialhalbmessers der Ortshalbmesser ϱ der Erde zu verwenden.

Auch der scheinbare Halbmesser s' des Mondes vom Beobachtungsorte aus ist mit dem im Jahrbuch mitgeteilten Halbmesser s nicht identisch, da, solange der Mond sich über dem Horizonte befindet, der Beobachter dem Monde stets näher liegt als der Erdmittelpunkt. Unter allen Umständen ist also

$$s' > s.$$

Zur Ableitung der Beziehungen zwischen s' und s sei E (Fig. 46) der

Erd-, M der Mondmittelpunkt, B ein Beobachtungsort auf der Erdoberfläche mit dem Mittelpunktsabstand ϱ, $\sphericalangle BME = p$ und $\sphericalangle BR'E = p'$ die jeweiligen Höhenparallaxen für Mondmitte bzw. -rand, $REM = s$ bzw. $R'BM = s'$ die scheinbaren Mondhalbmesser von E bzw. B aus, schließlich $\varkappa$ der wahre Mondradius. Bei der großen Entfernung zwischen M und E kann zunächst der Randpunkt R' als mit R zusammenfallend angesehen werden. In dem Trapez $EBRM$ ist dann

$$p' + s' = p + s,$$

somit

$$s' - s = p - p'$$

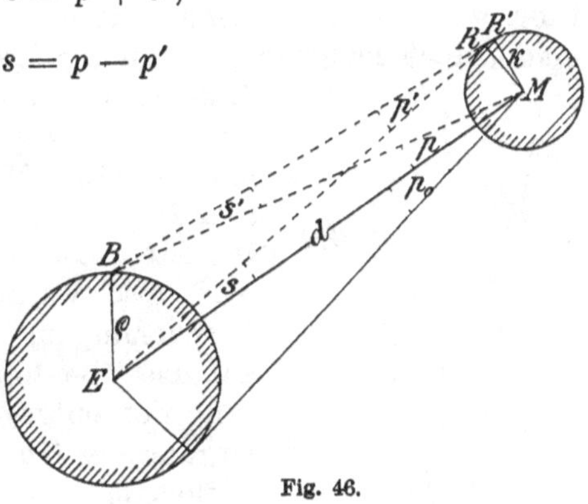

Fig. 46.

oder nach Einführung der jeweiligen Horizontalparallaxe des Mondes p_o (vgl. S. 28)

$$s' - s = \varrho\,[p_o \sin z - p_o \sin(z - s')].$$

Die Halbmesservergrößerung ist demnach gleich dem Unterschied der Höhenparallaxe zwischen Mondrand und Mondmitte. Durch weitere Umformung erhält man:

$$s' - s = \varrho\,(p_o \sin z - p_o \sin z \cos s' + p_o \cos z \sin s').$$

Bei der Kleinheit des Winkels s' und dem geringen Unterschied gegen s ist es hier statthaft,

$$\varrho = 1,$$
$$\cos s' = 1,$$
$$\sin s' = s \sin 1''$$

zu setzen. Da ferner bei der hier ohne weiteres gültigen Annahme der Kugelform für die Erde

$$\frac{\sin p_o}{\sin s} = \frac{p_o}{s} = \frac{\varrho}{\varkappa},$$

somit

$$p_o = \frac{s\varrho}{\varkappa}$$

ist, so wird

$$s' - s = \frac{\varrho}{\varkappa} s^2 \cos z \sin 1''.$$

Führt man noch für das wahre Halbmesserverhältnis den numerischen Wert (3.665) ein, so erhält man definitiv

(B) $$\mathbf{s' - s = [5.2497 - 10]\, s^2 \cos z},$$

wobei der Zahlenfaktor (rund 0.00002) gleich in logarithmischer Form angesetzt ist. Um die Halbmesserdifferenz in Bogensekunden zu erhalten, muß auf der rechten Seite s in Bogensekunden ausgedrückt sein.

Die eben abgeleitete Vergrößerung des Halbmessers übt, wie man sich leicht überzeugt, auf die Durchgangszeit des Mondes durch einen festen Faden keinen Einfluß aus, was insbesondere bei Mondkulminationen beachtet werden muß. Es ist ohne weiteres (Fig. 47) klar, daß der Mondhalbmesser auch in der Ost-Westrichtung vom Beobachtungsorte B aus größer erscheint als vom Erdmittelpunkte E. Betrachtet man jedoch lediglich die Durchgangszeit des Mondes durch den Meridian, so bleibt diese trotzdem für B und E die gleiche, da die charakteristischen Punkte der Mondscheibe (Westrand, Mitte, Ostrand) für B und E gleichzeitig die Meridianrichtung überschreiten. Die Vergrößerung des Monddurchmessers wird also während des Durchgangs durch eine Beschleunigung der täglichen Bewegung oder, was auf dasselbe hinauskommt, durch eine Verzögerung der entgegengesetzt gerichteten wahren Bewegung des Mondes unter den Sternen völlig ausgeglichen.

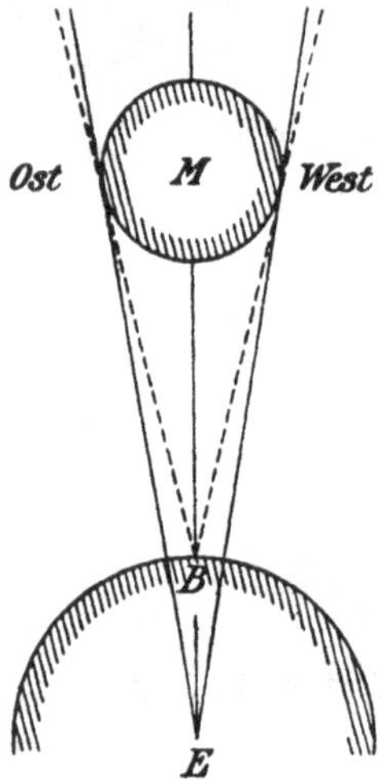

Fig. 47.

Eine unangenehme Eigenschaft haftet leider noch allen Ergebnissen aus Mondbeobachtungen, selbst solchen mit erstklassigen Instrumenten an. Die verwendeten Ephemeridenörter des Erdtrabanten sind nämlich nicht vollkommen streng, sondern noch mit Abweichungen behaftet, die sich bei der Schwierigkeit der ganzen Mondtheorie und den schließlich erforderlichen Vernachlässigungen bei der Rechnung im voraus nicht ziffernmäßig angeben lassen. An einer Reihe von Sternwarten, insbesondere in Greenwich selbst, werden die erforderlichen Verbesserungen durch fortlaufende Mondbeobachtungen festgestellt und alljährlich veröffentlicht, so daß für eine endgültige Längenrechnung die erforderliche Korrektion, die erfahrungsgemäß in Rektaszension höchstens $\pm 0^s.8$ betragen kann, im Bedarfsfalle unschwer zu erlangen ist. Bezeichnet man diese Korrektion in α mit ε, die von ihr abhängige Längenverbesserung mit $\Delta\lambda$, ferner mit $\Delta\alpha$ die Änderung der Mondrektaszension in 10^m, wie sie z. B. dem Nautical Almanac entnommen werden kann, so ist offenbar in Zeitsekunden:

$$\frac{\Delta\lambda}{\varepsilon} = \pm\frac{600}{\Delta\alpha},$$

somit

$$\text{(C)} \qquad \Delta\lambda = \pm \frac{600}{\Delta\alpha}\,\varepsilon \quad \left\{ \frac{\text{östliche}}{\text{westliche}} \ \text{Länge} \right\}.$$

Auf diese Weise läßt sich jede nachträglich erkundete Rektaszensionskorrektion unmittelbar an das Resultat anbringen.

§ 28. Bestimmung der Länge aus Mondkulminationen.

Die Ortsbestimmung des Mondes aus Kulminationen, die hier an erster Stelle auseinandergesetzt werden soll, hat zunächst den Vorteil, daß jede im Meridian ausgeführte Gestirnsmessung in Rektaszension sowohl von Refraktion wie von Parallaxe frei ist. In der genauen Kulminationsstellung fällt das Dreieck: Mond, Erdmittelpunkt, Beobachtungsort in die Ebene der Mittagslinie, und jeder, auch der nächstliegende Punkt der Dreiecksfläche erscheint vom Erdmittelpunkt wie vom Beobachtungsort aus in der gleichen Rektaszensionsrichtung. Eine parallaktische Verschiebung in Deklination bleibt dabei bestehen, doch ist diese Koordinate für die vorliegende Aufgabe von untergeordnetem Interesse.

Man hat also die Beobachtung in der Weise vorzubereiten, daß man den ungefähren Mondort für die Kulminationszeit nach dem Jahrbuch mit genäherter Länge aufsucht und sich im voraus einige möglichst in derselben Deklination gelegene Sterne, die dem Monde teils vorangehen, teils ihm bei der täglichen Umdrehung der Sphäre folgen (Moon Culminating Stars des Nautical Almanac) als Grundstock der Zeitbestimmung aussucht. Die von Mond und Sternen am Passageninstrument beobachteten Durchgänge werden dann in gewohnter Weise unter Berücksichtigung der Achsenneigung i, des Kollimationsfehlers c und des Instrumentalazimutes k reduziert. Ist $\Delta\vartheta$ die aus den Sterndurchgängen erhaltene Uhrkorrektion und ϑ' die Uhrzeit des Monddurchganges, so hat man für die Mondrektaszension α (vgl. S. 108)

$$\text{(A)} \qquad \alpha = \vartheta' + \Delta\vartheta + iJ + kK \pm cC \quad \left(\text{obere Kulm., Kr. } \frac{\text{West}}{\text{Ost}}\right).$$

Nunmehr wäre aus dem Nautical Almanac zu der beobachteten Mondrektaszension unter Berücksichtigung der Differenzen höherer Ordnung lediglich die Greenwicher Zeit aufzusuchen. Ihr Vergleich mit dem in Ortszeit umgewandelten Moment $\vartheta' + \Delta\vartheta$ ergibt dann unmittelbar die Länge gegen den Greenwicher Nullmeridian.

In ihrer praktischen Ausführung erweist sich die Aufgabe als weniger einfach. Es ist bisher vorausgesetzt worden, daß das beobachtete α sich auf den Mondmittelpunkt bezieht, also z. B. durch symmetrische Beobachtung beider Ränder erhalten wurde. Abgesehen von dem besonderen Fall, daß die Mondkulmination zufällig einmal mit der Vollmondphase zusammenfällt, wird man in der Regel bei der Beobachtung nur einen Mondrand erhalten, der dann um den Durchgangswert des Mondhalbmessers vergrößert bzw. verkleinert werden muß, um den Zeitmoment des Mittelpunktsdurchgangs zu erhalten. Dieser Durchgangswert ist, wie in § 27 dargelegt wurde, von der Parallaxe unabhängig und wird infolgedessen von den größeren astronomischen Jahrbüchern für jede Kulmination im voraus mitgeteilt; er ergibt sich in Sekunden aus dem Jahrbuchshalbmesser s durch

$$\Delta\tau = \pm\frac{1}{15}\, s \sec\delta ,$$

wenn man von der inzwischen erfolgten Mondbewegung in α absieht. Wird letztere, wie unbedingt erforderlich, berücksichtigt und bezeichnet wieder $\Delta\alpha$ die Änderung der Mondrektaszension in 10^m, so ist

$$\Delta\tau\left(1-\frac{\Delta\alpha}{600}\right) = \pm\frac{1}{15}\, s \sec\delta ,$$

folglich

$$\text{(B)} \qquad \Delta\tau = \pm\frac{s\sec\delta}{15\left(1-\frac{\Delta\alpha}{600}\right)} \qquad \left\{\frac{\text{vorangehender}}{\text{folgender}}\ \text{Mondrand}\right\}.$$

Hieraus folgt gleichzeitig, daß auch die für Sterne abgeleiteten Fadendistanzen für die Monddurchgänge zu klein sind und für diese besonders berechnet werden müssen, wenn man nicht die Regel befolgt, den Mondrand unter allen Umständen symmetrisch zum Mittelfaden zu beobachten.

Von großer Wichtigkeit für den Genauigkeitsgrad der Längenbestimmung aus Mondkulminationen ist die Mitnahme der erwähnten vorangehenden und folgenden, nahe in der gleichen Deklination gelegenen Mondsterne. Da der Einfluß der Instrumentalfehler (s. § 12) bei gleicher Breite lediglich von der Deklination abhängt, so folgt daraus, daß man bei Mondkulminationen den Rand direkt an diese Sterne anschließen und von den Instrumentalfehlern, auch wenn sie recht beträchtlich sind, ganz absehen könnte. Es ist jedoch zu beachten, daß der Parallaxeneinfluß beim Monde schon in Stundenwinkeln unter einer Zeitminute sehr merklich wird — die Verschiebung beträgt im Stundenwinkel von 1 Zeitminute bereits etwa 10″ — und dann unbedingt berücksichtigt werden muß. Im Grunde genommen kann natürlich der Durchgang von Mond und Sternen durch einen beliebigen festen Höhenkreis des Beobachtungsortes für Längenbestimmungen ähnlich verwertet werden, wie die Meridiandurchgänge, doch findet dieses Verfahren wegen der umständlicheren Reduktion nur selten praktische Anwendung.

Werden auf einer Station Zeitbestimmungen im Meridian ausgeführt, so stellt oft die Mitnahme des jeweiligen Monddurchganges sowie der benachbarten Mondsterne kaum eine große Sonderbelastung des Beobachters dar. Die besondere Rechenarbeit besteht dann lediglich in der ev. Ableitung der Mittelpunktsreduktion und der zu der beobachteten Mondrektaszension gehörigen M. Z. bzw. St. Z. Greenwich. Für die an kleinen Instrumenten erzielbare Genauigkeit wird angesichts der stündlichen Jahrbuchsephemeriden diese letzte Rechnung fast auf eine lineare Interpolation hinauslaufen.

§ 29. Längenbestimmung aus Zenitdistanzmessungen des Mondes.

In der Nähe des Erdäquators, wo die Gestirne sich im Osten nahezu senkrecht erheben und ebenso steil im Westen untergehen, kann die Längenbestimmung aus Mondkulminationen sinngemäß auch auf Mond-Zenitdistanzen in der Nähe des Ost-West-Vertikals angewendet werden. Der Mond und die benachbarten Sterne kreuzen dann beim Emporsteigen oder Sinken die horizontalen Fäden des benutzten Universals, und die abgelesenen zugehörigen Uhrzeiten in Verbindung mit den Angaben des Höhenkreises werden dann teils zur Ableitung der Uhrkorrektion, teils zur Bestimmung der Mondrektaszension und damit der Länge benutzt.

Sollen die erzielten Resultate der höchsten erzielbaren Leistungsfähigkeit des Instruments entsprechen, wie das bei Längenbestimmungen ja stets unbedingt notwendig ist, so ist es erforderlich, daß die Beobachtungen des Mondrandes und der Sterne ähnlich wie beim Durchgangsinstrument als Anschlüsse aufgefaßt, somit unter möglichst geringer Änderung der Achsenstellung des Universals ausgeführt werden. Es ist also auch hier wieder Bedingung, daß die Anschlußsterne sich in unmittelbarer Nähe des Mondes befinden, mithin in nahezu gleicher Zenitdistanz und in wenig geändertem Azimut beobachtet werden können.

Der praktische Anwendungsbereich der Methode auf der Erdkugel ist nicht besonders groß. Während am Äquator die Sterne den Horizontalfaden senkrecht überschreiten und demgemäß die Antritte sich sehr scharf beobachten lassen, nimmt die Genauigkeit der Zeitauffassung bei größerem Äquatorabstande wegen der zunehmenden Neigung der Parallelkreise zur Senkrechten rasch ab, so daß es im allgemeinen kaum zu empfehlen ist, nach dem Verfahren die Längen in höheren Breiten als innerhalb $\pm 30^\circ$ Äquatorabstand zu bestimmen. Der schwerwiegendste Nachteil der Methode gegenüber den Kulminationsbeobachtungen beruht allerdings darin, daß sie außer den Zeit- auch noch Kreisablesungen mit ihren Ungenauigkeiten und Fehlern erfordert. Am sichersten ist es daher, diese Fehler dadurch auf ein Minimum herabzudrücken, daß man zwischen Mondrand- und Sterndurchgang das Fernrohr in Höhe überhaupt nicht verschiebt. Immerhin wird man auch dann von Universalen, die nicht mindestens 20″ in Zenitdistanz abzulesen gestatten, und ohne mehrfache Wiederholung der Beobachtungen keine besonders brauchbaren Resultate erwarten dürfen.

Die zweckmäßigste Berechnungsmethode der Länge aus den in beiden Instrumentlagen erhaltenen Stern- und Mond-Zenitdistanzen dürfte die folgende sein:

Aus den Sternbeobachtungen (ϑ' und z) ergeben sich wahrer Stundenwinkel τ und Sternzeit ϑ nach den bereits mehrfach herangezogenen Formeln:

$$\cos\tau = \frac{\cos z}{\cos\delta\cos\varphi} - \operatorname{tg}\delta\operatorname{tg}\varphi,$$

$$\vartheta = \alpha \pm \tau \quad \left(* \text{ und } ☾ \text{ im } \frac{\text{Westen}}{\text{Osten}}\right),$$

$$\Delta\vartheta = \vartheta - \vartheta'.$$

Damit sind die Einstellungen der Sterne ausgenutzt und können als erledigt gelten.

Der Übergang zur Mondposition erfordert zunächst eine Reduktion vom Beobachtungsort auf das Erdzentrum, sowie eine Korrektur der Zenitdistanz um den Mondhalbmesser. Die Höhenparallaxe p und der scheinbare Halbmesser s' sind dabei definiert durch

$$p = \varrho\, p_0 \sin z\,,$$

$$s' = s + [5.2497 - 10]\, s^2 \cos z\,.$$

Die Größen p_0 und s ändern sich wenig und können mit einem genäherten Wert (λ) der Länge aus dem Nautical Almanac entnommen werden. Zu der Zenitdistanz z der Mondmitte bestimme man noch die korrekte Ortszeit U der Beobachtung mit Hilfe der soeben aus dem Stern abgeleiteten Uhrkorrektion $\Delta\vartheta$. Damit ist für die Ortszeit U durch die wahre Zenitdistanz z eine Position des Mondes am Himmel fixiert.

Die Zenitdistanz z ist ein Ergebnis der Beobachtung und soll mit z_b bezeichnet werden. Offenbar läßt sie sich aber auch aus den Jahrbuchsangaben berechnen (z_r), wenn man mit der genäherten Länge (λ) die Greenwicher Zeit $U \pm (\bar{\lambda})$ ermittelt und damit die Koordinaten α und δ des Mondes aus der Ephemeride entnimmt. Aus der Differenz von Sternzeit und Rektaszension erhält man noch den Stundenwinkel τ des Mondes und nach

$$\cos z_r = \sin\varphi\sin\delta + \cos\varphi\cos\delta\cos\tau$$

die berechnete Zenitdistanz z_r. Da die Methode schon an und für sich Messungen in größeren Zenitdistanzen fordert, ist an der cos-Funktion der Unbekannten nichts auszusetzen.

Ist die Länge λ richtig, so wird $z_r = z_b$ sein. Im allgemeinen wird sich ein Unterschied ergeben, der als alleinige Folge der fehlerhaften Längenannahme angesehen werden kann. Die Grundlage (λ) der Rechnung muß also so lange geändert werden, bis die aus α und δ abgeleitete Zenitdistanz z_r mit der beobachteten z_b übereinstimmt.

Zunächst erkennt man leicht, daß in dem Falle

$$z_r \lesseqgtr z_b \quad \left(☾ \text{ im } \frac{\text{Osten}}{\text{Westen}}\right)$$

der Mond bei der Rechnung in eine zu kleine, dagegen bei

$$z_r \gtreqless z_b \quad \left(☾ \text{ im } \frac{\text{Osten}}{\text{Westen}}\right)$$

in eine zu große Rektaszension versetzt wurde. In dem ersten Falle muß also die M. Z. Gr. der Beobachtung vergrößert, im zweiten verkleinert werden. Dementsprechend ist der vermutete Längenwert (λ) des Ortes das eine Mal nach Westen, das andere Mal nach Osten zu verschieben.

Für eine numerische Behandlung der Aufgabe ist es erforderlich, den Einfluß kennen zu lernen, den eine Zenitdistanzänderung des Mondes von dem Betrage $z_r - z_b$ auf die Mondkoordinaten α und δ und weiterhin auf die Zeittabulierung der Mondephemeride ausübt. Da der Unterschied $z_r - z_b$ beim vorsichtigen Ansetzen der Versuchslänge (λ) selten einige wenige Bogenminuten überschreiten wird, so kann jedenfalls bei dem Verfahren die gesuchte Zeitänderung proportional der Zenitdistanzabweichung gesetzt werden. Rechnet man also für die aus der Ephemeride zu entnehmende Änderung $\alpha + \Delta\alpha$ und $\delta + \Delta\delta$ der Mondkoordinaten in einem bestimmten Intervall, also z. B. in 10 Minuten Zeit einen neuen Wert z_r, der von dem zuerst berechneten um Δz_r abweichen möge, so ist damit der geforderte Einfluß der Zeit- bzw. Längenänderung auf die Zenitdistanzen ermittelt. Für die vorliegende Abweichung $z_b - z_r$ ist dann die gesuchte Längenkorrektion $\Delta\lambda$ in Sekunden:

$$\Delta\lambda = \frac{600(z_b - z_r)}{\Delta z_r},$$

womit die Aufgabe als erledigt betrachtet werden kann.

Obwohl es sich also bei der eigentlichen Beobachtung sowohl bei den Mondkulminationen wie bei den Mondhöhen um ein und dieselbe Aufgabe, den Anschluß des Erdtrabanten an einen oder mehrere Zeitsterne, handelt, so ist der betretene Auflösungsweg in beiden Fällen doch ein verschiedener, insofern als bei den Mondkulminationen die Länge selbst, bei den Mond-Zenitdistanzen die Korrektion für eine angenommene Ortslänge das Endergebnis bildet. Trotzdem handelt es sich in beiden Fällen im Grunde genommen um eine indirekte Lösung der Aufgabe, da auch bei den Mondkulminationen die genäherte Länge — hier allerdings in sehr weiten Grenzen — zur Entnahme von s, δ und $\Delta\alpha$ bereits vorliegen muß.

§ 30. Längenbestimmung aus Bedeckungen von Fixsternen durch den Mond.

In den vorangehenden Abschnitten konnte bereits auf die Vorteile hingewiesen werden, die sich bei Längenbestimmungen aus dem Anschluß des Mondes an benachbarte Sterne ergeben. Ihre vollkommenste Ausnutzung gelingt dabei am besten in den besonderen Fällen, in denen der Mond eine Sternbedeckung hervorruft, d. h. an einem Stern mit gesicherter Position vorübergeht. Aus dem Ein- und Austrittsmoment des Gestirns in Ortszeit, verglichen mit der auf den Beobachtungsort reduzierten Jahrbuchsangabe läßt sich dann offenbar die Länge ableiten. Auch bei diesem Verfahren muß also im voraus über die Ortslage, also über die Breite und Länge der Station eine Annahme gemacht werden, doch wird nunmehr die Berechnung des Resultates nicht wie bei den Zenitdistanzen differentiell, sondern direkt erfolgen.

Abgesehen von einer sorgfältigen Bestimmung der Ortszeit erfordert die Beobachtung der Bedeckungen nur eine Feststellung der Momente des Ein- und Austritts nach der Uhr in einem guten Fernrohr. Alle anderen Daten ergeben sich ohne Mühe aus den besonders für den vorliegenden Zweck gerechneten Jahrbuchskonstanten. So einfach der Vorgang und seine Beobachtung auch ist, so sind auffallenderweise von Nichtastronomen bisher merkwürdig wenig Bedeckungen für Längenbestimmungen ausgenutzt worden. Es liegt dies vielleicht daran, daß Bedeckungen von hellen Sternen verhältnismäßig selten sind und für eine schärfere Beobachtung des Vorgangs, insbesondere des Austrittes, eigentlich eine kurze Vorausberechnung der Erscheinung notwendig ist. Bei der klaren Luft der Tropen wird die erwähnte Vorausberechnung meist nicht vergeblich ausgeführt sein; wer sie trotzdem scheut, wird auch so bei der nächtlichen Durchmusterung der Mondumgebung oft Gelegenheit zur Wahrnehmung von Bedeckungen und damit zur Ausführung von Längenbestimmungen finden.

Einige Einzelheiten, die bei der Beobachtung selbst zu beachten sind, sollen am Schluß des Abschnittes Erwähnung finden. Zunächst mag unter Voraussetzung der korrigierten Ortszeit sowie eines oder beider

Randantritte des Sterns der Auflösungsweg der Aufgabe ausführlich dargelegt werden.

Wir betrachten (Fig. 48) vom Erdzentrum E aus den jederzeit aus Tafeln der Mondbewegung feststellbaren Moment T_0, in dem der Mond und ein naher Stern die gleiche Rektaszension erreichen, mit anderen Worten, miteinander in Konjunktion stehen. Der Mondmittelpunkt M_0 und der Stern S_0 stehen dann in demselben Stundenkreis, den man sich in Mondentfernung denken möge. Nach einer Zeit von t Stunden hat sich der Mond von M_0 nach M bewegt, d. h. in Deklination um M_0L_0, in Rektaszension um den Betrag L_0M. Da die Ebene der Zeichnung in der endlichen Mondentfernung d liegt, und die Abstände der Punkte voneinander linear (also nicht in Bogenmaß) aufzufassen sind, so ist es klar, daß die sämtlichen bisher betrachteten Punkte, M_0, L_0, S_0, M durch einen Wechsel des Beobachtungsstandpunktes auf der Erde unter sich nicht geändert werden, dagegen gegenüber der Richtung nach dem Stern eine scheinbare Ortsänderung erfahren. Man kann sich also stets einen Ort B auf der Erde vorstellen, der so gelegen ist, daß der Stern infolge der parallaktischen Verschiebung der Figur von dort gerade am Mondrande, in S erscheint, also im Falle der Fig. 48 hinter der Mondscheibe gerade hervortritt. Von dem parallelen Strahlenbündel, das von dem Stern aus die Erde trifft, wird also nur der Teil betrachtet, der in S den Mondrand streift und an einem Orte B der Erde die Sternbedeckung — in dem Falle der Zeichnung den Austritt — hervorruft. Die rechtwinkligen Koordinaten von S bezogen auf S_0 und den Stundenkreis S_0M_0, also

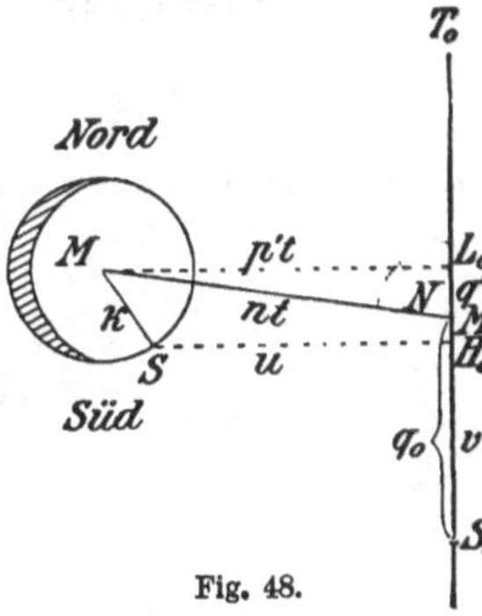

Fig. 48.

$$SH_0 = u,$$
$$S_0H_0 = v$$

sind dann offenbar lediglich von der Stellung des Sterns am Himmel und von der Lage des Beobachtungsortes auf der Erde abhängig und mögen hier zunächst als bekannt vorausgesetzt werden.

Da die Punkte der hier betrachteten Figur (abgesehen von S) ihre gegenseitige Lage nicht ändern, wenn der Standpunkt vom Erdzentrum E nach B verlegt wird, so können die linearen Komponenten M_0L_0 und ML_0 der vom Erdmittelpunkte E gesehenen geozentrischen Mondbewegung von der Konjunktion T_0 bis zur Bedeckungszeit $T_0 + t$ sowie der Abstand S_0M_0 zur Zeit T_0 allgemeingültig vorausberechnet werden. Dabei soll die Figur wie bisher als eben und in Mondentfernung gelegen gelten.

Bezeichnet man jetzt mit $\Delta\alpha$ und $\Delta\delta$ die stündliche Änderung der äquatorialen Mondkoordinaten zur Zeit T_0, wie sie sich unmittelbar aus dem Jahrbuch ergeben, so sind offenbar für den Moment $T_0 + t$ die geozentrischen Bögen

$$L_0 M = 15 t \Delta\alpha \cos\delta,$$
$$M_0 L_0 = t \Delta\delta,$$
$$S_0 M_0 = \delta - \delta_*,$$

wobei die Mondkoordinaten mit α und δ, die Sternkoordinaten mit α_* und δ_* bezeichnet werden sollen.

Die wahren Längen der betrachteten Strecken ergeben sich aus dem Abstande d der Figur vom Erdmittelpunkte. Ist p_0 wieder die Äquatorialhorizontalparallaxe des Mondes, so ist d in Einheiten des Erdhalbmessers (vgl. Fig. 46):

$$d = \frac{1}{\sin p_0}$$

und weiterhin

$$L_0 M = \frac{\sin(15 t \Delta\alpha \cos\delta)}{\sin p_0},$$
$$L_0 M_0 = \frac{\sin(t \Delta\delta)}{\sin p_0},$$
$$S_0 M_0 = \frac{\sin(\delta - \delta_*)}{\sin p_0}.$$

Die in den Gleichungen vorkommenden Sinusfunktionen beziehen sich durchweg auf kleine Winkel. Ersetzt man sie somit nach (13) durch die zugehörigen Bögen, so wird

$$\text{(A)} \qquad \begin{aligned} L_0 M &= \frac{15 t \Delta\alpha \cos\delta}{p_0} = p' t, \\ L_0 M_0 &= \frac{t \Delta\delta}{p_0} = q' t, \\ S_0 M_0 &= \frac{\delta - \delta_*}{p_0} = q_0. \end{aligned}$$

Gemeinsam mit der geozentrischen Konjunktionszeit geben die letzten Gleichungen vier Konstanten T_0, p', q' und q_0 für die Sternbedeckung. Man behält indessen zuweilen nur T_0 und q_0 bei, wählt dagegen für p' und q' andere Zahlenwerte, die man erhält, wenn der bekannte Mondradius

$$MS = \varkappa,$$
$$\log \varkappa = 9.4354$$

nach dem Pythagorassatz durch die bereits vorliegenden Stücke ersetzt wird. Es ist nämlich

$$\varkappa^2 = H_0 L_0^2 + (M L_0 - S H_0)^2,$$
$$\varkappa^2 = (q' t + q_0 - v)^2 + (p' t - u)^2.$$

Dieser Gleichung kann man leicht eine bequeme trigonometrische Form geben, indem man nach (7) die Substitution einführt

$$\text{(E)} \qquad \begin{cases} m \sin M = -u \\ m \cos M = q_0 - v \end{cases}$$

$$\text{(B)} \qquad \begin{cases} n \sin N = p' \\ n \cos N = q'. \end{cases}$$

Eine genauere Betrachtung zeigt, daß die letzten Gleichungen (B) lediglich die rechtwinkligen Komponenten p' und q' der Mondbewegung in einer Stunde durch die zurückgelegte Strecke n und ihren Positionswinkel N, gezählt von Norden über Osten nach Süden, ersetzen. In dieser Form sind auch früher die Konstanten n und N neben T_0 und q_0 im Nautischen Jahrbuch mitgeteilt worden. Gegenwärtig werden daselbst alle Zahlenwerte nicht auf den Erd-, sondern auf den Mondhalbmesser als Einheit bezogen. Demnach wird die Differenz q zwischen Gestirn und Mond zur Zeit T_0 im Sinne Stern minus Mond:

$$q = -\frac{q_0}{\varkappa}$$

und die Zeit n' in Sekunden, in welcher der Mond sich in seiner Bahn um seinen Halbmesser bewegt:

$$n' = \frac{3600\,\varkappa}{n},$$

mit anderen Worten, es lassen sich die auf den Erdhalbmesser als Einheit bezogenen Konstanten q_0, p' und q' durch die drei anderen auf den Mondhalbmesser bezogenen q, N und n' ersetzen auf Grund der Beziehungen

$$\text{(B)} \qquad \begin{cases} q = -\dfrac{q_0}{\varkappa} \\ \dfrac{1}{n'} \sin N = \dfrac{p'}{3600\,\varkappa} \\ \dfrac{1}{n'} \cos N = \dfrac{q'}{3600\,\varkappa}, \end{cases}$$

wobei

$$\log \frac{1}{3600\,\varkappa} = 7.0083 - 10.$$

Der Vorteil der vorhin entwickelten Substitutionen (E) und (B) wird ersichtlich, wenn man sie in die Gleichung für $\varkappa^2$ einsetzt. Es ist dann

$$\varkappa^2 = (n\,t \cos N + m \cos M)^2 + (n\,t \sin N + m \sin M)^2,$$

d. h. nach Auflösung der Klammern

$$\varkappa^2 = m^2 + n^2 t^2 + 2\,m\,n\,t \cos(M - N).$$

Vor einer weiteren Verwendung der Gleichung zur Berechnung von t, also der seit der Konjunktion T_0 bis zur Bedeckung verflossenen Zeit, ist noch die Bedeutung der Größen u und v, die bisher als bekannt vorausgesetzt wurden, klarzustellen.

Daß beide Werte von der Lage des Beobachtungsortes B auf der Erdoberfläche gegenüber dem Erdzentrum E, also von ϱ und φ' abhängen, ist bereits erwähnt worden.

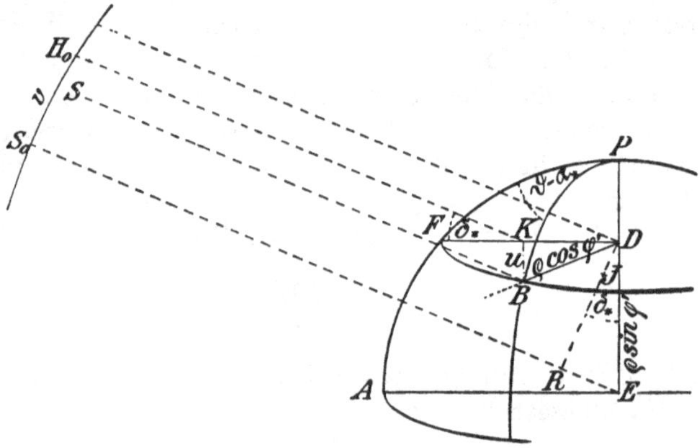

Fig. 49.

Es stelle also in Fig. 49 die Ebene der Zeichnung den Stundenkreis der geozentrischen Konjunktion von Mond und Stern zur Zeit T_0, der Bogen FB einen Teil des Parallelkreises von B dar. Da der Stern in der Ebene des Begrenzungskreises der Erde PF liegt und die Richtungen DS und BS parallel verlaufen, so gibt der Winkel FDB den Unterschied zwischen der Richtung nach dem Stern und nach dem Meridian von B, mit anderen Worten, den Stundenwinkel des Sterns in B wieder, es ist also

$$\sphericalangle FDB = \tau_* = \vartheta - \alpha_*,$$

wobei τ nach Westen zu positiv, nach Osten zu negativ zu zählen ist. Aus der Zeichnung ist ersichtlich, daß die Verhältnisse der Fig. 48 jetzt von einem um 90° verschiedenen Standpunkte des Beobachters betrachtet werden.

Da

$$BD = \varrho \cos\varphi'$$

ist, so ergibt sich sogleich für den Abstand $SH_0 = BK = u$ der Ebene PDF von der ihr parallelen Richtung BS:

(C) $$u = \varrho \cos\varphi' \sin(\vartheta - \alpha_*) .$$

Fällt man nunmehr von D aus das Lot DR auf S_0E, so ist

$$v = S_0H_0 = DR - DJ$$

oder, da die Winkel $S_0EA = H_0KF = DKJ = RDE$ offenbar nichts anderes als die Sterndeklination δ_* darstellen und für

$$DE = \varrho \sin\varphi',$$

$$KD = \varrho \cos\varphi' \cos(\vartheta - \alpha_*)$$

gesetzt werden kann,

(D) $$v = \varrho \sin\varphi' \cos\delta_* - \varrho \cos\varphi' \cos(\vartheta - \alpha_*) \sin\delta_*.$$

Damit ist die Definition und Ableitung aller in der Gleichung für den Mondhalbmesser $\varkappa$ vorkommenden Werte bis auf das gesuchte Zeitintervall t erledigt. Löst man jetzt die Gleichung

$$\varkappa^2 = m^2 + n^2t^2 + 2\,mnt\cos(M - N)$$

nach t auf, so wird

$$t^2 + \frac{2mt}{n}\cos(M - N) = \frac{\varkappa^2 - m^2}{n^2}$$

und durch beiderseitiges Addieren von

$$\frac{m^2}{n^2}\cos^2(M - N)$$

$$t = -\frac{m}{n}\cos(M - N) \pm \sqrt{\frac{\varkappa^2 - m^2}{n^2} + \frac{m^2}{n^2}\cos^2(M - N)}\,,$$

$$t = -\frac{m}{n}\cos(M - N) \pm \frac{\varkappa}{n}\sqrt{1 - \frac{m^2}{\varkappa^2}\sin^2(M - N)}\,.$$

Nach Einführung der Hilfsgrößen

(F) $$\mu = \frac{m}{n}\cos(M - N),$$

(G) $$\cos\nu = \frac{m}{\varkappa}\sin(M - N),$$

(H) $$\Delta T = \frac{\varkappa}{n}\sin\nu$$

erhält man schließlich

(I) $$t = -\mu \pm \Delta T,$$

wobei das obere Zeichen von ΔT für den Austritt, das untere für den Eintritt gilt. Die mittlere Greenwicher Zeit des Ein- bzw. Austritts ist somit gegeben durch

$$T_0 - \mu - \Delta T \quad \text{(Eintritt)} \quad \text{und} \quad T_0 - \mu + \Delta T \quad \text{(Austritt)}.$$

Dabei ist $T_0 - \mu$ die Greenwicher Zeit der Konjunktion von Mond und Stern am Beobachtungsorte.

Vergleicht man diese aus den Jahrbuchsangaben resultierenden Ein- bzw. Austrittszeiten mit den für Uhrstand korrigierten mittleren Ortszeiten

$$U_e \quad \text{und} \quad U_a,$$

so ist schließlich

$$\text{(K)} \qquad \begin{cases} \lambda = T_0 - \mu - \Delta T - U_e \\ \lambda = T_0 - \mu + \Delta T - U_a. \end{cases}$$

Weicht die Länge λ von der für den Stundenwinkel des Sterns $(\vartheta - \alpha_*)$ angenommenen stark ab, so ist, wie bei allen indirekten Methoden, die Rechnung mit dem verbesserten Längenwert zu wiederholen.

Aus der Bedeckungserscheinung und ihrer weiteren Verwertung folgt, daß hier, wie das bereits früher erwähnt wurde, der Antritt des Sterns an den Mondrand einen Fadenantritt am Instrument ersetzt. Wie bei den sonstigen Beobachtungen, bei denen ein Zusammenfallen von Sternbild und Faden in Frage kommt, werden auch hier die günstigsten Resultate erzielt werden, wenn die Bedeckung so stattfindet, daß der Mond möglichst zentrisch den betr. Fixstern bedeckt. Je kleiner die Sehne, die der Stern scheinbar hinter der Mondkugel beschreibt, desto unsicherer werden die Resultate, bis bei ganz kurzen Bedeckungen schon die Unebenheiten des Mondrandes jede schärfere Rechnung, die ja stets von einer absoluten Kreisform des Mondes ausgeht, verhindern. Da die Jahrbücher für die Bedeckungen Breitengrenzen der Sichtbarkeit angeben, ist man stets im voraus ungefähr darüber orientiert, ob eine günstige oder ungünstige Bedeckung in Aussicht steht.

Zur eigentlichen Vorausberechnung der Bedeckungsdaten für den Beobachtungsort soll hier eine Anweisung gegeben werden, bei deren exakter Durchführung unter günstigen Umständen etwa die Minute des Ein- und Austritts sichergestellt wird. Um auf alle Fälle Versehen auszuschließen, soll dabei ein graphisches Verfahren eingeschlagen werden[1]).

Es sei wieder die bisherige Bezeichnung der Konstanten einer Sternbedeckung beibehalten, so läßt sich offenbar der im Nautical Almanac

---

[1]) Es ist empfehlenswert, die Einheit der Zeichnung, den Erdhalbmesser, dabei nicht kleiner als 20 cm zu wählen.

tabulierte Anblick der geozentrischen Konjunktionsstellung von Mond und Stern im Moment T_0 nach

$$\varkappa = 0.273$$

und

$$S_0 M_0 = q_0$$

graphisch aufzeichnen. Für einen Ort, für den der Stern zur Zeit T_0 einen westlichen Stundenwinkel hat, steht der Mond dann infolge der westlichen parallaktischen Verschiebung mit dem Stern noch nicht in gleichem Stundenkreis, bei einem östlichen Stundenwinkel ist dagegen zur Zeit T_0 die Konjunktion bereits vorüber. Es gilt also zur Feststellung des Verlaufes der Bedeckung in räumlicher und zeitlicher Orientierung, die Lage des Sterns zum Monde am Beobachtungsorte für zwei — am besten um eine Stunde auseinanderliegende — Momente, z. B. T_0 und $T_0 \pm 1^h$ (positiv bei westlichem, negativ bei östlichem Stundenwinkel), zu berechnen. Um die Figur nicht unübersichtlich zu gestalten, soll wieder die erforderliche Verschiebung von Mond und Stern entgegen den wirklichen Verhältnissen nicht auf den bedeckenden, sondern auf den bedeckten Körper, also auf den Stern geschoben werden, wobei T_0 zunächst einem positiven, d. h. westlichen Ortsstundenwinkel des Sterns am Beobachtungsorte zugeschrieben werden soll.

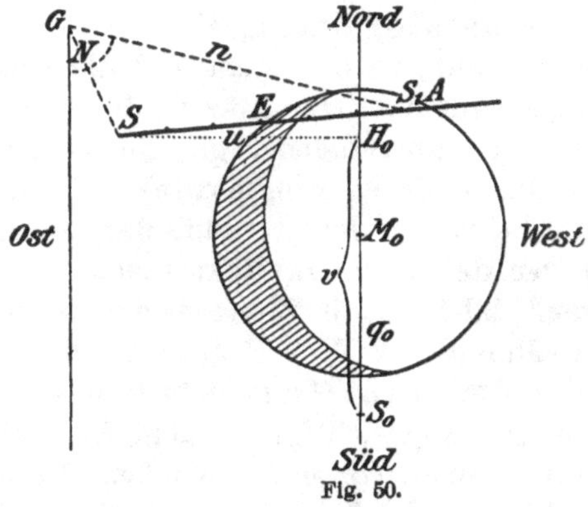

Fig. 50.

In diesem Falle (Fig. 50) erscheint der Stern dem Beobachter links von dem Konjunktionsstundenkreise des Mondes, z. B. in S, wobei die rechtwinkligen Koordinaten von S gegen S_0 und gegen die Richtung $S_0 M_0$ gegeben sind durch

$$u = \varrho \cos\varphi' \sin\tau_* ,$$
$$v = \varrho \sin\varphi' \cos\delta_* - \varrho \cos\varphi' \sin\delta_* \cos\tau_* ,$$

d. h. durch das früher mit (C) und (D) bezeichnete Gleichungssystem. In einer Stunde wird sowohl infolge der Erdrotation als auch infolge der Mondbewegung der Stern S merklich gegen den Mond verschoben erscheinen, die aus beiden Ursachen hervorgehende stündliche Ortsänderung der beiden Gestirne gegeneinander muß dann aber offenbar die gesuchten Anhaltspunkte für die Bedeckung am Beobachtungsorte ergeben.

Zur Berücksichtigung der parallaktischen Verschiebung des Sterns gegen das Mondzentrum infolge der Änderung des Stundenwinkels berechnet man mit $\tau + 1^h$ die Größen u und v noch einmal, wodurch sich ähnlich, wie früher S, jetzt die Lage von G ergibt. Zur Berücksichtigung der Mondbewegung in der Zwischenzeit trage man in G an die Parallele zum Konjunktionsstundenkreis nach (B) den Positionswinkel N von Süden nach Westen zu und auf der so gewonnenen Richtung die stündliche Mondbewegung $GS_1 = n$ ab. Dann ist offenbar die Gestirnsstellung S_1 das Ergebnis aus parallaktischer Verschiebung und Mondbewegung und entspricht dem scheinbaren Sternort gegenüber der Mondmitte zur Zeit $T_0 + 1^h$. Verbindet man S mit S_1, so erhält man die Bedeckungsspur des Sterns für den Beobachtungsort mit den Marken S für die Zeit T_0 und S_1 für die Zeit $T_0 + 1^h$. Danach ist es leicht, mit einem Maßstabe die zugehörigen Zeiten für den Eintritt E und den Austritt A am Mondrande zu ermitteln und die betr. Momente mit einer genäherten Länge auf mittlere Ortszeit, die durch Zeitbestimmungen gesichert sein muß, zu übertragen (vgl. Beispiel 21).

Bei östlichen Stundenwinkeln ist das graphische Verfahren das gleiche, nur kehrt sich dort der Sinn der parallaktischen Verschiebung des Sterns gegen den Mond in Rektaszension naturgemäß um; die Koordinate u muß daher nach Westen abgetragen werden. Da außerdem hier die Stellung G für $T_0 - 1^h$ gesucht wird, muß dementsprechend die Mondbewegung n von G aus nicht in westlicher, sondern in östlicher Richtung berücksichtigt werden. Bei richtiger räumlicher Vorstellung der Verhältnisse vor und nach dem Meridiandurchgang sowie bei Berücksichtigung der Tatsache, daß für den Stern alle wahren und scheinbaren Änderungen des Mondortes im entgegengesetzten Sinne wirken, ist bei der zeichnerischen Darstellung ein Versehen im Vorzeichen kaum möglich.

Die gleichzeitig erzielte Orientierung der Zeichnung bezieht sich, wie ohne weiteres ersichtlich ist, auf die Richtung Nord—Süd und nicht auf den oberen bzw. unteren Rand des Mondes. Beobachtet man von einem Stativ aus oder lehnt auch nur das Fernrohr für einige Zeit fest gegen einen Baum, eine Hauskante u. dgl., so wird es, da der Mond das Gesichtsfeld von Osten nach Westen überschreitet, nicht schwer fallen, an seinen Kratern und Flecken die vier Hauptrichtungen Nord, Süd, Ost und West des Randes festzustellen und sich über den Verlauf der bevorstehenden Sternbedeckung im voraus genügend zu orientieren.

§ 31. Bestimmung von genaueren astronomischen Azimuten.

Die in einem früheren Abschnitt (§ 17) mitgeteilten Wege zur Bestimmung des astronomischen Azimutes eines terrestrischen Punktes können lediglich für eine ungefähre allgemeine Orientierung, hin und wieder auch als Ergänzung von Peilungen bei Routenaufnahmen und dgl. dienen. Sollen die Messungen eine gleichwertige Vervollständigung der genaueren Breiten- und Längenbestimmungen bilden, so ist es natürlich erforderlich, sie auch so zu gestalten, daß die Teilung des Horizontalkreises nach Möglichkeit ausgenutzt und auf die Instrumentalfehler hinreichend Rücksicht genommen wird.

Obwohl es zunächst scheinen mag, daß die Azimutbestimmungen als ein rein geodätisches Problem aus dem Rahmen des vorliegenden Buches herausfallen, so ist ihre kurze Behandlung hier doch notwendig, da bei der Umständlichkeit und geringen Genauigkeit der Längenbestimmungsmethoden die Azimute bei Forschungsreisen oft allein die empfindlichen Längenlücken auszufüllen imstande sind. Stellen beispielsweise (Fig. 51) B und B_1 zwei Punkte der Erdoberfläche, P den nächstliegenden Pol dar, und seien ferner B und B_1 durch Breitenmessungen im Äquatorabstand sowie in dem gegenseitigen Azimut a bei B festgelegt, so läßt sich offenbar aus dem Dreieck PBB_1 der Längenunterschied $\Delta\lambda$ nebst dem Abstand BB_1 unmittelbar berechnen. Die Azimutbestimmung charakteristischer Landschaftspunkte, insbesondere hoher, weithin sichtbarer Berggipfel von astronomisch festgelegten Stationen aus hat somit indirekt für das ganze Problem der Ortsbestimmung ein hervorragendes Interesse.

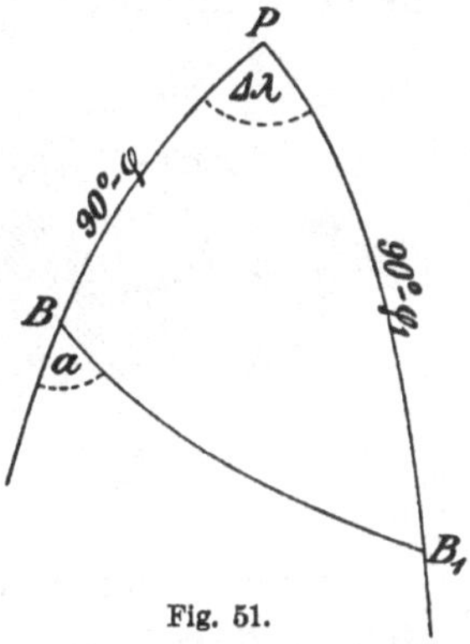

Fig. 51.

Wie früher, so soll auch jetzt bei der genaueren astronomischen Azimutbestimmung irdischer Objekte die Einstellung des Gestirns lediglich zur Ableitung des **Indexfehlers am Azimutalkreise** dienen, der sich von dem Indexfehler am Sextanten und am Höhenkreise des Universals lediglich durch seinen meist größeren Betrag, sowie dadurch unterscheidet, daß er stets nur für die jeweilige Beobachtungsreihe gilt. Der Messung eines astronomischen Azimutes muß also der Anschluß der gewünschten horizontalen Winkel auf der Erde unmittelbar folgen, zum mindesten ist ein scharf einstellbarer Fernpunkt sofort astronomisch festzulegen, an den dann die terrestrischen Azimute später angeschlossen werden können.

Der Gang der Aufgabe besteht also darin, daß man ein Gestirn ins Fadenkreuz des Universals einstellt, die zugehörige Zeit an der Uhr abliest und das am Horizontalkreise erhaltene, vielleicht um Zehner von Graden von der Südrichtung abweichende Azimut a' mit dem für den betreffenden Moment berechneten Azimut a des Gestirns vergleicht. Die Größe

$$\Delta a = a - a'$$

stellt dann die Korrektion dar, die man bei ungeänderter Stellung des Universals an die Ablesungen des Horizontalkreises anzubringen hat, um sogleich die astronomischen Azimute der angepeilten Objekte zu erhalten.

In den weitaus meisten Fällen, soweit kleinere Instrumente in Frage kommen, wird man sich auch jetzt wieder mit Tages-, d. h. Sonnenbeobachtungen begnügen können. Es soll dabei zunächst der für die Berechnung einfachste Fall angenommen werden, daß bei feststehendem Horizontalkreise, aber unter Benutzung der Feinbewegung in Höhe die beiden durch Fig. 52 dargestellten Stellungen der Sonne gegen das Fadenkreuz zeitlich beobachtet und neben der Ablesung a' des Horizontalkreises auch die beiden Zenitdistanzen notiert, sowie durch Hinzufügung der Refraktions- und Parallaxenkorrektion in wahre umgewandelt sind. Ferner wird vorausgesetzt, daß der Beobachter über die Korrektion ΔU seiner M-Z-Uhr verfügt. Der Stundenwinkel τ der Sonnenmitte ist dann für den Moment U' zwischen den beiden Randbeobachtungen:

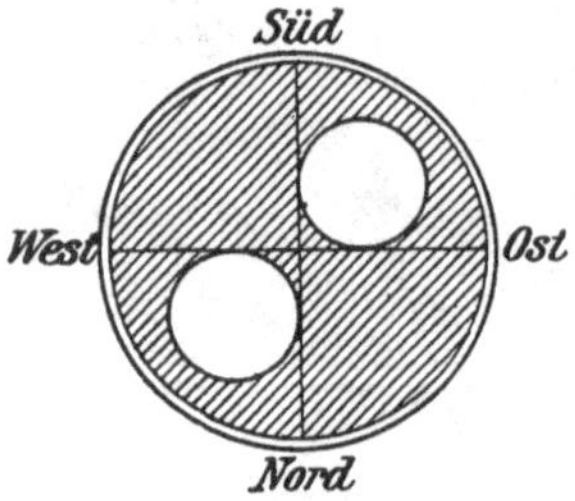

Fig. 52.

$$\tau = 12^h\,0^m\,0^s + \text{Zeitgleichung} - (U' + \Delta U)$$
(Vormittagsbeobachtung),

$$\tau = U' + \Delta U - (12^h\,0^m\,0^s + \text{Zeitgleichung})$$
(Nachmittagsbeobachtung).

Aus dem zugehörigen Poldreieck PZG ergibt sich dann (Fig. 53) das astronomische Azimut a der Sonne, wenn z das Mittel der beiden Zenitdistanzen bedeutet, nach dem Sinussatz (4)

$$\text{(A)} \qquad \sin a = \frac{\cos\delta \sin\tau}{\sin z},$$

womit die Aufgabe gelöst ist, da die zu a gehörige Kreisablesung a' sofort den gesuchten Indexfehler Δa des Kreises ergibt.

Da man in dem Dreieck PZG für gewöhnlich auch die Polhöhe φ als bekannt wird voraussetzen dürfen, so ist die Ablesung des Höhenkreises nicht unbedingt notwendig. Unter vorläufiger Beibehaltung von z hat man nämlich nach dem dritten Hauptsatze (5) der sphärischen Trigonometrie

$$-\sin z \cos a = \sin\delta \cos\varphi - \cos\delta \sin\varphi \cos\tau .$$

Setzt man wieder nach (7)

$$n \sin M = \sin\delta,$$
$$n \cos M = \cos\delta \cos\tau,$$

$$\text{(B)} \qquad \operatorname{tg} M = \frac{\operatorname{tg}\delta}{\cos\tau}$$

oder, was dasselbe ist, benutzt die rechtwinkligen Dreiecke, die sich durch das vom Gestirn auf den Meridian gefällte Lot ergeben (vgl. Fig. 43), so erhält man

$$\cos a = \frac{n \sin(\varphi - M)}{\sin z}$$

oder

$$\cos a = \frac{\cos\delta \cos\tau \sin(\varphi - M)}{\sin z \cos M}.$$

Nun war aber

$$\sin a = \frac{\cos\delta \sin\tau}{\sin z}.$$

Der gesuchte, von z unabhängige Endausdruck lautet somit:

$$\text{(C)} \qquad \mathbf{tg}\, a = \frac{\cos M \,\mathrm{tg}\,\tau}{\sin(\varphi - M)}.$$

Um den Einfluß kleiner Änderungen in Breite, Zenitdistanz und Zeit zu untersuchen, wende man die Differentialformel (11) auf die Seite *PG* des Poldreiecks an. Man erhält dann

$$-d\delta = \cos q\, dz - \cos\tau\, d\varphi - \sin z \sin q\, da,$$

somit bei einer Vernachlässigung der Deklinationsänderung $d\delta$

$$\text{(D)} \qquad da = -\frac{\cos\tau}{\sin z \sin q} d\varphi + \frac{\mathrm{cotg}\, q}{\sin z} dz.$$

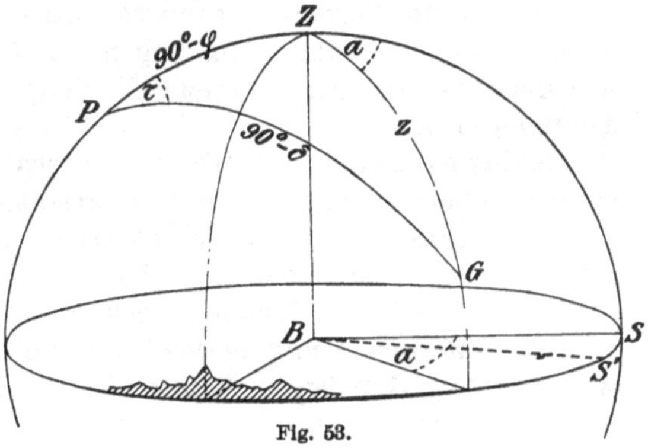

Fig. 53.

Daraus folgt zunächst, daß die Fehler in Breite und Zenitdistanz von desto geringerem Einflusse sind, je mehr sich τ, z und q dem Betrage von 90° nähern, d. h. je näher das Gestirn dem Ost-West-Vertikal und je tiefer es steht. Um noch den Einfluß eines Uhrfehlers zu prüfen, setze man nach der auf S. 103 aufgestellten Untersuchung über die Abhängigkeit von Zenitdistanz und Stundenwinkel

$$dz = \cos\varphi \sin a\, d\tau.$$

Da ferner nach dem Sinussatz

$$\frac{\sin a}{\sin q} = \frac{\cos\delta}{\cos\varphi},$$

so ergibt sich die von $d\tau$ abhängige Teilkorrektion

$$da = \frac{\cos\delta \cos q}{\sin z} d\tau,$$

wobei der Koeffizient von $d\tau$ wieder alle Eigenschaften der vorhergehenden von $d\varphi$ und dz aufweist. Bei Azimutmessungen von Gestirnen ist also ähnlich wie bei Zeitbestimmungen aus Zenitdistanzen der Meridian zu meiden und nach Möglichkeit die Nähe des ersten Vertikals aufzusuchen.

Die Wahl einer tiefen Gestirnslage ist, abgesehen von der obigen Fehleruntersuchung, auch durch den wachsenden Einfluß der Instrumentalfehler mit zunehmender Höhe geboten. Nach der früheren Untersuchung (S. 68) läßt sich nämlich der Einfluß der Neigung i und des Zielachsenfehlers c durch

$$a - a' = \mp (i \operatorname{cotg} z + c \operatorname{cosec} z) \quad \left(\frac{\text{Kreis rechts}}{\text{Kreis links}}\right)$$

ausdrücken. Aus der Größe der Faktoren von i und c in zenitnahen Lagen der benutzten Gestirne (vgl. die kurze Tabelle auf S. 68) ergibt sich die soeben gestellte Forderung ganz von selbst. Dementsprechend wird man auch bei allen genaueren Messungen von Azimuten sowohl beim Gestirn wie beim terrestrischen Objekt Neigung und Kollimation zu berücksichtigen haben.

Da das Azimut eines bestimmten Sterns lediglich von Zeit und Breite eines gegebenen Ortes abhängt, so gestattet die Aufgabe eine einfache Tabulierung der Azimute nach den Argumenten Ortszeit und Breite. Eine sehr praktische Sonnenazimuttafel, die eine Genauigkeit von gut $^1/_4{}^\circ$ erzielen läßt, ist z. B. für die Zwecke der Nautik von Ebsen entworfen worden. Für den wenig beweglichen Polarstern, dessen Azimut auch wenig veränderlich ist, enthalten einige der erwähnten Jahrbücher und Tafelwerke entsprechende Tabellen. Bei ihrer Verwendung in höheren Breiten, also bei hoher Stellung des Nordsternes, ist auf den beträchtlichen Einfluß der Instrumentalfehler wohl zu achten. Entsprechend den geänderten Verhältnissen sind diese Tafeln des Polarisazimutes nicht nach mittlerer, sondern nach Ortssternzeit tabuliert.

Planeten und Fixsterne werden zu Azimutbestimmungen verhältnismäßig selten verwendet. Im Bedarfsfalle wird man jedoch in der Abend- oder (wegen der anschließenden terrestrischen Beobachtungen) besser in der Morgendämmerung fast stets einen Fixstern erster Größe oder einen hellen Planeten in geeigneter tiefer Ost- bzw. Westlage zur Erledigung der Aufgabe vorfinden und sich damit von der Sonne und dem nur auf der Nordhalbkugel der Erde sichtbaren Polarstern unabhängig machen. Bei der Einfachheit der ersten Azimutformel

$$\sin a = \frac{\cos\delta \sin\tau}{\sin z},$$

wo naturgemäß jetzt

$$\tau = \vartheta - \alpha$$

zu setzen wäre, sollte man nicht versäumen, hier den Höhenkreis stets mit abzulesen.

Auch mit sehr einfachen Instrumenten ohne Horizontalkreis, wie Kippregeln, Nivellierinstrumenten usw., ja selbst an vertikal aufgehängten Fäden, lassen sich recht genaue Azimute einzelner Punkte bestimmen, wenn man lediglich die genaue Ortszeit anzugeben vermag, zu der die Sonne genau über dem festzulegenden terrestrischen Objekt gestanden hat. Geringe Höhendifferenz ist dabei, wie bisher, Bedingung zum Gelingen der Messungen, so daß in unseren Gegenden nur die Wintermonate Gelegenheit zu derartigen Beobachtungen liefern dürften.

Ist erst ein terrestrischer Fixpunkt astronomisch im Azimut festgelegt, so gestalten sich alle übrigen Peilungen am Horizontalkreise des Universals als einfache Winkelanschlüsse an diesen Punkt. Da dabei die Blickrichtung nahezu dauernd in ein und derselben Zenitdistanz verweilen wird, so beeinflussen die Instrumentalfehler alle Ablesungen des Kreises nahezu gleichmäßig; sie werden also in vielen Fällen ganz vernachlässigt werden können.

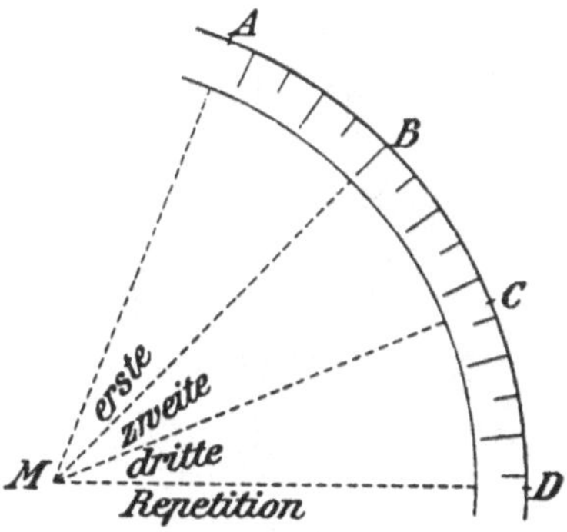

Fig. 54.

Da die Einstellungsgenauigkeit der Objekte im Fernrohr meist merklich größer ist als die Ablesegenauigkeit des Kreises, so hat eine mehrfache Wiederholung der Messungen nur dann Zweck, wenn das Universal mit einer sog. Repetitionsvorrichtung ausgestattet ist. Es ist dies nichts weiter als eine Vorrichtung zum beliebigen Los- und Festklemmen des ganzen Unterbaues des Universals mit Horizontalkreis und Nonien, wie sie z. B. das in Fig. 30 abgebildete Instrument aufweist. Ist etwa (Fig. 54) der Winkel AMB durch die Ablesungen A und B eines beweglichen Nonius an dem festen Kreis gemessen, so läßt sich offenbar die Beobachtung an einer benachbarten Kreisstelle BC wiederholen, wenn man nach der Ablesung von B den Unterbau des Instruments losklemmt und ihn mit dem Nonius durch entsprechende Drehung des Fernrohrs nach A herüberführt. Jetzt kann die Messung nach Klemmung der Repetition auf dem Bogen BC wiederholt werden, nach einer weiteren Repetition auf dem Bogen CD usf., bis der ganze Kreisumfang verwertet ist. Die Differenz der ersten Ablesung A gegen die n-te Ablesung N — alle dazwischen liegenden Ablesungen fallen fort —, dividiert durch die Anzahl der Repetitionen, ergibt den gesuchten Richtungsunterschied AMB. Bei 20″ Ablesegenauigkeit und 10 Repetitionen müßte man den gesuchten Winkel bis auf 2″ und obendrein, da eine volle Kreisperiode gemessen ist, frei von Teilungsfehlern des Kreises erhalten. Steht auch der praktische Erfolg der Repetitionsmessungen diesem theoretischen Maß merklich nach, so bedeutet er doch einen nicht unwesentlichen Gewinn an Genauigkeit, so daß der Mehraufwand an Zeit sich reichlich lohnt. Selbstverständlich ist ein derartiges Messungsverfahren nur bei entfernten und scharf einstellbaren Horizontmarken am Platze; bei nahe stehenden oder nur roh meßbaren Objekten wird man sich mit der durch die Horizontalkreisteilung gegebenen Genauigkeit stets begnügen müssen.

Sechster Abschnitt.

Besondere Methoden der nautischen Ortsbestimmung.

§ 32. Graphische Lösung des Standlinien-(Sumner-)Problems.

Wenngleich in diesem Buche in erster Linie die geographische Ortsbestimmung zu Lande behandelt wird, so erweist es sich doch noch als notwendig, auch einige spezielle Methoden zu erwähnen, die für die Längen- und Breitenbestimmung zur See in Frage kommen, und zwar um so mehr, als gerade hier das Ortsbestimmungsproblem eine einfache und dabei sehr sinnreiche Lösung gefunden hat.

Während auf dem Lande jede gemessene, selbst nicht sofort berechnete Position ihren Wert beibehält, hat die Ortsbestimmung des Seemannes meist nur augenblickliche Bedeutung, denn sie soll ihm nur die Möglichkeit bieten, seinen momentanen Standort auf der Karte einzeichnen und danach den Schiffskurs bestimmen zu können. Bei der Auswahl der Ortsbestimmungsmethoden für nautische Zwecke ist es somit stets notwendig, sich zu vergegenwärtigen, daß hier nur solche Beobachtungs- und Reduktionsregeln Aussicht auf praktische Verwendung haben, die unter Innehaltung möglichster Genauigkeit doch derartig gefaßt sind, daß sie rasch zum Ziele führen und systematische Versehen nach Möglichkeit ausschließen.

Die bereits erwähnten genäherten Methoden der Ortsbestimmung (Meridianhöhen, gleiche Höhen östlich und westlich vom Meridian, Finsternisbeobachtungen) können selbstverständlich ebensogut zu Lande wie zur See Anwendung finden. Die Genauigkeit der auf diese Weise erzielten Resultate ist, da in der Regel nur die Sonne als Beobachtungsobjekt in Frage kommt, keine sehr hohe. Zu Lande würde man die erhaltene Position meist nur dann gelten lassen, wenn es sich um Orientierungsbestimmungen oder um Beobachtungen an kleinen Instrumenten handelt. Für die Zwecke der Schiffahrt dagegen stellen sich Breiten- und Längenwerte, die innerhalb 1′ bis 2′ zuverlässig sind, als völlig ausreichend heraus. Es darf ferner nicht vergessen werden, daß einige der zu Lande üblichen Methoden der Orts- bzw. Zeitbestimmung mehrere Stunden klaren Wetters erfordern, die gerade in kritischen Fällen dem

Seemann kaum zur Verfügung stehen werden. Er wird nur zu oft in die Zwangslage kommen, zu seiner Ortsbestimmung auf eine beliebige Wolkenlücke am Tages- oder Abendhimmel angewiesen zu sein, und es muß ihm daher die Möglichkeit geboten werden, schon aus einer Höhenmessung der Sonne, eines Planeten oder eines bekannten hellen Sterns gewisse Anhaltspunkte für die Lage seines Schiffes bzw. für den einzuschlagenden Kurs zu gewinnen.

Die Genauigkeitsgrenzen bei der Ortsbestimmung zur See sind so weit gesteckt, daß die Lösung der gestellten Aufgabe durchaus im Bereiche der Möglichkeit liegt. Gelingt es, den Ort des Schiffes bis auf eine Bogenminute größten Kreises, d. h. bis auf eine Seemeile (1852 m) genau zu bestimmen, so reicht ein solches Ergebnis in allen Fällen aus; auf dem Weltmeere ist eine Unsicherheit von der erwähnten Größenordnung belanglos, und in der Nähe der Küste, wo ein Irrtum von rund zwei Kilometern schon sehr verhängnisvoll werden kann, geben bei sichtigem Wetter die Seezeichen und Küstenfeuer, bei unsichtigem Wetter sorgfältige Lotungen bessere Anhaltspunkte für die geographische Lage des Schiffes als die Sterne am Himmel.

Daß die Ortsbestimmung zur See eine spezielle Behandlung zuläßt, hat seine besonderen Gründe, die von Anfang an nachdrücklich betont werden müssen. Während bei Landexpeditionen so gut wie keine Möglichkeit besteht, die Uhren vor den beiden Hauptfaktoren der Gangänderungen, also insbesondere vor Temperaturschwankungen und vor Stößen genügend zu schützen, kann erfahrungsgemäß der Gang eines sorgfältig untergebrachten Bordchronometers längere Zeit hindurch nach den bereits früher (S. 83) erklärten Konstanten der Prüfungsstelle g_0, a und b aus:

$$g = g_0 + a\,(t - t_0) + b\,(t - t_0)^2$$

berechnet werden, ohne daß man Gefahr läuft, selbst nach mehreren Tagen oder selbst Wochen um mehr als einige wenige Sekunden von der richtigen mittleren Zeit von Greenwich abzuweichen. Gegenüber der Ortsbestimmung zu Lande kann man also zur See, selbst wenn keine genaueren Längenbestimmungen geglückt sind, doch stets mit der Kenntnis der Zeit des Nullmeridians rechnen. Jede Feststellung der Ortszeit, also jede Zeitbestimmung, ergibt somit durch die Vergleichung Ortszeit minus Greenwicher Zeit fast ohne Rechnung sofort die geographische Länge des Schiffes. Wird dazu eine Meridianhöhe der Sonne oder eines anderen Gestirns gemessen, so erledigt sich auch die Breitenbestimmung in äußerst einfacher Weise.

Sowohl die Zeit- wie die Breitenbestimmung erfordern bei diesem einfachsten Fall einer Festlegung des Schiffsortes eine ganz bestimmte Gestirnslage, und zwar für die Zeitbestimmung die Nähe des Ost-West-

Vertikals, für die Breite die Nähe des Meridians. Die zu lösende nautische Aufgabe muß daher noch erweitert werden. In der allgemeinsten Form könnte man ihr die folgende Fassung geben: Es ist bei annähernd bekannter Zeit des Nullmeridians durch Messung von zwei Gestirnshöhen in beliebigem Azimut die Stellung des Beobachters auf der Erde nach Länge und Breite zu ermitteln, doch soll bereits eine einzige Höhe gewisse Anhaltspunkte über die Lage des Schiffes ergeben. Es wird also mit anderen Worten gefordert, daß jede Höhenbeobachtung eines Gestirns auch einen geometrischen Ort des Schiffes, also eine beliebige zeichnerisch darstellbare Kurve auf der Karte ergibt, deren Durchschnittspunkt mit einer zweiten dann die Lage des Schiffes nach Länge und Breite festlegen soll.

Zum besseren Verständnis der Bedeutung der zu ermittelnden geometrischen Örter sei hier auf ein verwandtes Problem, die sog. Pothenotsche Aufgabe, die gleichfalls in der Nautik oft angewendet wird, kurz hingewiesen.

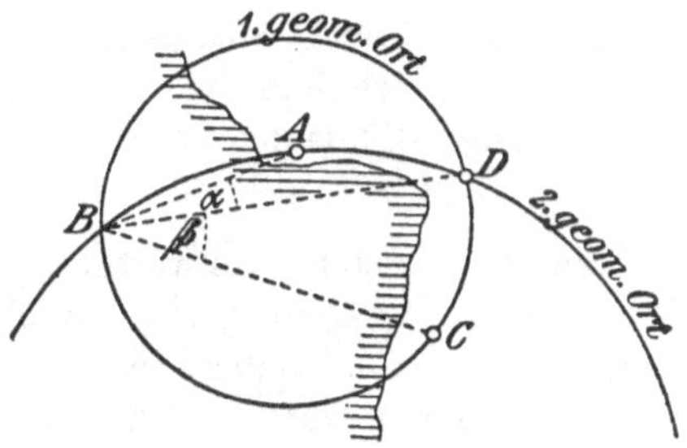

Fig. 55.

Es seien (Fig. 55) ADC drei in eine Seekarte eingezeichnete, auch äußerlich hervortretende Küstenpunkte (Türme, Windmühlen, Baken od. dgl.). Durch Messung der Winkel $ABD = \alpha$ und $DBC = \beta$ vom Schiffe B aus soll die Stellung desselben auf der Karte bestimmt werden.

Auch hier kann die Lösung der Aufgabe auf die Ermittelung von zwei geometrischen Örtern zurückgeführt werden: nach einem Lehrsatz der Elementargeometrie handelt es sich um die Konstruktion von zwei Kreisen, von denen der eine AD als Sehne und α als Peripheriewinkel, der zweite DC als Sehne und β als Peripheriewinkel umfaßt. Die geometrische Konstruktion der beiden Kreise mit Hilfe der Zentriwinkel α und β ist bekannt und braucht hier nicht näher erörtert zu werden. Für die praktische Lösung der Aufgabe ist sie auch belanglos, da man hier einfacher auf einem Blatt Pauspapier von einem beliebigen Punkte aus die Richtungen BA, BD und BC nach Maßgabe der gemessenen Winkel mit einem Transporteur festlegen und, um die Lage von B zu bestimmen, das Blatt dann so auf die Karte legen wird, bis die drei Strahlen tatsächlich durch die Punkte A, D und C der Küstenkarte hindurchgehen. Von besonderem Interesse ist hierbei nur die Tatsache, daß durch zwei geometrische Örter die Lage des Beobachters eindeutig festgelegt ist, und daß schon durch einen derselben (z. B. durch den Kreis BAD) die ursprüngliche Unsicherheit in der Stellung des Fahrzeuges innerhalb einer größeren Wasserfläche auf einen kurzen Kreisbogen eingeschränkt wird.

Eine einfache Überlegung zeigt, daß ähnliche Positionskreise sich im Prinzip auch auf die Lösung geographisch-astronomischer Aufgaben anwenden lassen. Zu jedem Gestirn der Himmelssphäre läßt sich nämlich für einen gegebenen Zeitmoment (in diesem Falle für die gegebene Zeit des Nullmeridians) ein Projektionspunkt G auf der Erdoberfläche bestimmen, für den das betreffende Gestirn im Zenit steht. Nach dem, was zu Anfang über die Beziehungen zwischen den Parallelkreisen an der Himmelssphäre und auf der Erdkugel gesagt worden ist, ist offenbar die geographische Breite des Punktes G gleich der Deklination des Gestirns. Der Projektionspunkt ist also auf dem Erdglobus in der Breite

$$\varphi = \delta$$

zu suchen. Die zweite geographische Koordinate von G, die Länge, ist offenbar gleich dem Stundenwinkel des Gestirns in Greenwich im Augenblicke der Beobachtung, also

$$\lambda = \tau .$$

Man hätte also nichts weiter zu tun, als die M. Z. Greenwich des Chronometers in Sternzeit umzuwandeln und durch Kombination derselben mit der Rektaszension des Sterns den Stundenwinkel desselben zu ermitteln. Bei der Sonne wäre natürlich durch unmittelbare Vergleichung der M. Z. Greenwich mit dem Kulminationsmoment der Sonne in Greenwich (12^h + Zeitgleichung) der Stundenwinkel zu bilden. Die in so einfacher Weise gewonnenen Koordinaten φ und λ des Projektionspunktes, die auch dem Sinne nach den Werten δ und τ entsprechen (östlicher Stundenwinkel entspricht auch östlicher Länge, nördliche Deklination nördlicher Breite), können nun wie folgt weiter verwendet werden.

Ist an irgendeinem Punkte der Erde die Zenitdistanz z_1 eines Gestirns bestimmt, so folgt aus der Gleichartigkeit der Kreise und Punkte an der Himmelssphäre und auf der Erde, daß der Beobachtungsort von dem Projektionspunkte G_1 des Gestirns bzw. der Zenitpunkt des Beobachters von der Lage des Gestirns am Himmel um den Bogen z_1 absteht. Ein geometrischer Ort für die Stellung des Beobachters wird somit ohne Zweifel durch die Peripherie des Kreises erhalten, der um den Projektionspunkt des Gestirns G_1 mit dem Bogen z_1 als Radius geschlagen wird (Fig. 56). Beobachtet man unmittelbar darauf die Zenitdistanz z_2 eines anderen Gestirns, so ergibt diese in Verbindung mit den neuen Werten von δ und τ einen zweiten Projektionspunkt G_2 und gleichzeitig einen zweiten Kreis, der den ersten offenbar in zwei Punkten schneidet, von denen der eine der Schiffsposition B entspricht. Handelt es sich um

Tagesbeobachtungen, so wäre nur eine entsprechende Änderung der Sonnenstellung abzuwarten, um einen zweiten oder dritten geometrischen Ort des Schiffes zu erhalten usf. Ein Zweifel, welcher von den beiden Schnittpunkten zu wählen ist, wäre nur bei Kreisen möglich, die sich nahezu berühren, also bei wenig geschickter Auswahl der beobachteten Objekte.

Die erwähnten Kreiskonstruktionen lassen sich leider streng nur auf einer vollständig ähnlichen Abbildung der Erdoberfläche, d. h. nur auf einem Globus, ausführen. Wäre z. B. die Bedingung gestellt, daß auf diesem Globus eine Seemeile durch 1mm dargestellt wird, so müßte, da eine Seemeile sich zur Länge des Erdhalbmessers verhält wie 1.852:6370, der Globus einen Durchmesser von rund 7 m haben und obendrein absolut korrekt gearbeitet sein, wenn die Resultate befriedigend ausfallen sollen. Auf die Benutzung einer kugelförmigen Erdabbildung muß also die Aufgabe von vornherein verzichten.

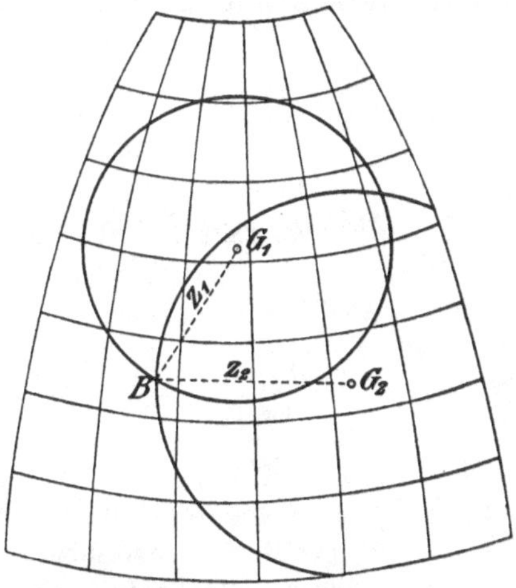

Fig. 56. Kreise gleicher Zenitdistanzen.

Die auseinandergesetzte Methode der Konstruktion des Schiffsortes aus zwei Zenitdistanzen gestattet jedoch noch eine Auffassung, die sie für die üblichen Seekarten in Mercators Projektion sofort verwendbar macht.

Es sei wieder *G* das Gestirn bzw. sein Projektionspunkt auf der Erde, *B* der Standpunkt des Schiffes und *z* die gemessene Zenitdistanz des Gestirns, so darf offenbar bei nicht zu kleiner Zenitdistanz ein Teil des Positionskreises in der Umgebung von *B*, also beispielsweise der Bogen $B_1 B_2$ (Fig. 57) als geradlinig betrachtet werden. Diesen Bogen kann man dann also ohne Bedenken unmittelbar gleich der Sehne oder gleich der Tangente in *B* setzen, mit anderen Worten, die Positionskreise gehen bei nicht zu kleinen Zenitdistanzen und bei Betrachtung kleiner Abschnitte derselben in gerade Linien über, die man als Positions- oder Standlinien zu bezeichnen pflegt. Die Standlinien haben dabei, wie man sich leicht durch Betrachtung der Figur überzeugt, zwei wichtige Eigenschaften: sie stehen (Fig. 57 u. 58) zu der Visier- oder Peilrichtung nach dem Gestirn senkrecht und bilden mit den Breitenkreisen der Mercatorkarte Winkel, die dem Azimute des beobachteten Gestirns entsprechen.

Die vorhin gestellte Aufgabe ändert sich auf diese Weise nicht unwesentlich, denn es wird jetzt verlangt, ohne Berücksichtigung des eigentlichen Projektionspunktes zu der gemessenen Höhe h eines Gestirns die entsprechende Standlinie des Schiffes in die Mercatorkarte einzuzeichnen. Daß dabei die ungefähre Gegend der Standlinie auf der Karte bekannt sein muß, ergibt sich aus der gestellten Aufgabe ganz von selbst, ebenso, daß an die Stelle einer einfachen Konstruktion nunmehr die zum Ausziehen der Standlinie erforderlichen zwei Kartenpunkte (φ_1, λ_1 bzw. φ_2, λ_2) rechnerisch ermittelt werden müssen.

Ist also der genäherte Schiffsort in Breite (φ) aus Kursrichtung und Fahrtgeschwindigkeit gegeben und die Höhe h_1 des Gestirns (korrigiert für Kimmtiefe und Strahlenbrechung) durch Messung ermittelt, so muß zunächst mit einer angenommenen unweit (φ) gelegenen Breite, also beispielsweise mit $\varphi_1 = (\varphi) - 30'$, der Stundenwinkel τ des Gestirns und hieraus die Ortszeit bestimmt werden, deren Vergleichung mit der M. Z. Greenwich des Chronometers unmittelbar die zu φ_1 zugehörige Länge λ_1 ergibt. Wiederholt man die Rechnung mit einem geänderten Wert von φ, z. B. mit $\varphi_2 = (\varphi) + 30'$, so erhält man die zu φ_2 gehörende Länge λ_2, und die Verbindungslinie der beiden Kartenpunkte φ_1, λ_1 und φ_2, λ_2 stellt die gesuchte Standlinie dar.

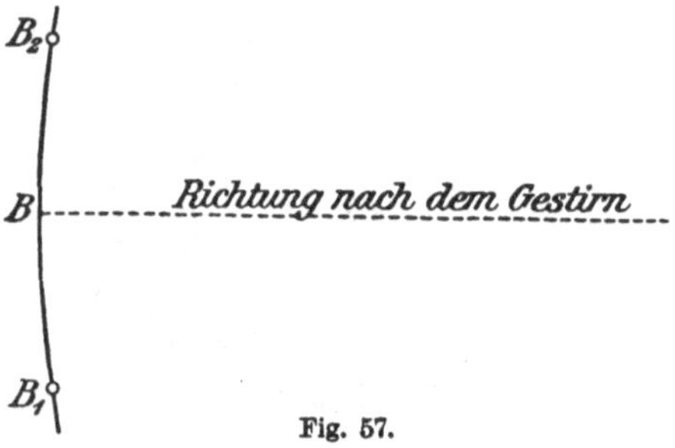

Fig. 57.

Die äußerst einfache Lösung des Problems kann eine Reihe von Änderungen erfahren. Liegt z. B. die gemessene Höhe in der Nähe des Meridians, wo die Höhen sich nur wenig ändern, so würde der Stundenwinkel nach der mitgeteilten Vorschrift sich nur sehr ungenau ermitteln lassen, und die gleiche Unsicherheit würde dann auch den Längen λ_1 und λ_2 anhaften. In einem solchen Falle ist es vorteilhafter, λ_1 und λ_2 nach einer genäherten Länge (λ) des Schiffes (also beispielsweise wieder $\lambda_1 = (\lambda) - 30'$, $\lambda_2 = (\lambda) + 30'$) anzusetzen und nunmehr umgekehrt aus der angenommenen Länge und der Greenwicher Zeit die Stundenwinkel τ_1 und τ_2, sowie hieraus die Breite φ_1 bzw. φ_2 der beiden Standlinienpunkte zu berechnen. Die hierbei verwendeten Formeln sind die gleichen wie bei der Ortsbestimmung zu Lande. Für die Zeitbestimmung hat man nämlich

$$\cos\tau = \frac{\cos z}{\cos\varphi \cos\delta} - \operatorname{tg}\varphi \operatorname{tg}\delta$$

oder für eine bequemere logarithmische Berechnung nach (6):

(B) $$\sin\frac{\tau}{2} = \sqrt{\sin\frac{z+u}{2}\sin\frac{z-u}{2}\sec\varphi\sec\delta}\,,$$

wobei nur statt

$$s = 90° + \frac{z-\delta-\varphi}{2}$$

(A) $$u = \varphi - \delta$$

gesetzt ist. Für die Breitenbestimmung kommt der bereits auf S. 111 für südliche bzw. nördliche Sterne abgeleitete Ausdruck

(D) $$\begin{cases} \cos(\varphi - M) = \dfrac{\cos z \sin M}{\sin\delta} \\ \cos(M - \varphi) = \dfrac{\cos z \sin M}{\sin\delta} \end{cases}$$

in Frage, wobei sich wieder M aus

(C) $$\operatorname{tg} M = \frac{\operatorname{tg}\delta}{\cos\tau}$$

ergibt. Ist außer der Höhe h des Gestirns noch das zugehörige Azimut a am Kompaß gepeilt oder einer Tafelsammlung entnommen, so braucht naturgemäß nur ein Punkt (λ_1, φ_1) der Standlinie berechnet zu werden; ihre Lage gegen die Parallelkreise ist dann durch den Azimutwinkel ohne weiteres gegeben (Fig. 58).

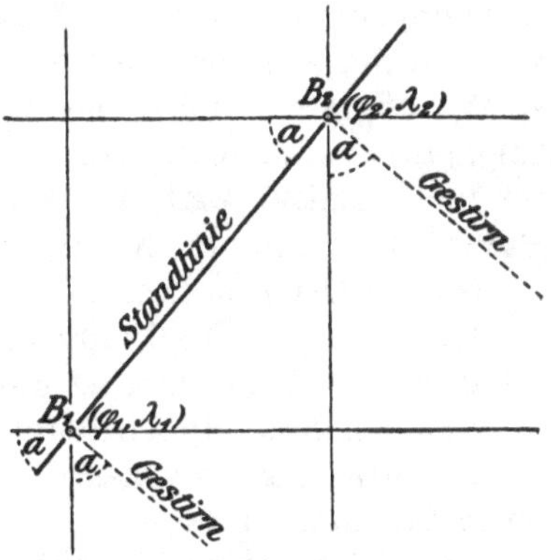

Fig. 58.

Als Beispiel ist im Anhang die historische Beobachtung des amerikanischen Schiffskapitäns Thomas H. Sumner im St. Georgskanal gewählt, die überhaupt erst zur Entdeckung der Standlinien und ihrer Eigenschaften führte (Beispiel 23 und Fig. 64). Durch Eintragen der am Kopfe und am Fuße einer jeden Reihe der Versuchsrechnung gegebenen Koordinaten (φ, λ) in die Mercatorkarte stellte Sumner zu seiner Überraschung fest, daß die drei Punkte in eine Gerade fielen, die etwa durch Smalls Feuerschiff verlief. Er erkannte auch, daß diese Gerade nichts anderes sei, als die Peripherie des vom Projektionspunkt der Sonne aus mit einem Halbmesser von $z = 77°50' = 4670$ Seemeilen gezogenen sehr großen Positionskreises. „Es wurde mir dadurch plötzlich klar," berichtet er selbst, „daß man an den drei berechneten Punkten, sowie bei Smalls Feuer und auf dem Schiffe in demselben Augenblicke dieselbe Sonnenhöhe gehabt hatte, und es folgte daraus, daß ich Smalls Feuer ONO peilen mußte, wenn das Chronometer richtig ging . . .

Hieraus ist ersichtlich, daß eine Beobachtung, die zu irgend einer Tageszeit in beliebigem Azimut angestellt worden ist, praktisch nutzbar gemacht werden kann, sofern man sich nur auf sein Chronometer verlassen kann.“

Das Azimut der Sonne zur Zeit der Beobachtung war, wie man nachträglich feststellen kann, 338° oder in der seemännischen Bezeichnungsweise S 22° O (22° östlich vom Südpunkte des Horizonts). Man überzeugt sich leicht, daß man die in Frage kommende Sumnerlinie auch durch einfaches Antragen dieses Winkels an den Breitenkreis in einem der 3 Punkte, also z. B. (λ_1, φ_1) konstruieren kann. Von Beobachtungsfehlern bei der Zenitdistanzmessung und von den Ungenauigkeiten in der Annahme der Greenwicher Zeit abgesehen, ist der Ort des Schiffes jedenfalls auf der eingezeichneten Standlinie zu suchen. Im vorliegenden Beispiel genügte schon die eine Standlinie zur Orientierung, denn ihre Richtung gab an, daß man beim Steuern des von ihr angegebenen ONO-Kurses nach einiger Zeit das Auftauchen von Smalls Feuerschiff in der Fahrtrichtung an der Kimm erwarten durfte.

Bei der Ortsbestimmung auf hoher See wird man naturgemäß danach streben, den Ort des Fahrzeugs durch Verbindung von Standlinien zu erhalten, die sich möglichst unter einem rechten Winkel schneiden, oder durch Mitnahme einer dritten Linie seine Stellung zu sichern suchen. Im letzteren Falle werden die drei Geraden im allgemeinen nicht mehr einen Schnitt*punkt*, sondern eine Schnitt*fläche* ergeben. Bei einigermaßen gleichmäßiger Verteilung der Sterne im Azimut ist dann der wahrscheinlichste Schiffsort im Mittelpunkte des dem Dreieck eingeschriebenen Kreises zu suchen. Selbstverständlich müssen die Beobachtungen unter allen Umständen auf dieselbe Schiffsstellung reduziert sein. Hierzu verschiebt man (Fig. 59) bei zwei Standlinien die erste, bei dreien die erste und zweite in der Richtung des Schiffskurses um so viel Bogenminuten parallel mit sich selbst, als nach dem Schiffsbesteck inzwischen Seemeilen zurückgelegt sind.

Die Standlinienmethode stellt trotz ihrer außerordentlichen Einfachheit geradezu das Muster einer praktischen Ortsbestimmungsaufgabe dar. Bei dem graphischen Eintragen der erforderlichen Punkte und Linien für die geometrischen Örter des Schiffes verliert man auch nicht für einen Moment den Überblick, wenn man sich nur stets vergegenwärtigt, daß die Positionslinien eigentlich Kreisbögen von sehr großem Radius und minimaler Krümmung sind. Die Übersichtlichkeit des Verfahrens liegt insbesondere darin, daß die gemessenen Stücke, also Zenitdistanz und Azimut, direkt für die Konstruktion des Schiffsortes verwendet werden. Daß sich auch der erste der beiden Winkel der Größe und Richtung nach in der Konstruktion vorfindet, ersieht man daraus, daß die auf der Standlinie senkrecht stehende Peilrichtung in einem Abstande von z Grad auf den Projektionspunkt des Gestirns führen muß. Diese Tatsache ist von großer Bedeutung. Zieht man nämlich im Abstande von 1 oder 2 Seemeilen eine Parallele zu der erhaltenen Standlinie, so ersieht man sofort, um wieviel ein bei der Zenitdistanzmessung begangener Fehler von 1 oder 2 Bogenminuten den geometrischen Ort auf der Erde verfälscht (vgl. Fig. 64). Stellt sich beispielsweise nachträglich heraus, daß in dem angenommenen z noch ein Reduktions- oder Ablesefehler von 1′ steckt, in dem Sinne, daß z um 1′ zu groß angenommen wurde, so braucht die Rechnung nicht wiederholt zu werden, sondern es genügt dann, die Standlinie in der Peilrichtung um 1 Seemeile zu verschieben. Eine ähnliche Parallelverschiebung im Breitenparallel nach Osten oder Westen ist dann vorzunehmen, wenn man einen Chronometerfehler als möglich zuläßt; die Größe dieser Verschiebung in Länge ist gleich der in Bogen umgewandelten Uhrabweichung. Ist also die Konstruktion der Standlinien aus irgend einem Grunde unsicher, so ist doch auf alle Fälle der Ort des Schiffes zum mindesten durch enge Positionszonen begrenzt. Zu beachten und für die praktische Anwendung sehr wichtig ist dabei, daß Fehler im angenommenen Uhrstand oder bei der Messung der Zenitdistanz wohl die Lage, aber nie die Richtung der Standlinie verändern können.

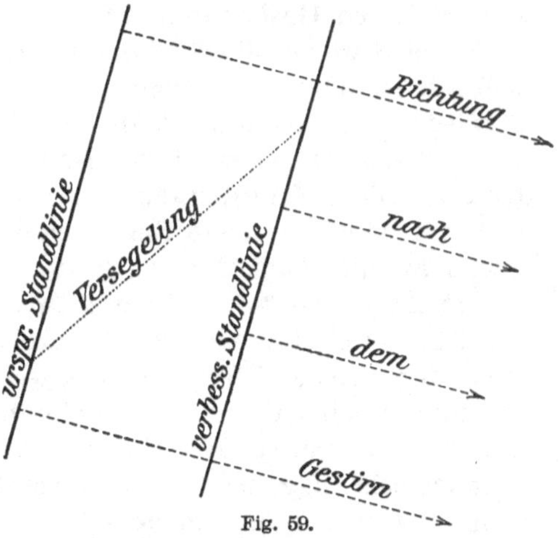

Fig. 59.

Nur in den seltenen Fällen, bei denen die gemessene Zenitdistanz so klein ist, daß die Auffassung eines Peripheriestückes des Positionskreises als gerade Linie nicht mehr statthaft ist, versagt die Standlinienmethode, und es tritt dann an den Beobachter die Aufgabe heran, die Krümmung der Positionskurve zu berücksichtigen. Es geschieht dies am einfachsten in der Weise, daß man dann den Projektionspunkt G des Gestirns wirklich berechnet und dann mit der in Bogenminuten oder Seemeilen ausgedrückten Zenitdistanz einfach einen Kreis schlägt. Es ist dabei wieder zu beachten, daß eine solche Konstruktion eigentlich nur auf einer in jeder Beziehung ähnlichen Erddarstellung statthaft ist. Diese Voraussetzung trifft bei der Mercatorkarte praktisch nur dann zu, wenn es sich um kleine und in der Nähe des Äquators gelegene Gebiete handelt.

§ 33. Rechnerische Ableitung der Breiten- und Längenkorrektion für den gegißten Schiffsort.

Es ist im vorangehenden Paragraphen bereits darauf hingewiesen worden, daß bei der Konstruktion einer Standlinie mit Hilfe von angenommenen Breiten und berechneten Längen nur bei größeren Stundenwinkeln zuverlässige Längenwerte resultieren, und daß es bei Beobachtungen unweit des Meridians notwendig wird, den umgekehrten Weg einzuschlagen, d. h. die Längen zu variieren und die Breiten zu berechnen.

Man kann sich diese Überlegung gänzlich ersparen, wenn man die Standlinienaufgabe noch einmal von einem mehr analytischen als konstruktiven Gesichtspunkte aus betrachtet.

Es sei B wieder die Stellung des Schiffes in der Merkatorkarte, a das beobachtete oder berechnete Azimut des gepeilten Gestirns (Fig. 58), so ist wieder der Abstand BG des Schiffes von dem Projektionspunkte G des Gestirns gleich der für die Breite und Länge von B gültigen Zenitdistanz. Diese Zenitdistanz läßt sich beobachten, aber andererseits auch für eine gegebene Zeit aus dem Poldreieck direkt berechnen. Geschieht dies mit den nach der Besteckrechnung angenommenen sog. gegißten Schiffskoordinaten (φ), (λ), und sind diese Koordinaten richtig, so muß offenbar eine gleichzeitige Beobachtung der Zenitdistanz genau den gleichen Wert z ergeben wie die Rechnung. Stellt sich dagegen zwischen Beobachtung und Rechnung ein Unterschied heraus, so ist nichts weiter notwendig, als diese kleine Abweichung, die mit dz bezeichnet sein mag, von B aus längs der Peilrichtung in dem richtigen Sinne abzutragen und in dem betr. Punkte eine Senkrechte zur Peilrichtung zu errichten, um die gewünschte Standlinie zu erhalten. Über den Sinn der Abtragung kann kein Zweifel bestehen, wenn man sich vergegenwärtigt, daß die beobachtete Zenitdistanz als die richtige, die mit (φ), (λ) berechnete dagegen als die fehlerhafte anzusehen ist.

Das Wesen dieser von Marcq Saint-Hilaire angegebenen Methode beruht also darin, daß man zur Bestimmung der Standlinie nicht mehr die Schiffskoordinaten variiert, sondern unmittelbar vom Besteckort ausgeht und mit Hilfe von Azimut und Zenitdistanz eine Parallelverschiebung der Positionslinie um den Betrag dz vornimmt. Eine zweite Standlinie ergibt dann den Schiffsort, wobei die Versegelung genau in der gleichen Weise wie bei der Sumnermethode zu berücksichtigen ist.

Die erforderliche Berechnung der Zenitdistanz kann, wenn der Winkel nicht zu klein ist, nach der bereits mitgeteilten cos-Formel (vgl. S. 100)

$$\cos z = \sin\varphi \sin\delta + \cos\varphi \cos\delta \cos\tau$$

erfolgen oder mit Hilfe einer Sinusfunktion, die man erhält, wenn die Gleichung für $\cos z$ wie folgt geschrieben und nach (9) umgeformt wird:

$$1-\cos z = 1-\left[\sin\varphi\sin\delta+\cos\varphi\cos\delta\left(1-2\sin^2\frac{\tau}{2}\right)\right],$$

$$2\sin^2\frac{z}{2} = 1-\cos(\varphi-\delta)-2\cos\varphi\cos\delta\sin^2\frac{\tau}{2},$$

$$\sin^2\frac{z}{2} = \sin^2\frac{\varphi-\delta}{2}+\cos\varphi\cos\delta\sin^2\frac{\tau}{2},$$

$$\sin^2\frac{z}{2} = \sin^2\frac{\varphi-\delta}{2}\left(1+\frac{\sin^2\frac{\tau}{2}\cos\varphi\cos\delta}{\sin^2\frac{\varphi-\delta}{2}}\right).$$

Der in der Klammer befindliche Bruch ist eine Funktion von τ, φ und δ. Da diese Winkel alle Beträge zwischen 0° und 90° annehmen können, so liegt sein Wert zwischen 0 und ∞ und man kann ihn also zur Abkürzung $= \operatorname{tg}^2 w$ setzen. Es wird dann

$$\operatorname{tg} w = \pm\sqrt{\frac{\sin^2\frac{\tau}{2}\cos\varphi\cos\delta}{\sin^2\frac{\varphi-\delta}{2}}},$$

wodurch der Ausdruck für z die vereinfachte Form annimmt:

$$\sin\frac{z}{2} = \sin\frac{\varphi-\delta}{2}\sec w.$$

Es braucht kaum besonders darauf hingewiesen zu werden, daß die für die beiden Standlinien gefundenen Zenitdistanzabweichungen dz_1 und dz_2 auch ohne Zuhilfenahme einer Karte rein rechnerisch zur Ermittlung der Korrektion des Schiffsortes $d\varphi$ und $d\lambda$ in Breite und Länge verwendet werden können. Es sei (Fig. 60) B' der gegißte, B der durch die Standlinien AB und BC bestimmte Ort des Schiffes, AC die Meridianrichtung und BH das von B auf AC gefällte Lot, a_1 und a_2 die gemessenen oder einer Tafel entnommenen Azimute der Peilrichtungen, so ist zunächst $d\varphi = B'H$ oder

$$\text{(B)}\qquad \begin{cases} d\varphi = dz_1\sec a_1 - BH\operatorname{tg} a_1 \\ d\lambda = BH\sec\varphi. \end{cases}$$

Zur Bestimmung von BH drücken wir zunächst den Meridianabschnitt AC durch die bekannten Stücke aus und erhalten einerseits

$$AC = HA + HC = BH\,(\operatorname{tg} a_1 + \operatorname{tg} a_2),$$

andererseits

$$AC = dz_1 \sec a_1 + dz_2 \sec a_2 ,$$

somit

$$\text{(A)} \qquad BH = \frac{dz_1 \sec a_1 + dz_2 \sec a_2}{\operatorname{tg} a_1 + \operatorname{tg} a_2} ,$$

wobei die Azimute nach seemännischem Gebrauch sowohl von Norden als auch von Süden beiderseitig gezählt angenommen sind. Ein Irrtum im Quadranten ist ja so gut wie ausgeschlossen; wollte man die astronomische Zählweise von Süden über Westen, Norden, Osten beibehalten, so wären in dem Ausdruck für BH der ganze Bruch sowie die Vorzeichen im Zähler und Nenner negativ zu setzen.

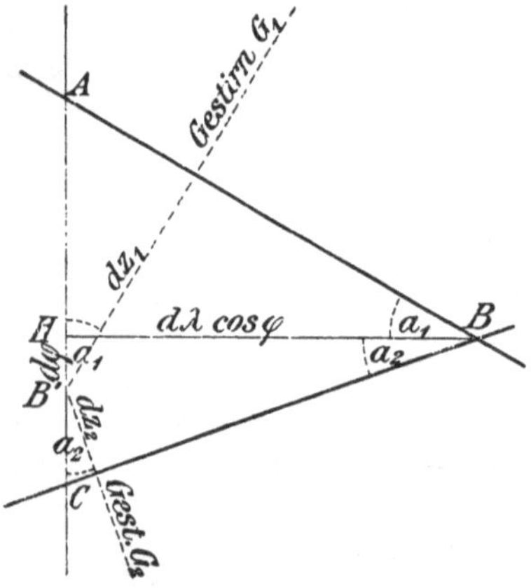

Fig. 60.

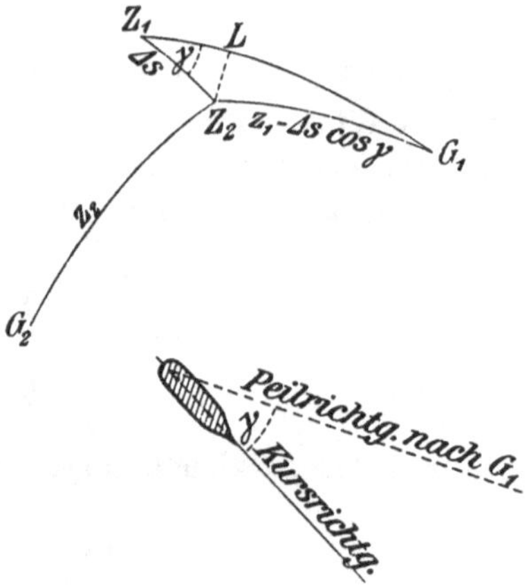

Fig. 61.

Sind die Beobachtungen z_1 und z_2 nicht gleichzeitig ausgeführt, so muß wieder die Zenitdistanz der ersten Messung auf den Schiffsort der zweiten reduziert werden oder umgekehrt. Die Konstruktion dieser Reduktionsgröße durch Verschiebung der Standlinie ist bereits im vorangehenden Paragraphen mitgeteilt worden. Die Zenitreduktion läßt sich aber auch einfach berechnen, wenn man sich vergegenwärtigt (Fig. 61), daß in dem kleinen sphärischen Dreieck $Z_1Z_2G_1$ (Zenit der ersten und zweiten Messung und Gestirnsort) die Versegelung Δs auf der Erdoberfläche durch Z_1Z_2 dargestellt ist. Der Winkel γ bei Z_1 ist offenbar gleich dem Winkel zwischen Peil- und Kursrichtung im Moment der ersten Beobachtung und am Kompaß leicht abzulesen. Fällt man nun das sphärische Lot Z_2L von Z_2 auf Z_1G_1, so wird man praktisch das kleine Dreieck Z_1Z_2L stets als eben annehmen können. Unter der Voraussetzung, daß das Gestirn G während der Zwischenzeit seine

Stellung am Himmel nicht geändert hat — es handelt sich ja um eine Orts-, nicht um eine Zeitreduktion —, ist dann infolge der Versegelung an Stelle der ersten direkt gemessenen Zenitdistanz z_1 der Wert

$$z_1 - \Delta s \cos\gamma$$

zu verwenden.

Wie ohne weiteres ersichtlich, ist der Zweck der Sumnermethode und des Marcq St-Hilaireschen differentiellen Verfahrens der gleiche: die Feststellung eines geometrischen Ortes der Schiffsposition. Die Lösungen verhalten sich etwa zueinander wie die Konstruktion und trigonometrische Auflösung einer geometrischen Aufgabe, und daher gebührt wenigstens theoretisch der differentiellen Methode der Vorzug. Die rechnerische Methode würde auch ohne Frage das Sumnerverfahren völlig verdrängen, wenn es möglich wäre, die Zenitdistanzrechnung durch Tafeln ähnlich zu umgehen, wie es bei den Azimuten (Tafeln von J. Ebsen u. a.) geschehen ist. Versuche in dieser Richtung sind letzthin wiederholt ausgeführt worden, ohne daß durch die entworfenen Tabellen eine wesentliche Abkürzung der Rechnung erzielt worden wäre. Damit ist dem leichter verständlichen und doch praktisch oft völlig ausreichenden graphischen Standlinienverfahren in der Seeschiffahrt noch für längere Zeit die bisherige Stellung gesichert.

Anhang I.

Beispiele zur Zeit-, Breiten- und Längenbestimmung.

1. Beispiele für die Umwandlung von mittlerer Sonnenzeit in Sternzeit und umgekehrt (zu § 4).

1. Gegeben: 1910 Jan. 16 $6^h\,0^m\,0^s$ nachm. M. Z. Gr. ($\lambda = 0°$).
Gesucht: Die zugehörige Sternzeit Greenwich.

St. Z. im vorangeg. mittl. Mittag Greenwich	$19^h\,40^m\,10^s.0$	aus Naut. Alm.
Seit dem mittl. Mittag Greenw. verfl. St. Z.	6 0 59.1	» Anh. II, Taf. 1
Zu $6^h\,0^m\,0^s$ M. Z. Gr. gehörige St. Z.	**$1^h\,41^m\,9^s.1$**	

2. Gegeben: 1910 Februar 9 $10^h\,14^m\,18^s.5$ nachm. M. Z. Berlin ($\lambda = 13°.4$ ö. Gr.).
Gesucht: Die zugehörige Sternzeit Berlin.

St. Z. im vorangeg. mittl. Mittag Greenwich	$21^h\,14^m\,47^s.4$	aus Naut. Alm.
Red. auf den „ „ Berlin	— 8.8	» Anh. II, Taf. 3
Seit dem mittl. Mittag Berlin verfl. St. Z.	10 15 59.4	» » II, » 1
Gesuchte St. Z. Berlin	**$7^h\,30^m\,38^s.0$**	

3. Gegeben: 1910 April 6 $9^h\,4^m\,25^s.7$ vorm. M. Z. Königsberg ($\lambda = 20°.5$ ö. Gr.).
Gesucht: Die zugehörige Sternzeit Königsberg.

St. Z. im vorangeg. mittl. Mittag Greenwich	$0^h\,51^m\,37^s.8$	aus Naut. Alm.
Red. auf den „ „ Königsberg	—13.5	» Anh. II, Taf. 3
Seit dem mittl. Mittag Königsberg verfl. St. Z.	21 7 53.4	» » II, » 1
Gesuchte St. Z. Königsberg	**$21^h\,59^m\,17^s.7$**	

4. Gegeben: 1910 Dez. 24 $6^h\,20^m\,20^s.0$ St. Z. Madrid ($\lambda = 3°.7$ w. Gr.).
Gesucht: Die zugehörige mittlere Sonnenzeit Madrid.

St. Z. im vorangeg. mittl. Mittag Greenwich	$18^h\,8^m\,32^s.1$	aus Naut. Alm.
Red. auf den „ „ Madrid	+ 2.4	» Anh. II, Taf. 3
Seit dem mittl. Mittag Madrid verfl. St. Z.	12 11 45.5	
Gesuchte M. Z. Madrid (astron.) Dez. 24	12 9 45.6	» » II, » 2
Gesuchte M. Z. Madrid (bürg.) Dez. 25	**$0^h\,9^m\,45^s.6$ vorm.**	

2. Beispiele zur Interpolationsrechnung (zu § 8).

1. Bruchstück einer Mondephemeride aus dem Nautischen Jahrbuch nach erfolgter Differenzbildung.

1901	Dekl.	1. Diff.	2. Diff.	3. Diff.	4. Diff.
Juni 1.0	−19° 30′ 43″				
		−2213″			
» 1.5	−20 7 36		+827″		
		−1386		+39″	
» 2.0	−20 30 42		+866		−15″
		− 520		+24	
» 2.5	−20 39 22		+890		−12
		+ 370		+12	
» 3.0	−20 33 12		+902		−13
		+1272		− 1	
» 3.5	−20 12 0		+901		−15
		+2173		−16	
» 4.0	−19 35 47		+885		
		+3058			

2. Gesucht ist aus der Tafel die Deklination des Mondes für 1901 Juni 2 $16^h\,20^m$ M.E.Z. $= 15^h\,20^m$ M. Z. Gr.

In die Formeln ist einzusetzen:

$$T = 1901 \text{ Juni } 2.5 \qquad h = 12^h \qquad z = 3^h\,20^m \qquad t = 0.2778$$

Nach der Newtonschen Formel erhält man:

$$\begin{aligned} f(T+t) &= -20°\,39'\,22'' \\ &\quad + \quad 1\;\;42.8 \\ &\quad - \quad 1\;\;30.5 \\ &\qquad\qquad\; 0.0 \end{aligned}$$

Gesuchte Monddeklination $= -20°\,39'\,10''$

Ähnlich nach dem Ausdruck von Hansen:

$$\begin{aligned} f(T+t) &= -20°\,39'\,22'' \\ &\quad - \quad 0\;\;21.7 \\ &\quad + \quad 0\;\;34.3 \end{aligned}$$

Gesuchte Monddeklination $= -20°\,39'\;\;9''$

3. Die obige zwölfstündige Ephemeride ist in eine sechsstündige zu verwandeln (Interpolation in die Mitte).

1901	Dekl.	1901	Dekl.
Juni 1.00	−19° 30′ 43″	Juni 2.50	−20° 39′ 22″
» 1.25	−19 50 50	» 2.75	−20 38 10
» 1.50	−20 7 36	» 3.00	−20 33 12
» 1.75	−20 20 56	» 3.25	−20 24 29
» 2.00	−20 30 42	» 3.50	−20 12 0
» 2.25	−20 36 52	» 3.75	−19 55 46
» 2.50	−20 39 22	» 4.00	−19 35 47

Mit den Angaben des Nautischen Jahrbuchs 1901 stimmen die interpolierten Werte bis auf 1″ überein.

Anmerkung. Die Mondpositionen sind für diese Beispiele gewählt, um die Interpolation mit Differenzen höherer Ordnung zu veranschaulichen. Da die Jahrbücher gegenwärtig meist stündliche Ephemeriden des Mondes (z. T. auch der Sonne) geben, so erledigt sich in der Praxis die Interpolation meist schon mit Differenzen erster und zweiter Ordnung.

3. Beispiel einer Vergleichung von Uhren verschiedener Zeitarten (zu § 13).

(Auszug aus einem Uhrvergleichungsjournal der Hamburgischen Sonnenfinsternisexpedition 1907.)

Ort: Dshisak in West-Turkestan, $\varphi = +40^\circ\!.1$, $\lambda = 67^\circ\!.8$ ö. v. Gr.

Red. der Sternzeit im mittl. Mittag Greenwich auf Dshisak = $-44^s\!.6$.

Vergleichungen von Chronometer Reid 1073 (St. Z.) und Bröcking 1419 (M. Z.).

	1907 Jan. 7		1907 Jan. 8	
U' (Br 1419)	$7^h\ 7^m\ 59^s\!.5$	$7^h\ 11^m\ 15^s\!.0$	$5^h\ 10^m\ 36^s\!.5$	$5^h\ 13^m\ 46^s\!.0$
ϑ' (R 1073)	6 43 8	6 46 24	4 49 20	4 52 30
$\Delta\vartheta$ (R 1073)	+43.6	+43.6	+44.7	+44.7
ϑ	6 43 51.6	6 47 7.6	4 50 4.7	4 53 14.7
St. Z. im mittl. Mittag	19 2 51.8	19 2 51.8	19 6 48.3	19 6 48.3
St. Z. seit dem mittl. Mittag	11 40 59.8	11 44 15.8	9 43 16.4	9 46 26.4
Red. a. M. Z.	—1 54.8	—1 55.4	—1 35.6	—1 36.1
U	11 39 5.0	11 42 20.4	9 41 40.8	9 44 50.3
$U - U' = \Delta U$ Br 1419	**$+4^h\ 31^m\ 5^s\!.5$**	**$+4^h\ 31^m\ 5^s\!.4$**	**$+4^h\ 31^m\ 4^s\!.3$**	**$+4^h\ 31^m\ 4^s\!.3$**

4. Beispiel einer genäherten Breitenbestimmung aus Mittagshöhen der Sonne (zu § 14).

1909 Jan. 19.

Beobachtungsort: Hamburger Sternwarte am Holstenwall. Libellenquadrant von Butenschön, Indexfehler +5′. Taschenuhr nach M. E. Z. innerhalb ±30^s berichtigt.

M. E. Z.	Sonnen-einstellung	Ablesung der Höhe	
$12^h\,26^m\,50^s$	u. Rd.	16° 48′	16° 0′.5
27 50	o. Rd.	15 13	
28 50	o. Rd.	16 44′	16 1.0
29 46	u. Rd.	15 18	
30 36	Mitte	16 0	16 0.0
31 30	„	16 0	
12 32 16	Mitte	16 1	16 0.5
33 0	„	16 0	
33 57	o. Rd.	16 43	15 59.5
34 50	u. Rd.	15 16	
35 47	o. Rd.	16 43	16 0.0
36 30	u. Rd.	15 17	

Die Länge von Hamburg beträgt $39^m\,54^s$ östl. v. Greenw., somit $20^m\,6^s$ westl. vom Mitteleurop. Meridian. Die Mitte der Beobachtungen ($12^h\,32^m$) entspricht also $12^h\,12^m$ mittl. Ortszeit. Die Zeitgleichung betrug am 19. Jan. 1909 $+11^m$, so daß die Beobachtungen sich tatsächlich auf etwa 5^m vor und nach der Sonnenkulmination erstrecken. Für diese kurze Zeit kann die Höhenänderung der Sonne vernachlässigt werden, man erhält somit für die Mittagshöhe der Sonnenmitte und ihre Beziehung zur Breite

$$\begin{array}{rl} h' = & 16^\circ\ 0' \\ \text{Indexfehler} = & +5 \\ \text{Refraktion} = & -3 \\ \hline h = & 16\ \ 2 \\ \delta = & -20\ \ 25 \\ h-\delta = & 36\ \ 27 \\ \varphi = & \mathbf{53^\circ 33'} \end{array}$$

Das Resultat stimmt mit der wahren Breite (53° 33′.1) sehr gut überein, obwohl das Instrument freihändig, allerdings unter Anlehnen des Armes an eine Mauerkante, benutzt wurde.

5. Beispiel für eine graphische Bestimmung von Breite und Uhrkorrektion aus Meridianzenitdistanzen der Sonne (zu § 14 und 15).

1908 Nov. 6

Beobachtungsort: Hamburger Sternwarte am Holstenwall. Universal Fennel 4872, Zenitpunkt 359° 53.0. Taschenuhr.

Die direkten Beobachtungsergebnisse der Zenitdistanzen des oberen Sonnenrandes lauten, für den Zenitpunkt (Indexfehler) am Höhenkreise korrigiert:

Kr. rechts		Kr. links	
U'	z'	U'	z'
11ʰ 49ᵐ 49ˢ	69° 15′ 5″	11ʰ 51ᵐ 35ˢ	69° 14′ 10″
53 33	69 13 10	55 16	69 12 25
57 10	69 11 55	58 49	69 11 35
12 0 40	69 11 20	12 2 20	69 11 20
4 25	69 11 30	6 0	69 11 35
7 45	69 11 50	9 32	69 12 0
11 5	69 12 25	12 48	69 13 5
14 41	69 14 5	16 43	69 15 5

Die graphische Eintragung der Zahlenwerte auf Koordinatenpapier zeigt das auf der folgenden Seite in Fig. 62 wiedergegebene Bild.

Die Meridianzenitdistanz des oberen Sonnenrandes ergibt sich hiernach zu 69° 11′.3. Da im Meridian $\varphi = z + \delta$, so ist demnach:

$$
\begin{aligned}
z' &= 69° \; 11'.3 \\
\text{Refr.} &= \;+\; 2.5 \\
\text{Halbm.} &= +16.2 \\
\text{Parallaxe} &= \;-\; 0.1 \\
\hline
z &= 69 \;\; 29.9 \\
\delta &= -15 \;\; 56.8 \\
\hline
\varphi &= \mathbf{+53° \; 33'.1}
\end{aligned}
$$

Die Kulminationszeit entspricht nach der Kurve der Uhrangabe $12^h\,3^m.3$. Da die Zeitgleichung $-16^m.3$ betrug, so ist

$$
\begin{aligned}
U &= 11^h\,43^m.7 \\
U' &= 12 \;\;\; 3.3 \\
\hline
\Delta U &= \mathbf{-19^m.6}
\end{aligned}
$$

Anmerkung. Der beträchtliche Wert der Uhrkorrektion ist darauf zurückzuführen, daß die Taschenuhr nach M. E. Z. orientiert war, die der Hamburger Ortszeit um $20^m\,6^s$ voraus ist.

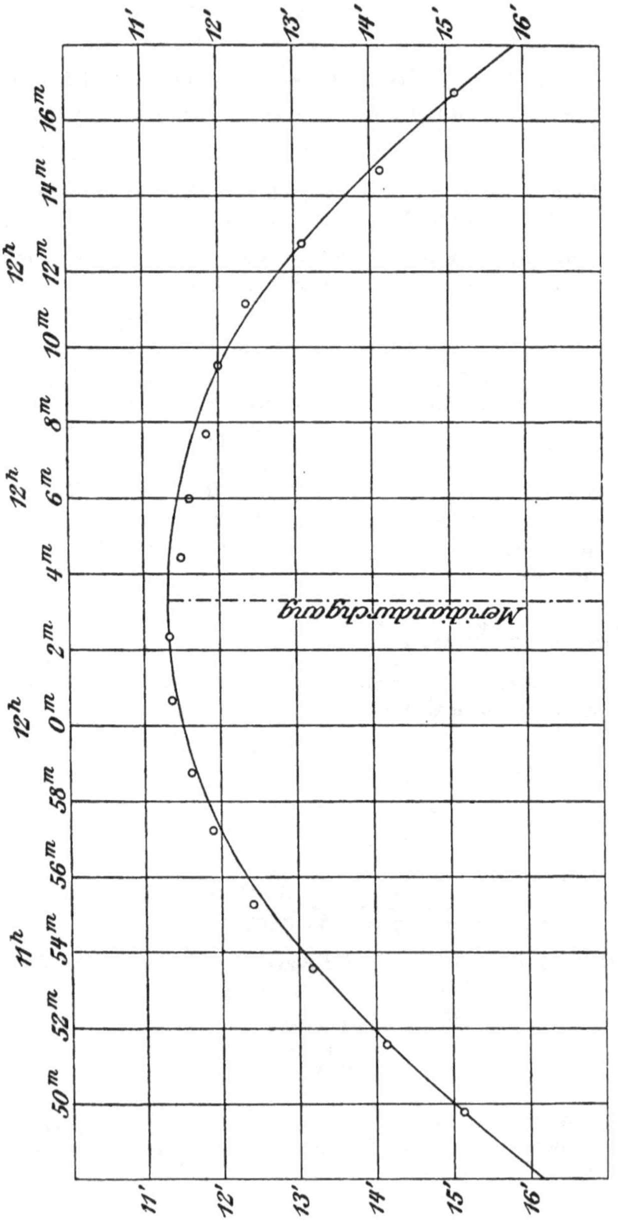

Fig. 62. Graphische Bestimmung von Breite und Uhrkorrektion aus Meridianzenitdistanzen der Sonne (zu Beispiel 5).
Meridianzenitdistanz = 69° 11′.3. Meridiandurchgang = $12^h\ 3^m.3$.

6. Beispiel für eine genäherte Längenbestimmung durch Zeitübertragung

(zu § 16).

1911 Juli 2 wurde bei Gelegenheit einer Tagesrückfahrt von Bergedorf ($\lambda = 40^m 57^s.7$ ö. v. Gr.) nach Helgoland auf der Insel eine Zeitbestimmung mit einem kleinen Dosensextanten von Negretti und Zambra ausgeführt. Es ergab sich dabei als Stand der benutzten Taschenuhr:

Bergedorf, Sternwarte	Juli 2, 6^h a. m.	$\Delta U = -18^m\ 30^s$
Helgoland, Zeitbest.	Juli 2, 6 p. m.	$\Delta U = -28\ \ 13$
Bergedorf, Sternwarte	Juli 3, 2 a. m.	$\Delta U = -18\ \ 33$

Der Längenunterschied beider Orte beträgt demnach $9^m\ 41^s$ und die Länge von Helgoland demnach

$$\left.\begin{aligned}\lambda &= 31^m\ 17^s\\ \lambda &= 7^\circ\ 49'\end{aligned}\right\}\ \text{östl. v. Greenw.}$$

7. Beispiel einer Längenbestimmung aus Trabantenverfinsterungen

(zu § 16).

1902 April 22 wurden während einer Mondfinsternis auf der Uraniasternwarte in Berlin und auf der Universitätssternwarte in Prag die folgenden Rand- und Krateraustritte aus dem Erdschatten beobachtet:

Erscheinung	M. Z. Prag	M. Z. Urania	$\Delta\lambda$
Ende der Totalität	$8^h\ 32^m.9$	$8^h\ 28^m.7$	$4^m.2$
Ende der Finsternis überhaupt .	9 42.5	9 38.6	3.9
Kraterausttritte:			
Aristarch	8 48.3	8 44.1	4.2
Tycho	8 53.0	8 48.8	4.2
Copernicus	8 57.8	8 54.0	3.8
Dionysius	9 18.1	9 14.2	3.9
Proclus	9 33.3	9 29.6	3.7

Der Längenunterschied beider Orte beträgt demnach $4^m.0$. Da Prag $57^m\ 40^s$ ö. v. Gr. liegt, so beträgt die Länge der Uraniasternwarte in Berlin

$$\left.\begin{aligned}\lambda &= 53^m\ 40^s\\ \lambda &= 13^\circ\ 25'\end{aligned}\right\}\ \text{östl. v. Greenw.}$$

8. Beispiel einer Zeitbestimmung aus Zenitdistanzmessungen in der Nähe des Ost-West-Vertikals (zu § 18).

Dshisak, 1907 Jan. 7, Einzelheiten wie bei Beispiel 9.

	α Leonis im Osten $\alpha = 10^h\,3^m\,25^s.3,\ \delta = +12°\,25'.3$				γ Pegasi im Westen $x = 0^h\,8^m\,25^s.7,\ \delta = +14°\,39'.9$			
Kreis	links	links	rechts	rechts	links	links	rechts	rechts
ϑ'	$4^h\,46^m\,12^s.2$	$4^h\,48^m\,13^s.8$	$4^h\,50^m\,7^s.5$	$4^h\,52^m\,22^s.4$	$4^h\,57^m\,16^s.2$	$4^h\,59^m\,20^s.7$	$5^h\,1^m\,25^s.2$	$5^h\,3^m\,5^s.2$
Kreisabl.	73° 44′ 25″	73° 21′ 55″	287° 4′ 30″	287° 29′ 35″	67° 13′ 45″	67° 37′ 35″	292° 2′ 20″	291° 43′ 20″
z'	73 42 35	73 20 5	72 57 20	72 32 15	67 11 55	67 35 45	67 59 30	68 18 30
Refr.	+3 15	+3 10	+3 5	+3 0	+2 15	+2 20	+2 20	+2 25
z	73 45.8	73 23.2	73 0.4	72 35.2	67 14.5	67 38.1	68 1.8	68 20.9

$$\cos\tau = \frac{\cos z}{\cos\varphi\,\cos\delta} - \operatorname{tg}\varphi\,\operatorname{tg}\delta$$

	$\vartheta = \alpha - \tau$				$\vartheta = \tau + \alpha$			
$\cos\varphi$	9.88362				9.88362			
$\cos\delta$	9.98971				9.98561			
	9.87333	9.87333	9.87333	9.87333	9.86923	9.86923	9.86923	9.86923
$\cos z$	9.44655	9.45623	9.46577	9.47605	9.58763	9.58036	9.57301	9.56698
I	9.57322	9.58290	9.59244	9.60272	9.71840	9.71113	9.70378	9.69775
$I =$	+0.37430	+0.38274	+0.39124	+0.40061	+0.52288	0.51420	0.50557	0.49860
$\operatorname{tg}\varphi$	9.92535				9.92535			
$\operatorname{tg}\delta$	9.34294				9.41779			
II	9.26829				9.34314			
$II =$	+0.18548				+0.22036			
$\cos\tau =$	0.18882	0.19726	0.20576	0.21513	0.30252	0.29384	0.28521	0.27824
$\cos\tau$	9.27605	9.29504	9.31336	9.33270	9.48076	9.46811	9.45516	9.44442
τ°	79° 7′.0	78° 37′.4	78° 7′.6	77° 34′.6	72° 23′.4	72° 54′.7	73° 25′.7	73° 50′.7
τ^{h}	$5^h\,16^m\,28^s.0$	$5^h\,14^m\,29^s.6$	$5^h\,12^m\,30^s.4$	$5^h\,10^m\,18^s.4$	$4^h\,49^m\,33^s.6$	$4^h\,51^m\,38^s.8$	$4^h\,53^m\,42^s.8$	$4^h\,55^m\,22^s.8$
$\alpha =$	10 3 25.3	10 3 25.3	10 3 25.3	10 3 25.3	0 8 25.7	0 8 25.7	0 8 25.7	0 8 25.7
$\vartheta =$	4 46 57.3	4 48 55.7	4 50 54.9	4 53 6.9	4 57 59.3	5 0 4.5	5 2 8.5	5 3 48.5
$\vartheta' =$	4 46 12.2	4 48 13.8	4 50 7.5	4 52 22.4	4 57 16.2	4 59 20.7	5 1 25.2	5 3 5.2
$\Delta\vartheta =$	+45.1	+41.9	+47.4	+44.5	+43.1	+43.8	+43.3	+43.3

$$\Delta\vartheta = +44^s.0$$

9. Beispiel der differentiellen Reduktion einer Zeitbestimmung aus mehreren benachbarten Zenitdistanzmessungen (zu § 18).

Dasselbe Beispiel, 1907 Jan. 7

Beobachtungsort: Dshisak (Turkestan), $\lambda = 4^h\,31^m$ östl. v. Gr., $\varphi = +40°\,6'$ (genähert). Universalinstrument: Fennel 4872; Ablesungen des Höhenkreises auf 20″ an 2 Nonien. Zenitpunkt: 360° 1′ 50″. Uhr: Sternzeitchronometer Reid 1073. Bar. = 732 mm. Th. = —2°0. Luft im Osten sehr unruhig.

$$d\tau = \frac{\sin z}{\cos\varphi \cos\delta \sin\tau}\, dz$$

α Leonis	γ Pegasi
$z = 73°,\ \tau = 78°$	$z = 68°,\ \tau = 73°$
$d\tau = 1.309\, dz$	$d\tau = 1.310\, dz$

Aus den Zenitdistanzdifferenzen

α Leonis	γ Pegasi
$dz = -22'.6$	$dz = +23'.9$
-45.4	$+47.6$
-70.6	$+66.7$

erhält man mit einer Multiplikationstafel

α Leonis	γ Pegasi
$d\tau = -29'.6 = -1^m\,58^s.4$	$d\tau = +31'.3 = +2^m\,5^s.2$
$-59.4 = -3\ \ 57.6$	$+62.4 = +4\ \ 9.6$
$-92.4 = -6\ \ 9.6$	$+87.4 = +5\ 49.6$

Nach Anschluß an die in der ersten Reihe eines jeden Sterns im vorangehenden Beispiel direkt berechneten Stundenwinkel ergeben die Differenzen als Resultat

$\tau^h =$ | $5^h\,16^m\,28^s.0$ | $5^h\,14^m\,29^s.6$ | $5^h\,12^m\,30^s.4$ | $5^h\,10^m\,18^s.4$ | $4^h\,49^m\,33^s.6$ | $4^h\,51^m\,38^s.8$ | $4^h\,53^m\,43^s.2$ | $4^h\,55^m\,23^s.2$

in guter Übereinstimmung mit der direkten Rechnung.

10. Beispiel einer Zeitbestimmung aus Sternkulminationen (zu § 20).

1908 Juni 2.

Beobachtungsort: Hamburger Sternwarte am Holstenwall. Kleines Passageninstrument von Fennel, Kr. West. Sternzeituhr Bröcking 1401 mit Chronograph.

Der Kollimationsfehler ergab sich einige Tage vorher durch Umlegen während eines Polsterndurchgangs zu $+0\overset{s}{.}07$ (Zielachse des Fernrohrs zu weit östlich), die Neigung im Mittel aus Libellenablesungen vor und nach den Durchgangsbeobachtungen zu $-1\overset{s}{.}09$ (Ostende der Achse zu hoch). Es ist also:

$$c = +0\overset{s}{.}07 \qquad i = -1\overset{s}{.}09$$

Beobachtungen.

Stern und Deklination	Gr. 2164 +60°	β Bootis +41°	β Librae −9°	γ Librae −14°	α Serp. +7°	ε Serp. +5°	Gr. 750[1]) +85°
Faden:							
1	$47^m\ 30^s$	$57^m\ 16^s$	$11^m\ 0\overset{s}{.}5$	$29^m\ 19\overset{s}{.}5$	$38^m\ 42^s$	$45^m\ 11\overset{s}{.}5$	
2	48 4	38	18	36.5	59	28.5	$1^m\ 53^s$
3	15	46.5	23.5	42.5	39 5	35	2 59
4	26	53.5	29	48	10.5	40	4 1
5	14^h 48 49	14^h 58 8.5	15^h 11 40	15^h 29 59.5	15^h 39 22	15^h 45 51.5	16^h 6 13
6	49 10.5	23	51.5	30 10.5	33	46 2.5	8 25
7	23	31	57	16.5	39	8.5	9 26
8	35	39	12 3	22	44.5	14	10 35
9	50 7.5	59 1.5	20	39	40 1.5	31	
Mittelfaden	14 48 48.89	14 58 8.56	15 11 40.28	15 29 59.33	15 39 21.83	15 45 51.39	16 6 13.1

Reduktion

C Cc	+2.0	+0ˢ.14	+1.3	+0ˢ.09	+1.0	+0ˢ.07	+1.0	+0ˢ.07	+1.0	+0ˢ.07	+1.0	+0ˢ.07	−12.2	−0ˢ.85
J Ji	+2.0	−2.18	+1.3	−1.42	+0.5	−0.54	+0.4	−0.44	+0.7	−0.76	+0.7	−0.76	−9.2	+10.03
K	−0.2		+0.3		+0.9		+1.0		+0.7		+0.8		+8.0	
α	14 49	8.46	14 58	30.48	15 12	4.73	15 30	24.20	15 39	45.60	15 46	15.22	4 7	10.25
Mf. + Cc + Ji	14 48	46.85	14 58	7.23	15 11	39.81	15 29	58.96	15 39	21.14	15 45	50.70	16 6	22.28
(ΔU)		+21.61		+23.25		+24.92		+25.24		+24.46		+24.52		+47.97
$-Kk$		+0.65		−0.97		−2.92		−3.24		−2.27		−2.59		−25.92
(ΔU) − Kk		+22.26		+22.28		+22.00		+22.00		+22.19		+21.93		(+22.05)

Ableitung des Azimutfehlers k

$\Delta U + 0.3\,k = +23^s.25$[2])
» + 0.9 » = +24.92
» + 1.0 » = +25.24
» + 0.7 » = +24.46
» + 0.8 » = +24.52
$\Delta U + 0.74\,k = +24.48$ (Mittel aus den Zeitsternen)
$\Delta U + 8.0$ » $= +47.97$ (Gleichung für den Polstern Gr. 750)
$+ 7.26\,k = +23.49$
$k = +\ 3.24$

$\Delta U = +22^s.11$

[1]) in unterer Kulmination. — [2]) Der Stern Groombridge Nr. 2164 ist hier wegen der hohen Deklination ausgelassen.

11. Beispiel einer Breitenbestimmung aus Zenitdistanzen von Südsternen (zu § 21).

1907 Jan. 7

Beobachtungsort: Dshisak (Turkestan). Universal: Fennel 4872. Ablesungen des Höhenkreises auf 20″ an 2 Nonien. Zenitpunkt: 360° 1′ 50″. Uhr: Sternzeitchronometer Reid 1073. $\Delta\vartheta = +44^s$. Bar. = 732 mm. Th. = —2°0.

	α Columbae $\alpha = 5^h\,36^m\,17^s.8$ $\delta = -34°\,7'.6$	
Kreis	rechts	links
ϑ'	5^h 5^m 12^s	5^h 7^m 6^s
$\Delta\vartheta$	+44	+44
ϑ	5 5 56	5 7 50
α	5 36 18	5 36 18
τ^h	0 30 22	0 28 28
τ°	7° 35′.5	7° 7′.0
Kreisablesung	285 31 10″	74 30 35″
z' =	74 30 40	74 28 45
Refr. =	+3 26	+3 25
z =	74 34.1	74 32.2

$$\operatorname{tg} M = \frac{\operatorname{tg}\delta}{\cos\tau}$$

$$\cos(\varphi - M) = \frac{\sin M \cos z}{\sin\delta}$$

$\operatorname{tg}\delta$	9.83106 n	9.83106 n
$\cos\tau$	9.99618	9.99664
$\operatorname{tg} M$	9.83488 n	9.83442 n
$\sin M$	9.75160 n	9.75128 n
$\cos z$	9.42502	9.42590
	9.17662 n	9.17718 n
$\sin\delta$	9.74898 n	9.74898 n
$\cos(\varphi - M)$	9.42764	9.42820
$\varphi - M$ =	74° 28′.4	74° 27′.1
M =	—34 21.7	—34 20.0
φ =	+40 6.7	+40 7.1

$\varphi = +40°\,6'.9$

12. Beispiel einer Breitenbestimmung aus Polariszenitdistanzen (zu § 22).

1907 Jan 10.

Beobachtungsort: Dshisak (Turkestan). Universal: Fennel 4872. Zenitpunkt 360° 2′ 0″. Sternzeitchronometer Reid 1073. $\Delta\vartheta = +47^s$. Bar. = 734.5 mm. Th. = +0°.9.

	α Ursae min. $\alpha = 1^h\,25^m\,48^s.8$ $\delta = +88°\,48'.8$	
Kreis	rechts	links
ϑ'	$2^h\,32^m\,19^s$	$2^h\,35^m\,0^s$
$\Delta\vartheta$	+47	+47
ϑ	2 33 6	2 35 47
α	1 25 49	1 25 49
τ^h	1 7 17	1 9 58
$\tau^°$	16° 49′.2	17° 29′.5
Kreisablesung	311 18 0″	48 46 30″
z' =	48 44 0	48 44 30
Refr. =	+1 5	+1 5
z =	48 45.1	48 45.6

$\varphi = 90° - z - \pi \cos\tau$ (1. Näherung)

$\varphi = 90° - z - \pi \cos\tau + \frac{1}{2}\pi^2 \sin 1'' \operatorname{tg}\varphi \sin^2\tau$ (2. Näherung)

$\pi = 71'.2 = 4272''$

	rechts	links
π	1.85248	1.85248
$\cos\tau$	9.98101	9.97944
$\pi\cos\tau$	1.83349	1.83192
I. Korr. =	68′.2	67′.9
$\sin\tau$	9.46144	9.47794
$\sin^2\tau$	8.9229	8.9559
π^2	7.2613	
0.5	9.6990	
sin 1″	4.6856	
tg φ	9.9256	
II. Korr.	0.4944	0.5274
II. Korr. =	+3″.1 = +0′.1	+3″.4 = +0′.1
90° − z =	+41° 14′.9	+41° 14′.4

$\varphi = +40°\,6'.6$ (1. Näherung)

$\varphi = +40\;\;6.7$ (2. Näherung)

Anmerkung. Die Berechnung nach Tafel 11 des Nautischen Jahrbuchs für 1907 ergibt genau den gleichen Wert der Polhöhe.

13. Beispiel einer Breitenbestimmung aus Zirkummeridianzenitdistanzen der Sonne (zu § 23).

1908 November 1.

Beobachtungsort: Hamburger Sternwarte am Holstenwall. $\varphi = +53° 30'$, $\lambda = 0^h 40^m$ östl. v. Greenw. Universal Fennel 4872. Zenitpunkt 359° 53′. Tagesbeobachtung, oberer Sonnenrand. M. Z. Chronometer Krille 1500. $\Delta U = -19^m 36^s$.

	Kreis links				Kreis rechts			
$U' =$	$11^h 47^m 30^s$	$11^h 50^m 20^s$	$12^h 4^m 50^s$	$12^h 8^m 5^s$	$11^h 54^m 20^s$	$11^h 56^m 52^s$	$12^h 1^m 15^s$	$12^h 13^m 24^s$
$U =$	11 27 54	11 30 44	11 45 14	11 48 29	11 34 44	11 37 16	11 41 39	11 53 48
12^h + Zeitgl. =	11 43 41				11 43 41			
$\tau =$	−15 47	−12 57	+1 33	+4 48	−8 57	−6 25	−2 2	+10 7
$\tau^2 =$	249	168	2	23	80	41	4	102
Kreisablesung	67° 36′ 0″	67° 34′ 25″	67° 31′ 10″	67° 31′ 30″	292° 13′ 25″	292° 14′ 25″	292° 14′ 55″	292° 12′ 25″
$z' =$	67 43 0	67 41 25	67 38 10	67 38 30	67 39 35	67 38 35	67 38 5	67 40 35
Refr. =	+ 2 20				+ 2 20			
Halbm.—Par.	+16 0				+16 0			
$z =$	68 1.3	67 59.8	67 56.5	67 56.8	67 57.9	67 56.9	67 56.4	67 58.9

$$\varphi = z + \delta - 1''\!.9635 \frac{\cos\varphi \cos\delta}{\sin(\varphi - \delta)} \tau^2$$

$$\varphi = z + \delta - 1''\!.22\, \tau^2$$

$\delta =$	−14 23.1	−14 23.1	−14 23.3	−14 23.4	−14 23.1	−14 23.2	−14 23.2	−14 23.4
$z + \delta =$	53 38.2	53 36.7	53 33.2	53 33.4	53 34.8	53 33.7	53 33.2	53 35.5
Meridianred.	−5.1	−3.4	0.0	−0.5	−1.6	−0.8	−0.1	−2.1
$\varphi =$	53 33.1	33.3	33.2	32.9	33.2	32.9	33.1	33.4

$$\varphi = +53° 33'\!.1$$

14. Beispiel einer Polhöhenbestimmung aus Zirkummeridianzenitdistanzen eines Sterns (zu § 23).

1911 Okt. 6.

Beobachtungsort: Singidda (Deutsch-Ostafrika), Universal von Hildebrand, Nonienablesung 30″, Indexfehler 0, Sternzeittaschenuhr von Schlesicky. Meteorologische Daten fehlen.

α Eridani im Süden

$\alpha = 1^h\,34^m\,28^s \quad \delta = -57°\,41'.0$

	Kr. rechts	Kr. links	Kr. rechts	Kr. links
ϑ'	$21^h\,56^m\,36^s$	$21^h\,59^m\,25^s$	$22^h\,9^m\,35^s$	$22^h\,13^m\,42^s$
$\Delta\vartheta$	+3 35 41	+3 35 41	+3 35 41	+3 35 41
ϑ	1 32 17	1 35 6	1 45 16	1 49 23
α	1 34 28	1 34 28	1 34 28	1 34 28
τ	0 2 11	0 0 38	0 10 48	0 14 55
τ	0° 32′.8	0° 9′.5	2° 42′.0	3° 43′.8
Kreisablesg.	307 7 30	52 50 20	307 6 20	52 56 50
z'	52 52 30	52 50 20	52 53 40	52 56 50
Refr.	+1 17	+1 17	+1 17	+1 17
$z =$	52 53.8	52 51.6	52 55.0	52 58.1

1. Direkte Lösung, entsprechend Beispiel 11.

$\mathrm{tg}\,\delta$	0.19888 *n*			
$\cos\tau$	9.99998	0.00000	9.99952	9.99908
$\mathrm{tg}\,M$	0.19890 *n*	0.19888 *n*	0.19936 *n*	0.19980 *n*
$\sin M$	9.92692 *n*	9.92691 *n*	9.92705 *n*	9.92717 *n*
$\cos z$	9.78050	9.78087	9.78030	9.77978
	9.70742 *n*	9.70778 *n*	9.70735 *n*	9.70695 *n*
$\sin\delta$	9.92691 *n*			
$\cos(\varphi - M)$	9.78051	9.78087	9.78044	9.78004
$\varphi - M =$	52 53.7	52 51.6	52 54.2	52 56.6
$M =$	−57 41.1	−57 41.0	−57 42.7	−57 44.3
$\varphi =$	− 4 47.4	− 4 49.4	− 4 48.5	− 4 47.7

$\varphi = -4°\,48'.3$

2. Differentielle Lösung, entsprechend Beispiel 13 ($\varphi = z + \delta - 1''.31\,\tau^2$).

$\tau =$	$2^m.2$	$0^m.6$	$10^m.8$	$14^m.9$
$\tau^2 =$	5	0	117	222
$z + \delta =$	−4 47.2	−4 49.4	−4 46.0	−4 42.9
Meridianred.	−0.1	0.0	−2.6	−4.9
$\varphi =$	−4 47.3	−4 49.4	−4 48.6	−4 47.8

$\varphi = -4°\,48'.3$

15. Beispiel einer Zeit- und Breitenbestimmung aus drei gleichen Zenitdistanzen (zu § 25).

1908 November 15.

Beobachtungsort: Hamburger Sternwarte am Holstenwall. Universal Fennel 4872. Chronometer Breguet 3056 (Sternzeit).

Die drei Zeitmomente ϑ' der gleichen Zenitdistanzen sowie die Koordinaten α, δ der beobachteten Sterne lauten:

1. ε Pegasi	$\vartheta_1' = 23^h\,22^m\,10^s.3$	$\alpha_1 = 21^h\,39^m\,41^s.5$	$\delta_1 = +\;9°\,27'\,26''$
2. γ Urs. min.	$\vartheta_2' = 23\;\;39\;\;\;7.3$	$\alpha_2 = 15\;\;20\;\;47.8$	$\delta_2 = +72\;\;9\;\;34$
3. ε Aurigae	$\vartheta_3' = 23\;\;58\;\;52.2$	$\alpha_3 = \;4\;\;55\;\;25.8$	$\delta_3 = +43\;\;41\;\;19$

(A) $$\begin{cases} \varepsilon_1 = (\vartheta_2' - \vartheta_1') - (\alpha_2 - \alpha_1) \\ \varepsilon_2 = (\vartheta_3' - \vartheta_1') - (\alpha_3 - \alpha_1) \end{cases}$$

(B) $$\begin{cases} m_1 \sin N_1 = \operatorname{cotg} \frac{\delta_1 - \delta_2}{2} \sin \frac{\varepsilon_1}{2} \\ m_1 \cos N_1 = \operatorname{tg} \frac{\delta_1 + \delta_2}{2} \cos \frac{\varepsilon_1}{2} \\ m_2 \sin N_2 = \operatorname{cotg} \frac{\delta_1 - \delta_3}{2} \sin \frac{\varepsilon_2}{2} \\ m_2 \cos N_2 = \operatorname{tg} \frac{\delta_1 + \delta_3}{2} \cos \frac{\varepsilon_2}{2} \end{cases}$$

(C) $$\begin{cases} P_1 = N_1 + \frac{\varepsilon_1}{2} \\ P_2 = N_2 + \frac{\varepsilon_2}{2} \end{cases}$$

(D) $$\operatorname{tg}\left(\tau_1 + \frac{P_1 + P_2}{2}\right) = \frac{m_1 - m_2}{m_1 + m_2} \operatorname{cotg} \frac{P_1 - P_2}{2}$$

(E) $$\begin{cases} \operatorname{tg}\varphi = m_1 \cos\left(N_1 + \tau_1 + \frac{\varepsilon_1}{2}\right) \\ \operatorname{tg}\varphi = m_2 \cos\left(N_2 + \tau_1 + \frac{\varepsilon_2}{2}\right) \end{cases}$$

Erster und zweiter Stern		Erster und dritter Stern	
$\varepsilon_1 =$	$6^h\,35^m\,50^s.7$	$\varepsilon_2 =$	$-\,6^h\,39^m\,2^s.4$
$\frac{\varepsilon_1}{2} =$	$49°\,28'.8$	$\frac{\varepsilon_2}{2} =$	$-\,49°\,52'.8$
$\frac{\delta_1 - \delta_2}{2} =$	$-\,31°\,21'.1$	$\frac{\delta_1 - \delta_3}{2} =$	$-\,17°\;\;6'.9$
$\frac{\delta_1 + \delta_2}{2} =$	$40°\,48'.5$	$\frac{\delta_1 + \delta_3}{2} =$	$26°\,34'.4$
$\operatorname{cotg}\frac{\delta_1 - \delta_2}{2}$	0.21521 *n*	$\operatorname{cotg}\frac{\delta_1 - \delta_3}{2}$	0.51156 *n*
$\sin\frac{\varepsilon_1}{2}$	9.88092	$\sin\frac{\varepsilon_2}{2}$	9.88349 *n*
	0.09613 *n*		0.39505
$\operatorname{tg}\frac{\delta_1 + \delta_2}{2}$	9.93623	$\operatorname{tg}\frac{\delta_1 + \delta_3}{2}$	9.69913
$\cos\frac{\varepsilon_1}{2}$	9.81272	$\cos\frac{\varepsilon_2}{2}$	9.80915
	9.74895		9.50828

$\operatorname{tg} N_1$	0.34718 *n*	$\operatorname{tg} N_2$	0.88677
$N_1 =$	$-65^\circ\,47'\!.5$	$N_2 =$	$+82^\circ\,36'\!.3$
$\cos N_1$	9.61284	$\cos N_2$	9.10961
m_1	0.13611	m_2	0.39867
$m_1 =$	1.3681	$m_2 =$	2.5042
$P_1 =$	$-16^\circ\,18'\!.7$	$P_2 =$	$+32^\circ\,43'\!.5$

$m_1 - m_2 =$	-1.1361
$m_1 + m_2 =$	$+3.8723$
$\frac{P_1 - P_2}{2} =$	$-24^\circ\,31'\!.1$
$\frac{P_1 + P_2}{2} =$	$+\;8^\circ\,12'\!.4$
$m_1 - m_2$	0.05542 *n*
$\operatorname{cotg} \frac{P_1 - P_2}{2}$	0.34093 *n*
	0.39635
$m_1 + m_2$	0.58797
$\operatorname{tg}\left(\tau_1 + \frac{P_1 + P_2}{2}\right)$	9.80838
$\tau_1 + \frac{P_1 + P_2}{2} =$	$32^\circ\,45'\!.1$
$\tau_1 =$	$24^\circ\,32'\!.7$
$\tau_1 = \vartheta_1 - \alpha_1 =$	$1^h\,38^m\,10^s\!.8$
$\alpha_1 =$	21 39 41.5
$\vartheta_1 =$	23 17 52.3
$\vartheta_1' =$	23 22 10.3
$\Delta\vartheta =$	$-4^m\;18^s\!.0$

$N_1 + \tau_1 + \frac{\varepsilon_1}{2} =$	$8^\circ\,14'\!.0$	$N_2 + \tau_1 + \frac{\varepsilon_2}{2} =$	$57^\circ\,16'\!.2$
$\cos\left(N_1 + \tau_1 + \frac{\varepsilon_1}{2}\right)$	9.99550	$\cos\left(N_2 + \tau_1 + \frac{\varepsilon_2}{2}\right)$	9.73294
m_1	0.13611	m_2	0.39867
$\operatorname{tg} \varphi$	0.13161	$\operatorname{tg} \varphi$	0.13161

$$\varphi = +53^\circ\,33'\!.1$$

Anmerkung. Die sechsstellige Rechnung hätte $\Delta\vartheta = -4^m\,18^s\!.3$ und $\varphi = +53^\circ\,33'\,7''$ ergeben.

16. Beispiel einer Längenbestimmung durch Chronometerübertragung

(zu § 26).

In der Zeit zwischen 1912 März 13 und 24 wurden zwei Taschenuhren und ein Boxchronometer von Stanleyville nach Kongolo (Belgisch-Kongo) übertragen. Der Gang der Uhren wurde vorher und nachher durch Zeitbestimmungen ermittelt.

Letzte Zeitbestimmung in Stanleyville 1912 März 13.

Chronometer Lange 60002 $\Delta U = +0^h\ 0^m\ 30^s$
Taschenuhr Schlesicky 62986 $\Delta U = -0\ \ 4\ \ 37$
Taschenuhr Schlesicky 62989 $\Delta\vartheta = +2\ \ 15\ \ 12$

Erste Zeitbestimmung in Kongolo 1912 März 24.

Chronometer Lange 60002 $\Delta U = +0^h\ 7^m\ 10^s$
Taschenuhr Schlesicky 62986 $\Delta U = +0\ \ 2\ \ 23$
Taschenuhr Schlesicky 62989 $\Delta\vartheta = +2\ \ 22\ \ 39$

Die Gangänderungen vor und nach der Übertragung erwiesen sich, wohl wegen der großen, mehr als 20° betragenden Temperaturschwankungen, als sehr beträchtlich. Im Mittel wurde für die Uhren der folgende tägliche Gang angenommen:

Lange 60002: $-2^s\!.0$
Schlesicky 62986: -0.6
Schlesicky 62989: $+1.0$

Hieraus ergeben sich die vorausberechneten Stände für 1912 März 24:

Chronometer Lange 60002 $\Delta U = +0^h\ 0^m\ 8^s$
Taschenuhr Schlesicky 62986 $\Delta U = -0\ \ 4\ \ 44$
Taschenuhr Schlesicky 62989 $\Delta\vartheta = +2\ \ 15\ \ 23$

Der Längenunterschied Stanleyville—Kongolo beträgt demnach:

nach Lange 60002 $\Delta\lambda = 7^m\ \ 2^s$
nach Schlesicky 62986 $\Delta\lambda = 7\ \ \ 7$
nach Schlesicky 62989 $\Delta\lambda = 7\ \ 16$

Mittelwert: $\boldsymbol{\Delta\lambda = 7^m\ 8^s}$

17. Beispiel einer Längenbestimmung durch Austausch telegraphischer Signale

(zu § 26).

1907 Jan. 12 erhielt die Station Dshisak in Turkestan ein Zeitsignal von Ura-Tjube, dessen Länge $4^h\ 36^m\ 2^s\!.35$ östl. v. Greenw. beträgt. Aufnahmechronometer Bröcking 1419 (M. Z.) $\Delta U = -16^s\!.8$. Stationschronometer in Ura-Tjube $\Delta U = -27^s\!.1$.

Signal Ura-Tjube		Signal Dshisak
$19^h\ 40^m\ 52^s\!.5$		$19^h\ 36^m\ \ 0^s$
$\Delta U = \quad -27.1$		$\Delta U = \quad -16.8$
$U = 19\ \ 40\ \ 25.4$	$\Delta\lambda = -\ 4^m\ 42^s\!.2$	$U = 19\ \ 35\ \ 43.2$
$19\ \ 37\ \ \ 0$		$19\ \ 32\ \ \ 7.4$
$\Delta U = \quad -27.1$		$\Delta U = \quad -16.8$
$U = 19\ \ 36\ \ 32.9$	$\Delta\lambda = -\ 4^m\ 42^s\!.3$	$U = 19\ \ 31\ \ 50.6$

Die Länge von Dshisak ist demnach

$\lambda = \mathbf{4^h\,31^m\,20^s\!.1}$ östl. v. Greenw.

18. Beispiel einer Längenbestimmung aus Mondkulminationen (zu § 28).

1908 Juni 11.

Beobachtungsort: Hamburger Sternwarte am Holstenwall. Kl. Passageninstrument von Fennel. Sternzeituhr Bröcking 1401 mit Chronograph. Instrumentalfehler: $c = +0^s10$, $i = +2^s31$, $k = -2^s0$.

	Zeitsterne $\varkappa$ Virg. —10°	ι Virg. —6°	μ Virg. —5°	Vorang. Mond-rand —12°.5	Mondsterne o^2 Librae —15°	ζ^1 Librae —16°
Mittelfaden	$14^h\ 7^m\ 56^s10$	$14^h\ 11^m\ 8^s38$	$14^h\ 38^m\ 9^s58$	$14^h\ 54^m\ 31^s75$	$15^h\ 17^m\ 51^s33$	$15^h\ 23^m\ 1^s87$
C | $Cc =$	+1.01 +0.10	+1.01 +0.10	+1.00 +0.10	+1.02 +0.10	+1.04 +0.10	+1.04 +0.10
J | $Ji =$	+0.45 +1.04	+0.51 +1.18	+0.52 +1.20	+0.41 +0.95	+0.38 +0.88	+0.36 +0.83
K | $Kk =$	+0.91 —1.82	+0.87 —1.74	+0.86 —1.72	+0.93 —1.86	+0.96 —1.92	+0.97 —1.94
Kulmination	14 7 55.42	14 11 7.92	14 38 9.16	14 54 30.94	15 17 50.39	15 23 0.86
$\alpha =$	14 8 0.40	14 11 12.50	14 38 13.93	$\Delta U = +$ 4.77	15 17 55.30	15 23 5.51
$\Delta U =$	+4.98	+4.58	+4.77	Halbm. + 66.98	+4.91	+4.65
				$\alpha =$ 14 55 42.69		

Der gefundenen Mondrektaszension entspricht nach dem Nautical Almanac $8^h\ 56^m\ 32^s$ M. Z. Gr. Es ist demnach, da die Sternzeit im mittl. Mittag Greenw. $5^h\ 17^m\ 41^s5$ betrug:

$$\text{Sternzeit Hamburg} = 14^h\ 55^m\ 43^s$$
$$\text{Greenw.} = 14\ \ 15\ \ 42$$

somit die Länge
$$\lambda = 40^m\ 1^s \text{ östl. v. Greenwich.}$$

Nach Beobachtungen in Greenwich betrug am Beobachtungstage die Ephemeridenkorrektion $\varepsilon = -0^s62$. Demnach passierte der Mond den Meridian früher, als nach dem Naut. Alm. zu erwarten war. Die zuletzt mit Sternzeit Hamburg verglichene Sternzeit Greenwich ist demnach um

$$\frac{600}{\Delta\alpha}\varepsilon,$$

wo die Mondbewegung in 10 Minuten $\Delta\alpha = 21^s640$ (s. Naut. Alm.) ist, zu klein angegeben. Demnach ist

$$\Delta\lambda = -17^s,$$

somit die Länge von Hamburg

$$\lambda = 0^h\ 39^m\ 44^s \text{ östl. v. Greenwich.}$$

19. Beispiel einer Längenbestimmung aus Zenitdistanzen des Mondes (zu § 29).

1913 März 12.

Beobachtungsort: Altona, v. d. Tannstraße; $\varphi = +53° \ 33'.13$, $(\lambda) = 30^m$ östl. v. Greenw. $\log \varrho = 9.99904$. Universal von Dennert u. Pape 1342. M. Z.-Chronometer Poole 1438. Mond und Sterne im Westen.

	Kr. rechts	Kr. rechts	Kr. links
	Grundlagen und Ergebnis der Zeitbestimmung		
Stern	β Andromedae	α Arietis	α Arietis
α	$1^h\ 4^m\ 50^s.1$	$2^h\ 2^m\ 15^s.2$	$2^h\ 2^m\ 15^s.2$
δ	$+35°\ 9'.63$	$+23°\ 3'.18$	$+23°\ 3'.18$
U'	$7^h\ 18^m\ 47^s$	$8^h\ 21^m\ 2^s.5$	$8^h\ 49^m\ 45^s$
ΔU	−20 37.5	−20 38.1	−20 37.9
z	$55°\ 43'.42$	$65°\ 25'.80$	$69°\ 39'.20$
	Beobachtungen des Mondes (unterer Rand).		
$U' + \Delta U$	$7^h\ 10^m\ 10^s.5$	$8^h\ 19^m\ 11^s.9$	$8^h\ 48^m\ 54^s.8$
(λ)	−30	−30	−30
(M. Z. Gr.)	6 40 10.5	7 49 11.9	8 18 54.8
α	2 43 43.8	2 46 6.3	2 47 7.8
δ	$+19°\ 32'\ 18''$	$+19°\ 45'\ 27''$	$+19°\ 51'\ 5''$
s	15 12.0	15 12.4	15 12.6
p_0	55 41.4	55 43.0	55 43.6
z	$55°\ 43'.35$	$65°\ 25'.80$	$69°\ 39'.15$
	$s' = s + [5.2497]\, s^2 \cos z$		
$s' - s$	$+8''.3$	$+6''.2$	$+5''.2$
s'	$15'.34$	$15'.31$	$15'.30$
$z - s'$	$55°\ 28'.01$	$65°\ 10'.49$	$69°\ 23'.85$
	$p = \varrho p_0 \sin(z - s')$		
$\varrho p_0 \sin(z - s')$	$45'.78$	$50'.46$	$52'.05$
z_b	$54°\ 42'.23$	$64°\ 20'.03$	$68°\ 31'.80$
$U' + \Delta U$	$7^h\ 10^m\ 10^s.5$	$8^h\ 19^m\ 11^s.9$	$8^h\ 48^m\ 54^s.8$
Red. auf ϑ	+1 10.7	+1 22.0	+1 26.9
ϑ im Mittag	23 18 1.2	23 18 1.2	23 18 1.2
ϑ	6 29 22.4	7 38 35.1	8 8 22.9
τ^h	3 45 38.6	4 52 28.8	5 21 15.1
$\tau°$	$56°\ 24'.65$	$73°\ 7'.20$	$80°\ 18'.78$
	$\cos z_r = \sin\varphi \sin\delta + \cos\varphi \cos\delta \cos\tau$		
$\sin\varphi$	9.90547	9.90547	9.90547
$\sin\delta$	9.52432	9.52897	9.53095
(I)	9.42979	9.43444	9.43642
$\cos\varphi$	9.77385	9.77385	9.77385
$\cos\delta$	9.97424	9.97365	9.97340
$\cos\tau$	9.74291	9.46295	9.22599
(II)	9.49100	9.21045	8.97324
$I =$	0.26902	0.27192	0.27316
$II =$	0.30974	0.16235	0.09402
$\cos z_r =$	0.57876	0.43427	0.36718
$\cos z_r$	9.76250	9.63776	9.56488
$z_r =$	$54°\ 38'.18$	$64°\ 15'.67$	$68°\ 27'.50$

Da $z_r < z_b$ bei westlicher Stellung des Mondes, so ist α zu groß angenommen. Die Rechnung ist daher mit einem angenommenen Wert für $(\lambda) = 40^m$ östl. v. Gr. zu wiederholen.

ΔU	$-20^m\ 35^s.8$	$-20^m\ 36^s.4$	$-20^m\ 36^s.2$
$U' + \Delta U$	7^h 10 12.2	8^h 19 13.6	8^h 48 56.5
ϑ	6 29 22.4	7 38 35.1	8 8 22.9
(M. Z. Gr.)	6 30 12.2	7 39 13.6	8 8 56.5
α	2 43 23.2	2 45 45.7	2 46 47.2
δ	$+19°\ 30'\ 24''$	$+19°\ 43'\ 34''$	$+19°\ 49'\ 12''$
τ^h	$3^h\ 45^m\ 59^s.2$	$4^h\ 52^m\ 49^s.4$	$5^h\ 21^m\ 35^s.7$
$\tau°$	$56°\ 29'.80$	$73°\ 12'.35$	$80°\ 23'.92$

$$\cos z_r = \sin\varphi \sin\delta + \cos\varphi \cos\delta \cos\tau$$

$\sin\varphi$	9.90547	9.90547	9.90547
$\sin\delta$	9.52364	9.52831	9.53028
I	9.42911	9.43378	9.43575
$\cos\varphi$	9.77385	9.77385	9.77385
$\cos\delta$	9.97433	9.97374	9.97348
$\cos\tau$	9.74193	9.46080	9.22217
II	9.49011	9.20839	8.96950
$I =$	0.26860	0.27151	0.27274
$II =$	0.30911	0.16158	0.09322
$\cos z_{r_1} =$	0.57771	0.43309	0.36596
$\cos z_{r_1}$	9.76171	9.63658	9.56343
$z_{r_1} =$	$54°\ 42'.61$	$64°\ 20'.15$	$68°\ 32'.00$
$z_r =$	54 38.18	64 15.67	68 27.50
Δz_r	$4'.43$	$4'.48$	$4'.50$
$z_b - z_r =$	$4'.05$	$4'.36$	$4'.30$

$$\Delta\lambda = \frac{600\,(z_b - z_r)}{\Delta z_r}$$

$z_b - z_r$	0.60746	0.63949	0.63347
600	2.77815	2.77815	2.77815
	3.38561	3.41764	3.41162
Δz_r	0.64640	0.65128	0.65321
$\Delta\lambda$	2.73921	2.76636	2.75841
$\Delta\lambda =$	548^s	584^s	573^s

$\lambda = 39^m\ 28^s$ östl. v. Greenwich.

Anmerkung. Für die Längenbestimmung aus Mondzenitdistanzen ist die Polhöhe von Altona eigentlich schon zu groß. Trotzdem zeigt das Beispiel, daß die Methode bei genügender Sorgfalt auch in höheren Breiten noch durchaus brauchbare Ergebnisse liefert.

20. Beispiel einer Längenbestimmung aus Sternbedeckungen (zu § 30).

1905 Februar 13.

Beobachtungsort: Hamburg, Sternwarte.

Bedeckung von θ_1 und θ_2 Tauri durch den Mond.

$\varphi = +53° 33'\!.1$, $\varphi' = +53° 21'\!.9$, $\log \varrho = 9.99904$, $(\lambda) = 10°$ östl. v. Gr.

θ_2 Eintritt:	$3^h 40^m 7^s\!.3$ Ortssternzeit.	θ_1 Eintritt:	$3^h 42^m 13^s\!.6$ Ortssternzeit
θ_2 Austritt:	5 0 5.7 »	θ_1 Austritt:	4 57 37.7 »

Bedeckungsdaten aus dem Nautical Almanac:

θ_2	α_*	$4^h 23^m 14^s\!.7$	θ_1	α_*	$4^h 23^m 9^s\!.2$
	δ_*	$+15° 39' 29''$		δ_*	$+15° 44' 57''$
	T_0	$6^h 9^m 7^s\!.0$		T_0	$6^h 6^m 35^s\!.0$
	q_0	$+0.6219$		q_0	$+0.5206$
	p'	0.5562		p'	0.5562
	q'	$+0.0893$		q'	$+0.0893$

$$n \sin N = p'$$
$$n \cos N = q'$$

$n \sin N$	9.74523
$n \cos N$	8.95085
$\operatorname{tg} N$	0.79438
$N =$	$80° 52'\!.73$
$\cos N$	9.20009
n	9.75076

$$u = \varrho \cos\varphi' \sin(\vartheta - \alpha_*)$$
$$v = \varrho \sin\varphi' \cos\delta_* - \varrho \cos\varphi' \sin\delta_* \cos(\vartheta - \alpha_*)$$

	θ_2 Eintritt	θ_2 Austritt	θ_1 Eintritt	θ_1 Austritt
$\vartheta - \alpha_* =$	$-43^m 7^s\!.4$	$+36^m 51^s\!.0$	$-40^m 55^s\!.6$	$+34^m 28^s\!.5$
$\vartheta - \alpha_* =$	$-10° 46'\!.85$	$+ 9° 12'\!.75$	$-10° 13'\!.91$	$+ 8° 37'\!.12$
$\sin(\vartheta - \alpha_*)$	9.27196 n	9.20438	9.24952 n	9.17568
$\varrho \cos\varphi'$	9.77481	9.77481	9.77481	9.77481
u	9.04677 n	8.97919	9.02433 n	8.95049
$\cos\delta_*$	9.98358		9.98338	
$\varrho \sin\varphi'$	9.90346		9.90346	
(I)	9.88704	9.88704	9.88684	9.88684
$\sin\delta_*$	9.43120	9.43120	9.43365	9.43365
$\cos(\vartheta - \alpha_*)$	9.99226	9.99436	9.99304	9.99507
$\varrho \cos\varphi'$	9.77481	9.77481	9.77481	9.77481
(II)	9.19827	9.20037	9.20150	9.20353
$I =$	0.77098	0.77098	0.77062	0.77062
$II =$	0.15786	0.15863	0.15904	0.15978
$v =$	0.6131	0.6124	0.6116	0.6108
$q_0 - v =$	0.0088	0.0095	−0.0910	−0.0902

$$m \sin M = -u\,, \quad m \cos M = q_0 - v$$

$m \sin M$	9.04677	8.97919 *n*	9.02433	8.95049 *n*
$m \cos M$	7.94448	7.97772	8.95904 *n*	8.95521 *n*
$\operatorname{tg} M$	1.10229	1.00147 *n*	0.06529 *n*	9.99528
$M =$	85° 28′.93	275° 41′.48	130° 42′.56	224° 41′.32
$\cos M$	8.89636	8.99638	9.81439 *n*	9.85183 *n*
m	9.04812	8.98134	9.14465	9.10338

$$\mu = \frac{m}{n} \cos(M - N)$$

$M - N =$	4° 36′.20	194° 48′.75	49° 49′.83	143° 48′.59
$\cos(M - N)$	9.99860	9.98532 *n*	9.80960	9.90690 *n*
$\frac{m}{n}$	9.29736	9.23058	9.39389	9.35262
μ	9.29596	9.21590 *n*	9.20349	9.25952 *n*
$\mu =$	+0ʰ.1977	—0ʰ.1644	+0ʰ.1598	—0ʰ.1818

$$\cos \nu = \frac{m}{\varkappa} \sin(M - N)$$

$\sin(M - N)$	8.90448	9.40766 *n*	9.88317	9.77119
$m \sin(M - N)$	7.95260	8.38900 *n*	9.02782	8.87457
$\varkappa$	9.43539	9.43539	9.43539	9.43539
$\cos \nu$	8.51721	8.95361 *n*	9.59243	9.43918
$\nu =$	88° 6′.87	95° 9′.36	66° 58′.14	74° 2′.62

$$\Delta T = \frac{\varkappa}{n} \sin \nu$$

$\sin \nu$	9.99977	9.99824	9.96393	9.98293
$\varkappa$	9.43539	9.43539	9.43539	9.43539
	9.43516	9.43363	9.39932	9.41832
n	9.75076	9.75076	9.75076	9.75076
ΔT	9.68440	9.68287	9.64856	9.66756
$\Delta T =$	0ʰ.4835	0ʰ.4818	0ʰ.4452	0ʰ.4651
$\Delta T =$	29ᵐ 0ˢ.6	28ᵐ 54ˢ.5	26ᵐ 42ˢ.7	27ᵐ 54ˢ.4

$$\text{Eintr.} = T_0 - \Delta T - \mu\,, \qquad \text{Austr.} = T_0 + \Delta T - \mu$$

ϑ	3ʰ 40ᵐ 7ˢ.3	5ʰ 0ᵐ 5ˢ.7	3ʰ 42ᵐ 13ˢ.6	4ʰ 57ᵐ 37ˢ.7
Red. a. M. Z.	—36.1	—49.2	—36.4	—48.8
St. Z. im Mittag	2 28 18.1	2 28 18.1	2 28 18.1	2 28 18.1
M. Z. Hbg.	6 7 49	7 27 35	6 9 55	7 25 7
$T_0 \mp \Delta T - \mu$	5 28 15	6 47 54	5 30 17	6 45 24
λ	—39 34	—39 41	—39 38	—39 43

λ = 0ʰ 39ᵐ 39ˢ östl. v. Greenwich.

21. Beispiel für die graphische Vorausberechnung einer Sternbedeckung
(zu § 30).

1913 Sept. 20.

Bedeckung von 17 Tauri (Electra in den Plejaden) für Bergedorf ($\varphi = +53^\circ\ 28'.8$, $\lambda = 41^m$ ö. v. Gr.).

Daten aus dem Nautical Almanac:

17 Tauri $\alpha = 3^h\ 39^m\ 46^s$, $\delta = +23^\circ\ 50'.7$, $T_o = 13^h\ 24^m\ 0^s$ M. Z. Gr. $= 14^h\ 5^m$ M. Z. Bgd.
$q_o = +0.6561$, $p' = +0.5386$, $q' = +0.1500$, $\varkappa = 0.2725$.

Da der Stundenwinkel des Mondes zur Zeit T_o nach Osten fällt, so ist die Lage des Sterns zum Mondrande für $14^h\ 5^m$ und $13^h\ 5^m$ M. Z. Bgd. zu bestimmen.

$\varrho \sin\varphi'$	9.9031	$\sin\delta$	9.6067	$\vartheta_1 =$	$2^h\ 2^m\ 17^s$	$\sin\tau_1$	9.6156	$\sin\tau_2$ 9.8027
$\varrho \cos\varphi'$	9.7755	$\cos\delta$	9.9612	$\vartheta_2 =$	1 2 7	$\cos\tau_1$	9.9595	$\cos\tau_2$ 9.8879
				$\tau_1 =$	—1 37 29			
				$\tau_2 =$	—2 37 39			

$$n \sin N = p' \qquad v = \varrho \sin\varphi' \cos\delta - \varrho \cos\varphi' \sin\delta \cos\tau$$
$$n \cos N = q' \qquad u = \varrho \cos\varphi' \sin\tau$$

$N = 74^\circ\ 26'$	$v_1 = 0.512$	$v_2 = 0.545$
$n = 0.559$	$u_1 = 0.246$	$u_2 = 0.379$

Man beschreibe (Fig. 63) um M_o mit $\varkappa$ als Radius einen Kreis, so stellt dieser den Mondumriß dar. Der Deklinationsunterschied Mond minus Stern wird durch $M_oS_o = q_o$ veranschaulicht, die Lage des Sterns S_1 zur Zeit $T_o = 14^h\ 5^m$ M. Z. Bgd. durch v_1 und u_1. Dabei ist u_1 nach rechts abgetragen, weil der Mond östlich vom Meridian steht und infolge der Parallaxe gegen den Stern nach links verschoben erscheint. Für die Zeit $T_o - 1^h = 13^h\ 5^m$ M. Z. Bgd. ist die parallaktische Verschiebung durch die Koordinaten v_2 und u_2 charakterisiert, die auf den Punkt G führen. Zur Berücksichtigung der Mondbewegung n in der Zeit zwischen $13^h\ 5^m$ und $14^h\ 5^m$ wird diese von G aus unter dem Positionswinkel N direkt abgetragen, nach links, weil der Mond eine Stunde früher weiter rechts vom Stern gestanden hat.

Die Resultante S_1S_2 aus parallaktischer Verschiebung und Mondbewegung in 60^m mittlerer Zeit stellt dann die scheinbare Sternbahn hinter der Mondscheibe mit den Zeitmarken $S_1 = 14^h\ 5^m$ und $S_2 = 13^h\ 5^m$ dar, die eine Kalibrierung der Sternspur und die Ableitung der genäherten Eintritts- und Austrittszeit ermöglichen.

Vergleicht man das Ergebnis der graphischen Vorausberechnung mit der Beobachtung, so erhält man:

Berechneter Eintritt:	$12^h\ 51^m.2$	Berechneter Austritt:	$14^h\ 3^m.4$
Beobachteter Eintritt:	12 51.3	Beobachteter Austritt:	14 2.9
Beob. minus Rechn.	= +0.1	Beob. minus Rechn.	= —0.5

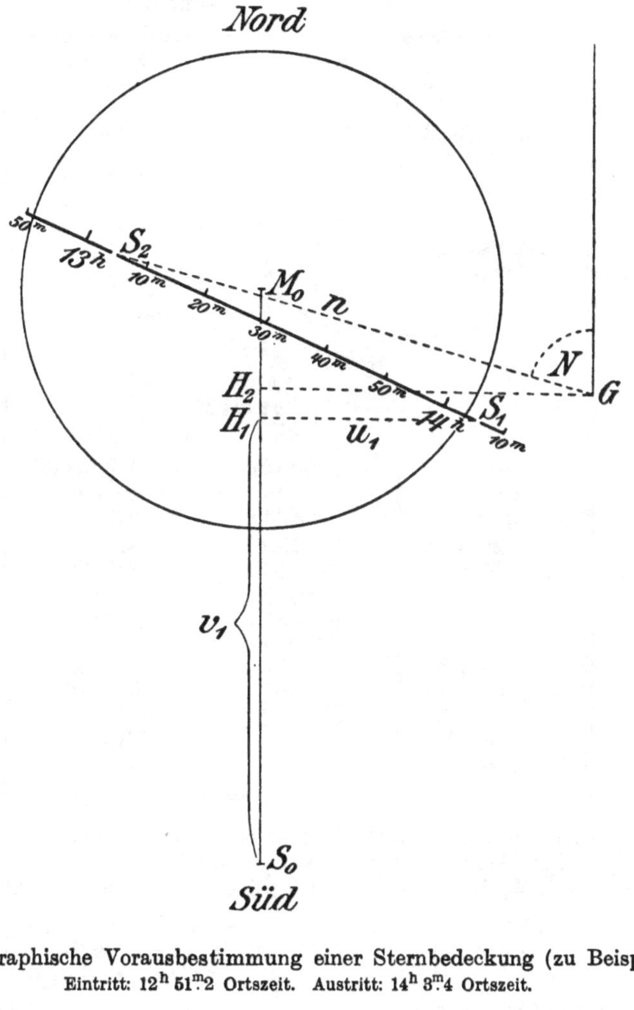

Fig. 63. Graphische Vorausbestimmung einer Sternbedeckung (zu Beispiel 21).
Eintritt: $12^h\ 51^m.2$ Ortszeit. Austritt: $14^h\ 3^m.4$ Ortszeit.

22. Beispiel einer Azimutbestimmung aus Sonnenbeobachtungen (zu § 31).

1906 Dezember 30.

Beobachtungsort: Dshisak (Turkestan). $\varphi = +40° 7'.1$, $\lambda = 4^h 31^m 20^s$ ö. v. Gr.
Universal von Dennert u. Pape. M. Z.-Chronometer Bröcking 1419, $\Delta U = -10^s$.
Sonnendeklination $\delta = -23° 9'.1$.

	Kr. rechts	Kr. links
a'	92° 0'.8	274° 58'.0
Sonne 1. Rand	$23^h 16^m 32^s.0$	$23^h 33^m 17^s.8$
» 2. »	19 34.2	36 20.3
U'	23 18 3	23 34 49
ΔU	—10	—10
λ	+4 31 20	+4 31 20
M. Z. Dshisak	3 49 13	4 5 59
Zeitgl.	+2 49	+2 49
τ^h	3 46 24	4 3 10
$\tau°$	56° 36'. 0	60° 47'. 5

$$\operatorname{tg} M = \frac{\operatorname{tg}\delta}{\cos\tau}$$

$$\operatorname{tg} a = \frac{\operatorname{tg}\tau \cos M}{\sin(\varphi - M)}$$

	Kr. rechts	Kr. links
$\operatorname{tg}\delta$	9.63104 n	9.63104 n
$\cos\tau$	9.74074	9.68840
$\operatorname{tg} M$	9.89030 n	9.94264 n
$M =$	—37° 50'.4	—41° 13'.6
$\varphi - M =$	77 57.5	81 20.7
$\cos M$	9.89748	9.87628
$\operatorname{tg}\tau$	0.18087	0.25253
	0.07835	0.12881
$\sin(\varphi - M)$	9.99034	9.99502
$\operatorname{tg} a$	0.08801	0.13379
$a =$	50° 46'.0	53 41.3
$a' =$	92 0.8	274 58.0
$\Delta a' =$	—41 14.8	—41 16.7

$\Delta a' = -41° 15'.8$

Bei der tiefen und nahe gleichen Stellung der Sonne während der Beobachtungen könnte auf die Berücksichtigung der Instrumentalfehler verzichtet werden. Da die Zenitdistanzen roh abgelesen sind, läßt sich jedoch die Rechnung leicht durchführen.

$z =$	82°.5	84°.8
$c =$	—0'.8	+0'.8
$i =$	+0.2	+0.1

Korr. =	+0'.8	—0'.8
$a' =$	92° 1'.6	274° 57'.2
$\Delta a' =$	—41 15.6	—41 15.9

Korr. = $c \operatorname{cosec} z + i \operatorname{cotg} z$

$\Delta a' = -41° 15'.8$

Das Azimut einer Bergspitze im Hissargebirge, die zwischen den Beobachtungen eingestellt wurde, war demnach

$$\begin{aligned} a' &= 27\ 33.8 \quad \tfrac{1}{2}\,(\text{Kr. r.} + \text{Kr. l.}) \\ \Delta a' &= -41\ 15.8 \\ \hline a &= \mathbf{346° 18'.0} \end{aligned}$$

23. Beispiel zur Standlinien-(Sumner-)Methode (zu § 32).

Auf einer Fahrt von Charleston nach Greenock gelang Sumner bei der Einsegelung in den St.-Georgskanal 1837 Dezember 17 nach längerer Zeit unsichtigen Wetters die Messung einer Sonnenhöhe, die für die ungefähre Ortszeit $10^1/_2{}^h$ vorm. nach Berücksichtigung von Kimmtiefe, Sonnenhalbmesser und Refraktion

$$z = 77° 50'$$

ergab. Der aus der Besteckrechnung folgende mutmaßliche Ort des Schiffes war

$$(\lambda) = 6° 39' \text{ westlich von Greenwich}$$
$$(\varphi) = 51° 37' \text{ nördl. Breite}$$

und die am Chronometer abgelesene Greenwicher Zeit der Beobachtung

$$(U) = 10^h 47^m 13^s .$$

Die Deklination δ der Sonne war $= -23° 23'$ und die Zeitgleichung $= -3^m 37^s$.

Um zu konstatieren, inwieweit ein Fehler in Breite die Länge des Schiffes ändert, nahm Sumner für φ nacheinander 51° 0′, 51° 30′ und 52° 0′ an. Die Berechnung der zugehörigen Längen gestaltete sich dann folgendermaßen:

$$\cos\tau = \frac{\cos z}{\cos\varphi \cos\delta} - \operatorname{tg}\varphi \operatorname{tg}\delta$$

	$\varphi_1 = +51° 0'$	$\varphi_2 = +51° 30'$	$\varphi_3 = +52° 0'$
$\cos z$	9.3238		
$\cos\delta$	9.9628		
	9.3610	9.3610	9.3610
$\cos\varphi$	9.7989	9.7941	9.7893
(I)	9.5621	9.5669	9.5717
$I =$	+0.3648	+0.3689	+0.3730
$\operatorname{tg}\delta$	9.6359 *n*	9.6359 *n*	9.6359 *n*
$\operatorname{tg}\varphi$	0.0916	0.0994	0.1072
(II)	9.7275 *n*	9.7353 *n*	9.7431 *n*
$II =$	−0.5340	−0.5436	−0.5535
$\cos\tau$	9.9537	9.9602	9.9668
$\tau =$	$1^h 44^m 0^s$	$1^h 36^m 40^s$	$1^h 28^m 30^s$
M. O. Z. der Sonnenkulm.	11 56 23	11 56 23	11 56 23
M. O. Z. =	10 12 23	10 19 43	10 27 53
M. Z. Gr. =	10 47 13	10 47 13	10 47 13
λ	$+34^m 50^s$	$+27^m 30^s$	$+19^m 20^s$
	$\lambda_1 = +8° 42'$	$\lambda_2 = +6° 52'$	$\lambda_3 = +4° 50'$

Die Standlinie geht demnach durch die Punkte (λ_1, φ_1), (λ_2, φ_2), (λ_3, φ_3) der Mercatorkarte (s. Fig. 64) nahe an Smalls Feuerschiff vorbei. In welcher Weise ihre Lage auf Grund anderer Annahmen in Höhe und Uhrstand zu verschieben ist, lehrt ohne weiteres die graphische Darstellung auf der Karte.

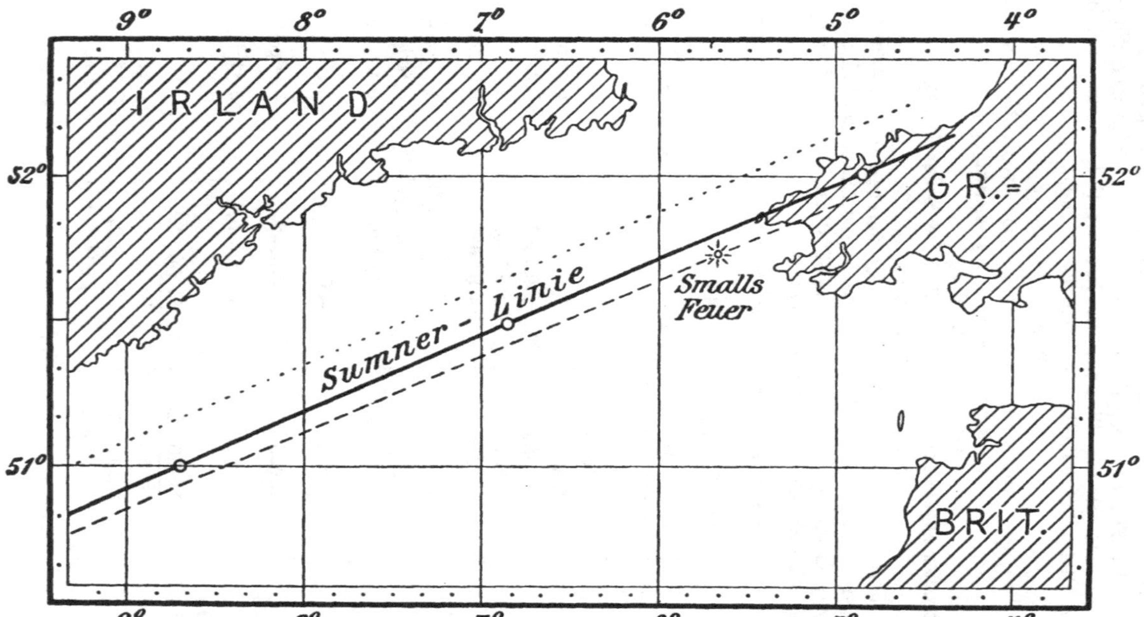

Fig. 64. Lage der Sumnerschen Standlinie (s. Beispiel 23) auf der Mercatorkarte.
— — — — Verschiebung der Standlinie durch einen Chronometerfehler von 1 Zeitminute.
. . . . . . Verschiebung der Standlinie durch einen Höhenfehler von 10 Bogenminuten.

Anhang II.

Tafeln zur geographischen Ortsbestimmung.

1. Verwandlung von mittlerer Zeit in Sternzeit.

Sternzeit = 1.0027 mittlere Zeit.

Gesucht: Sternzeit.

	+ 0m			+ 1m			+ 2m			+ 3m					
0s	0h	0m	0s	6h	5m	15s	12h	10m	29s	18h	15m	44s			
2	0	12	10	6	17	25	12	22	40	18	27	54			
4	0	24	21	6	29	36	12	34	50	18	40	5			
6	0	36	31	6	41	46	12	47	1	18	52	15			
8	0	48	42	6	53	56	12	59	11	19	4	26			
10	1	0	52	7	6	7	13	11	21	19	16	36	+0s.0	0m	0s
12	1	13	3	7	18	17	13	23	32	19	28	47	0.1	0	37
14	1	25	13	7	30	28	13	35	42	19	40	57	0.2	1	13
16	1	37	24	7	42	38	13	47	53	19	53	7	0.3	1	50
18	1	49	34	7	54	49	14	0	3	20	5	18	0.4	2	26
20	2	1	45	8	6	59	14	12	14	20	17	28	+0.5	3	3
22	2	13	55	8	19	10	14	24	24	20	29	39	0.6	3	39
24	2	26	6	8	31	20	14	36	35	20	41	49	0.7	4	16
26	2	38	16	8	43	31	14	48	45	20	54	0	0.8	4	52
28	2	50	27	8	55	41	15	0	56	21	6	10	0.9	5	29
30	3	2	37	9	7	52	15	13	6	21	18	21	+1.0	6	5
32	3	14	48	9	20	2	15	25	17	21	30	31	1.1	6	42
34	3	26	58	9	32	13	15	37	27	21	42	42	1.2	7	18
36	3	39	9	9	44	23	15	49	38	21	54	52	1.3	7	55
38	3	51	19	9	56	34	16	1	48	22	7	3	1.4	8	31
40	4	3	30	10	8	44	16	13	59	22	19	13	+1.5	9	8
42	4	15	40	10	20	55	16	26	9	22	31	24	1.6	9	44
44	4	27	51	10	33	5	16	38	20	22	43	34	1.7	10	21
46	4	40	1	10	45	16	16	50	30	22	55	45	1.8	10	57
48	4	52	12	10	57	26	17	2	41	23	7	55	1.9	11	34
50	5	4	22	11	9	37	17	14	51	23	20	6			
52	5	16	33	11	21	47	17	27	2	23	32	16			
54	5	28	43	11	33	58	17	39	12	23	44	27			
56	5	40	54	11	46	8	17	51	23	23	56	37			
58	5	53	4	11	58	19	18	3	33	24	8	48			
60	6	5	15	12	10	29	18	15	44	24	20	58			

2. Verwandlung von Sternzeit in mittlere Zeit.

Mittlere Zeit = 0.9973 Sternzeit.

Gesucht: Mittlere Zeit.

	—0m	—1m	—2m	—3m		
0s	0h 0m 0s	6h 6m 15s	12h 12m 29s	18h 18m 44s		
2	0 12 12	6 18 27	12 24 42	18 30 56		
4	0 24 25	6 30 40	12 36 54	18 43 9		
6	0 36 37	6 42 52	12 49 7	18 55 21		
8	0 48 50	6 55 4	13 1 19	19 7 34		
10	1 1 2	7 7 17	13 13 31	19 19 46	—0s.0	0m 0s
12	1 13 15	7 19 29	13 25 44	19 31 59	0.1	0 37
14	1 25 27	7 31 42	13 37 56	19 44 11	0.2	1 13
16	1 37 40	7 43 54	13 50 9	19 56 23	0.3	1 50
18	1 49 52	7 56 7	14 2 21	20 8 36	0.4	2 26
20	2 2 5	8 8 19	14 14 34	20 20 48	—0.5	3 3
22	2 14 17	8 20 32	14 26 46	20 33 1	0.6	3 40
24	2 26 30	8 32 44	14 38 59	20 45 13	0.7	4 16
26	2 38 42	8 44 57	14 51 11	20 57 26	0.8	4 53
28	2 50 55	8 57 9	15 3 24	21 9 38	0.9	5 29
30	3 3 7	9 9 22	15 15 36	21 21 51	—1.0	6 6
32	3 15 20	9 21 34	15 27 49	21 34 3	1.1	6 42
34	3 27 32	9 33 47	15 40 1	21 46 16	1.2	7 19
36	3 39 45	9 45 59	15 52 14	21 58 28	1.3	7 56
38	3 51 57	9 58 12	16 4 26	22 10 41	1.4	8 32
40	4 4 10	10 10 24	16 16 39	22 22 53	—1.5	9 9
42	4 16 22	10 22 37	16 28 51	22 35 6	1.6	9 45
44	4 28 35	10 34 49	16 41 4	22 47 18	1.7	10 22
46	4 40 47	10 47 2	16 53 16	22 59 31	1.8	10 59
48	4 53 0	10 59 14	17 5 29	23 11 43	1.9	11 35
50	5 5 12	11 11 27	17 17 41	23 23 56		
52	5 17 25	11 23 39	17 29 54	23 36 8		
54	5 29 37	11 35 52	17 42 6	23 48 21		
56	5 41 50	11 48 4	17 54 19	24 0 33		
58	5 54 2	12 0 17	18 6 31	24 12 46		
60	6 6 15	12 12 29	18 18 44	24 24 58		

3. Reduktion der Sternzeit im mittleren Mittag Greenwich auf den mittleren Mittag eines beliebigen Meridians.

Reduktion = $\pm 0^s.6571\,\lambda$

negativ für östl. Länge v. Greenw. positiv für westl. Länge v. Greenw.

λ	Red.	λ	Red.	λ	Red.	λ	Red.
0°	0m 0s.00	30°	0m 19s.71	60°	0m 39s.43	90°	0m 59s.14
1	0 0.66	31	0 20.37	61	0 40.08	91	0 59.80
2	0 1.31	32	0 21.03	62	0 40.74	92	1 0.45
3	0 1.97	33	0 21.68	63	0 41.40	93	1 1.11
4	0 2.63	34	0 22.34	64	0 42.05	94	1 1.77
5	0 3.29	35	0 23.00	65	0 42.71	95	1 2.42
6	0 3.94	36	0 23.66	66	0 43.37	96	1 3.08
7	0 4.60	37	0 24.31	67	0 44.03	97	1 3.74
8	0 5.26	38	0 24.97	68	0 44.68	98	1 4.40
9	0 5.91	39	0 25.63	69	0 45.34	99	1 5.05
10	0 6.57	40	0 26.28	70	0 46.00	100	1 5.71
11	0 7.23	41	0 26.94	71	0 46.65		
12	0 7.89	42	0 27.60	72	0 47.31	200	2 11.42
13	0 8.54	43	0 28.26	73	0 47.97		
14	0 9.20	44	0 28.91	74	0 48.63	360	3 56.56
15	0 9.86	45	0 29.57	75	0 49.28		
16	0 10.51	46	0 30.23	76	0 49.94		
17	0 11.17	47	0 30.88	77	0 50.60		
18	0 11.83	48	0 31.54	78	0 51.25		
19	0 12.48	49	0 32.20	79	0 51.91		
20	0 13.14	50	0 32.85	80	0 52.57		
21	0 13.80	51	0 33.51	81	0 53.23		
22	0 14.46	52	0 34.17	82	0 53.88		
23	0 15.11	53	0 34.83	83	0 54.54		
24	0 15.77	54	0 35.48	84	0 55.20		
25	0 16.43	55	0 36.14	85	0 55.85		
26	0 17.08	56	0 36.80	86	0 56.51		
27	0 17.74	57	0 37.45	87	0 57.17		
28	0 18.40	58	0 38.11	88	0 57.82		
29	0 19.06	59	0 38.77	89	0 58.48		
30	0 19.71	60	0 39.43	90	0 59.14		

Anm. Ist die Länge in Zeit gegeben, so kann für die obige Reduktion ebensogut Tafel 1 verwendet werden.

4. Verwandlung von Zeit in Bogen.

Argument: Zeit.

Zeit	Bogen	Zeit	Bogen	Zeit	Bogen	Zeit	Bogen
0^{h}	0°	$\overset{\mathrm{m}}{0}{}^{\mathrm{s}}$	$\overset{\circ}{0}{}'\ \overset{\prime}{0}{}''$	$\overset{\mathrm{m}}{30}{}^{\mathrm{s}}$	$\overset{\circ}{7}{}'\ \overset{\prime}{30}{}''$	$0^{\mathrm{s}}.0$	$0''.0$
1	15	1	0 15	31	7 45	0.1	1.5
2	30	2	0 30	32	8 0	0.2	3.0
3	45	3	0 45	33	8 15	0.3	4.5
4	60	4	1 0	34	8 30	0.4	6.0
5	75	5	1 15	35	8 45	0.5	7.5
6	90	6	1 30	36	9 0	0.6	9.0
7	105	7	1 45	37	9 15	0.7	10.5
8	120	8	2 0	38	9 30	0.8	12.0
9	135	9	2 15	39	9 45	0.9	13.5
10	150	10	2 30	40	10 0		
11	165	11	2 45	41	10 15		
12	180	12	3 0	42	10 30		
13	195	13	3 15	43	10 45		
14	210	14	3 30	44	11 0		
15	225	15	3 45	45	11 15	$0^{\mathrm{s}}.00$	$0''.00$
16	240	16	4 0	46	11 30	0.01	0.15
17	255	17	4 15	47	11 45	0.02	0.30
18	270	18	4 30	48	12 0	0.03	0.45
19	285	19	4 45	49	12 15	0.04	0.60
20	300	20	5 0	50	12 30	0.05	0.75
21	315	21	5 15	51	12 45	0.06	0.90
22	330	22	5 30	52	13 0	0.07	1.05
23	345	23	5 45	53	13 15	0.08	1.20
24	360	24	6 0	54	13 30	0.09	1.35
		25	6 15	55	13 45		
		26	6 30	56	14 0		
		27	6 45	57	14 15		
		28	7 0	58	14 30		
		29	7 15	59	14 45		

5. Verwandlung von Bogen in Zeit.

Argument: Bogen.

Bogen	Zeit	Bogen	Zeit	Bogen	Zeit	Bogen	Zeit
°	h m	°	h m				
0′	$0^{m}\ 0^{s}$	30′	$2^{m}\ 0^{s}$	60°	$4^{h}\ 0^{m}$	90°	$6^{h}\ 0^{m}$
1	0 4	31	2 4	61	4 4	91	6 4
2	0 8	32	2 8	62	4 8	92	6 8
3	0 12	33	2 12	63	4 12	93	6 12
4	0 16	34	2 16	64	4 16	94	6 16
5	0 20	35	2 20	65	4 20	95	6 20
6	0 24	36	2 24	66	4 24	96	6 24
7	0 28	37	2 28	67	4 28	97	6 28
8	0 32	38	2 32	68	4 32	98	6 32
9	0 36	39	2 36	69	4 36	99	6 36
10	0 40	40	2 40	70	4 40	100	6 40
11	0 44	41	2 44	71	4 44		
12	0 48	42	2 48	72	4 48	200	13 20
13	0 52	43	2 52	73	4 52		
14	0 56	44	2 56	74	4 56	300	20 0
15	1 0	45	3 0	75	5 0		
16	1 4	46	3 4	76	5 4		
17	1 8	47	3 8	77	5 8		
18	1 12	48	3 12	78	5 12		
19	1 16	49	3 16	79	5 16		
20	1 20	50	3 20	80	5 20	0″	0ˢ00
21	1 24	51	3 24	81	5 24	10	0.67
22	1 28	52	3 28	82	5 28	20	1.33
23	1 32	53	3 32	83	5 32	30	2.00
24	1 36	54	3 36	84	5 36	40	2.67
						50	3.33
25	1 40	55	3 40	85	5 40		
26	1 44	56	3 44	86	5 44	60	4.00
27	1 48	57	3 48	87	5 48		
28	1 52	58	3 52	88	5 52		
29	1 56	59	3 56	89	5 56		
30	2 0	60	4 0	90	6 0		

6. Berechnung der Refraktion.

a) Mittlere Strahlenbrechung ($z = 0°$ bis $85°$)
gültig für einen Barometerstand von 751.8 mm und +9°3 C. Lufttemperatur.
Argument: Direkt gemessene Zenitdistanz z' oder Höhe h'.

z'	Refr.	h'	z'	Refr.	h'	z'	Refr.	h'
0°	0′ 0″	90°	65°0	2′ 3″	25°0	75°0	3′ 32″	15°0
10	0 10	80	65.5	2 6	24.5	75.5	3 39	14.5
20	0 21	70	66.0	2 9	24.0	76.0	3 47	14.0
30	0 33	60	66.5	2 12	23.5	76.5	3 56	13.5
40	0 48	50	67.0	2 15	23.0	77.0	4 5	13.0
			67.5	2 18	22.5	77.5	4 15	12.5
50	1 9	40	68.0	2 22	22.0	78.0	4 25	12.0
51	1 11	39	68.5	2 25	21.5	78.5	4 36	11.5
52	1 14	38	69.0	2 29	21.0	79.0	4 48	11.0
53	1 16	37	69.5	2 33	20.5	79.5	5 2	10.5
54	1 19	36						
55	1 22	35	70.0	2 37	20.0	80.0	5 16	10.0
56	1 25	34	70.5	2 42	19.5	80.5	5 32	9.5
57	1 29	33	71.0	2 46	19.0	81.0	5 49	9.0
58	1 32	32	71.5	2 51	18.5	81.5	6 8	8.5
59	1 36	31	72.0	2 56	18.0	82.0	6 30	8.0
			72.5	3 1	17.5	82.5	6 53	7.5
60	1 40	30	73.0	3 7	17.0	83.0	7 20	7.0
61	1 44	29	73.5	3 13	16.5	83.5	7 50	6.5
62	1 48	28	74.0	3 19	16.0	84.0	8 23	6.0
63	1 53	27	74.5	3 25	15.5	84.5	9 2	5.5
64	1 58	26						
65	2 3	25	75.0	3 32	15.0	85.0	9 46	5.0

b) Mittlere Strahlenbrechung ($z = 84°$ bis $90°$).

z'	Refr.	h'	z'	Refr.	h'	z'	Refr.	h'
84° 0′	8′ 23″	6° 0′	86° 0′	11′ 39″	4° 0′	88° 0′	18′ 9″	2° 0′
84 20	8 48	5 40	86 20	12 24	3 40	88 20	19 52	1 40
84 40	9 16	5 20	86 40	13 15	3 20	88 40	21 56	1 20
85 0	9 46	5 0	87 0	14 15	3 0	89 0	24 25	1 0
85 20	10 21	4 40	87 20	15 23	2 40	89 20	27 23	0 40
85 40	10 59	4 20	87 40	16 41	2 20	89 40	30 52	0 20
86 0	11 39	4 0	88 0	18 9	2 0	90 0	34 54	0 0

c) Korrektion für Lufttemperatur.
Argument: Mittlere Refraktion *R* und Temperatur *T*.

R \ *T*	—30°	—25°	—20°	—15°	—10°	—5°	0°
1′	+10″	+ 8″	+ 7″	+ 6″	+ 4″	+ 3″	+ 2″
2	+19	+17	+14	+11	+ 9	+ 6	+ 4
3	+29	+25	+21	+17	+13	+10	+ 6
4	+40	+34	+28	+23	+18	+13	+ 8
5	+50	+43	+36	+29	+23	+16	+11
6	+61	+52	+44	+36	+28	+20	+13
7	+72	+62	+52	+42	+33	+24	+15
8	+84	+72	+60	+49	+38	+28	+18
9	+97	+83	+69	+56	+44	+32	+20
10	+110	+94	+78	+64	+50	+36	+23

R \ *T*	+30°	+25°	+20°	+15°	+10°	+5°	0°
1′	— 4″	— 3″	— 2″	— 1″	0″	+ 1″	+ 2″
2	— 8	— 6	— 4	— 2	0	+ 2	+ 4
3	—12	—10	— 7	— 4	0	+ 3	+ 6
4	—17	—13	— 9	— 5	—1	+ 4	+ 8
5	—21	—16	—11	— 6	—1	+ 5	+11
6	—26	—20	—14	— 7	—1	+ 6	+13
7	—30	—23	—16	— 9	—1	+ 7	+15
8	—35	—27	—19	—10	—1	+ 8	+18
9	—40	—31	—22	—12	—1	+ 9	+20
10	—46	—35	—24	—13	—2	+11	+23

d) Korrektion für Barometerstand.
Argument: *R* = Mittl. Refrakt. + Temperaturkorr. und Barometerstand *B*, auf 0° C. red.

R \ *B*	500 mm	550 mm	600 mm	650 mm	700 mm	750 mm	800 mm	*B* / *R*
1′	— 20″	— 16″	— 12″	— 8″	— 4″	0″	+ 4″	1′
2	— 40	— 32	— 24	—16	— 8	0	+ 8	2
3	— 60	— 48	— 36	—24	—12	0	+12	3
4	— 80	— 64	— 48	—32	—16	—1	+16	4
5	—101	— 81	— 61	—41	—21	—1	+19	5
6	—121	— 97	— 73	—49	—25	—1	+23	6
7	—141	—113	— 85	—57	—29	—1	+27	7
8	—161	—130	— 98	—65	—33	—1	+31	8
9	—181	—146	—110	—74	—37	—1	+35	0
10	—201	—163	—122	—82	—42	—1	+39	10

7. Umwandlung von Längen- und Breitenunterschieden $\Delta\lambda$ und $\Delta\varphi$ auf der Erde in Metermaß.

a) Längenunterschiede.

φ \ $\Delta\lambda$	1°	1′	10^s	φ \ $\Delta\lambda$	1°	1′	10^s
	km	km	km		km	km	km
0°	111.31	1.86	4.64	40°	85.38	1.42	3.56
2	111.24	1.85	4.64	42	82.84	1.38	3.45
4	111.04	1.85	4.63	44	80.20	1.34	3.34
6	110.70	1.84	4.61	46	77.45	1.29	3.23
8	110.23	1.84	4 59	48	74.62	1.24	3.11
10	109.63	1.83	4.57	50	71.69	1.19	2.99
12	108.89	1.81	4.54	52	68.67	1.14	2.86
14	108.02	1.80	4.50	54	65.57	1.09	2.73
16	107.02	1.78	4.46	56	62.39	1.04	2.60
18	105.89	1.76	4.41	58	59.13	0.99	2.46
20	104.63	1.74	4.36	60	55.79	0.93	2.32
22	103.25	1.72	4.30	62	52.39	0.87	2.18
24	101.74	1.70	4.24	64	48.93	0.82	2.04
26	100.11	1.67	4.17	66	45.40	0.76	1.89
28	98.35	1.64	4.10	68	41.82	0.70	1.74
30	96.47	1.61	4.02	70	38.18	0.64	1.59
32	94.48	1.57	3.94	72	34.50	0.57	1.44
34	92.37	1.54	3.85	74	30.78	0.51	1.28
36	90.15	1.50	3.76	76	27.01	0.45	1.13
38	87.82	1.46	3.66	78	23.22	0.39	0.97
40	85.38	1.42	3.56	80	19.39	0.32	0.81

b) Breitenunterschiede.

φ \ $\Delta\varphi$	1°	1′	φ \ $\Delta\varphi$	1°	1′
	km	km		km	km
0°	110.56	1.84	50°	111.22	1.85
10	110.60	1.84	60	111.40	1.86
20	110.69	1.84	70	111.55	1.86
30	110.84	1.85	80	111.65	1.86
40	111.02	1.85	90	111.68	1.86

8. Normalzeiten der Erde, bezogen auf mittlere Zeit Greenwich.

Norm. Zeit minus M. Z. Gr.	Ausdehnung der Zonenzeit
$+11^h\ 30^m$	Neuseeland.
+10 0	Tasmanien, Viktoria, Neusüdwales, Queensland.
+ 9 30	Süd-Australien, Marianen.
+ 9 0	Japan, Korea.
+ 8 0	West-Australien, Britisch-Borneo, Philippinen, Formosa, Hongkong, Tsingtau.
+ 7 0	Straits Settlements, Annam, Tonking.
+ 6 30	Birma.
+ 5 30	Britisch-Indien.
+ 4 0	Mauritius, Seychellen.
+ 3 0	Madagaskar, Somaliland.
+ 2 0	Osteuropäische Zeit. Südafrika, Portugiesisch-Ostafrika, Ägypten, Türkei, Bulgarien, Rumänien.
+ 1 0	Mitteleuropäische Zeit. Portugiesisch-Westafrika, Serbien, Bosnien, Italien, Schweiz, Österreich-Ungarn, Deutschland, Luxemburg, Dänemark, Schweden, Norwegen.
0 0	Westeuropäische Zeit. Algerien, Tunis, Spanien, Portugal, Frankreich, Belgien, Groß-Britannien, Färöer.
— 1 0	Portugiesisch-Guinea, Madeira, Island.
— 2 0	Kapverdische Inseln, Azoren.
— 4 0	Atlantic Standard Time. Französisch- und Britisch-Guayana, Trinidad, Martinique, Puerto Rico, Neuschottland.
— 5 0	Eastern Standard Time. Chile, Peru, Jamaika, Ostküste der Vereinigten Staaten, westliches Labrador.
— 6 0	Central Standard Time. Mitte der Vereinigten Staaten und von Kanada.
— 7 0	Mountain Standard Time. Das Gebirgsterritorium der Vereinigten Staaten und von Kanada.
— 8 0	Pacific Standard Time. Die westlichen Küstengebiete der Vereinigten Staaten.
— 9 0	Alaska.
—10 30	Sandwichinseln.
—11 30	Amerikanisch-Samoa.

9. Berechnung des wahren Erdhalbmessers ϱ und der geozentrischen Breite φ' des Beobachtungsortes aus der geographischen Breite φ.

$$\varrho \cos \varphi' = \sec \psi \cos \varphi$$
$$\varrho \sin \varphi' = (1 - e^2) \sec \psi \sin \varphi$$

φ	log sec ψ	Diff.	log $(1 - e^2)$ sec ψ
0°	0.00000		9.99709
		4	
10	0.00004		9.99713
		13	
20	0.00017		9.99726
		19	
30	0.00036		9.99745
		24	
40	0.00060		9.99769
		25	
50	0.00085		9.99794
		24	
60	0.00109		9.99818
		19	
70	0.00128		9.99837
		13	
80	0.00141		9.99850
		4	
90	0.00145		9.99854

10. Dimensionen der Erde nach Bessel (1841) und Helmert (1912).

	Bessel	Helmert
Halbe große Achse	6 377 397 *m*	6 378 388 *m*
Halbe kleine Achse	6 356 079 *m*	6 356 909 *m*
Abplattung	$\frac{1}{299.15}$	$\frac{1}{296.96}$
Exzentrizität	0.08170	0.08199
Meridianquadrant	10 000 856 *m*	10 002 286 *m*
Radius der Kugel von gleicher Oberfläche	6 370 290 *m*	6 371 226 *m*
Radius der Kugel von gleichem Inhalt	6 370 283 *m*	6 371 222 *m*

Register.

FSC
www.fsc.org
MIX
Papier | Fördert gute Waldnutzung
FSC® C083411

Kolibri 360 GmbH
Ferdinand-Jühlke-Straße 7
99095 Erfurt, Deutschland
produktsicherheit@kolibri360.de